JIANZHU GONGCHENG
XIANGMU GUANLI

建筑工程项目管理

刘树玲　刘 杨　钱建新　主编

华中科技大学出版社
http://press.hust.edu.cn
中国·武汉

图书在版编目(CIP)数据

建筑工程项目管理/刘树玲,刘杨,钱建新主编. —武汉:华中科技大学出版社,2022.12
ISBN 978-7-5680-8920-3

Ⅰ.①建… Ⅱ.①刘… ②刘… ③钱… Ⅲ.①建筑工程-工程项目管理 Ⅳ.①TU712.1

中国版本图书馆 CIP 数据核字(2022)第 246289 号

建筑工程项目管理　　　　　　　　　　　　　　刘树玲　刘　杨　钱建新　主编
Jianzhu Gongcheng Xiangmu Guanli

策划编辑:周永华
责任编辑:周怡露
封面设计:王　娜
责任监印:朱　玢
出版发行:华中科技大学出版社(中国·武汉)　　　电话:(027)81321913
　　　　　武汉市东湖新技术开发区华工科技园　　　邮编:430223
录　　排:华中科技大学惠友文印中心
印　　刷:武汉科源印刷设计有限公司
开　　本:710mm×1000mm　1/16
印　　张:19
字　　数:351 千字
版　　次:2022 年 12 月第 1 版第 1 次印刷
定　　价:98.00 元

编 委 会

前　　言

　　建筑工程项目管理是建筑工程技术人员、施工管理人员的核心工作任务,是建筑工程技术、工程造价、工程管理等专业高技能人才必须具备的基本技能。本书以提高读者的建筑工程项目管理技能为目标,根据编者多年的工作经验编纂而成。本书可作为普通高等学校、成人高等学校土木工程类专业的参考材料,也可作为继续教育的培训材料。

　　本书系统、详细地介绍了建筑工程项目管理的基本理论和技术方法。全书共有 12 章,包括建筑工程项目管理概述、建筑工程项目施工成本管理、建筑工程项目进度管理、建筑工程项目质量管理、建筑工程项目职业健康安全管理、建筑工程项目环境管理、建筑工程项目资源管理、建筑工程项目合同管理、建筑工程项目信息管理、建筑工程项目风险管理、建筑工程项目收尾管理、工程管理信息化。

　　本书引用了大量专业文献和资料,未在书中一一注明出处,在此对相关文献的作者和资料的整理者表示诚挚的感谢。由于编者水平和经验有限,加之时间仓促,书中难免有欠妥和错误之处,恳请读者批评指正。

目　　录

第1章　建筑工程项目管理概述 ……………………………………………… （1）

1.1　建筑工程项目管理基础知识 …………………………………………… （1）

1.2　建筑工程项目管理组织基础知识 ……………………………………… （6）

第2章　建筑工程项目施工成本管理 ……………………………………… （15）

2.1　项目施工成本管理概述 ………………………………………………… （15）

2.2　项目施工成本预测与计划 ……………………………………………… （24）

2.3　项目施工成本控制与核算 ……………………………………………… （31）

2.4　项目施工成本分析与考核 ……………………………………………… （41）

第3章　建筑工程项目进度管理 …………………………………………… （53）

3.1　项目进度管理概述 ……………………………………………………… （53）

3.2　项目进度计划的编制与实施 …………………………………………… （61）

3.3　项目进度计划的检查与调整 …………………………………………… （66）

3.4　项目进度控制 …………………………………………………………… （73）

第4章　建筑工程项目质量管理 …………………………………………… （77）

4.1　项目质量管理概述 ……………………………………………………… （77）

4.2　项目质量管理体系 ……………………………………………………… （85）

4.3　项目质量控制 …………………………………………………………… （92）

4.4　项目质量验收 …………………………………………………………… （105）

4.5　项目质量改进和质量事故的处理 ……………………………………… （111）

第5章　建筑工程项目职业健康安全管理 ………………………………… （117）

5.1　项目职业健康安全管理概述 …………………………………………… （117）

5.2　项目职业健康安全事故的分类和处理 ………………………………… （120）

第6章　建筑工程项目环境管理 …………………………………………… （125）

6.1　项目环境管理概述 ……………………………………………………… （125）

6.2　绿色施工管理 …………………………………………………………… （127）

第7章　建筑工程项目资源管理 …………………………………………… （137）

7.1　项目资源管理概述 ……………………………………………………… （137）

7.2　人力资源管理 ……………………………………………………………（140）

7.3　材料管理 …………………………………………………………………（144）

7.4　机械设备管理 ……………………………………………………………（151）

7.5　技术管理 …………………………………………………………………（155）

7.6　资金管理 …………………………………………………………………（159）

第8章　建筑工程项目合同管理 ………………………………………………（166）

8.1　项目合同管理概述 ………………………………………………………（166）

8.2　项目合同的内容及管理体系 ……………………………………………（173）

8.3　策划阶段和订立阶段的项目合同管理 …………………………………（177）

8.4　施工阶段和竣工阶段的项目合同管理 …………………………………（182）

第9章　建筑工程项目信息管理 ………………………………………………（188）

9.1　项目信息管理概述 ………………………………………………………（188）

9.2　项目信息管理系统 ………………………………………………………（197）

9.3　施工文件档案资料管理 …………………………………………………（200）

第10章　建筑工程项目风险管理 ……………………………………………（209）

10.1　项目风险管理概述………………………………………………………（209）

10.2　风险识别…………………………………………………………………（217）

10.3　风险评价…………………………………………………………………（224）

10.4　风险应对与监控…………………………………………………………（226）

第11章　建筑工程项目收尾管理 ……………………………………………（239）

11.1　项目竣工验收……………………………………………………………（239）

11.2　项目回访及保修…………………………………………………………（247）

11.3　项目后评价………………………………………………………………（251）

第12章　工程管理信息化 ……………………………………………………（260）

12.1　工程管理信息化概述……………………………………………………（260）

12.2　工程项目管理信息系统…………………………………………………（266）

12.3　常用的工程项目管理软件及其使用步骤………………………………（282）

参考文献 …………………………………………………………………………（293）

后记 ………………………………………………………………………………（295）

第1章 建筑工程项目管理概述

1.1 建筑工程项目管理基础知识

1.1.1 建筑工程项目管理的概念

1. 建筑工程项目

项目是指在一定的约束条件下,具有特定的明确目标和完整的组织结构的一次性任务或活动。简单地说,安排一场演出、开发一种产品、建一幢房子都可以称为一个项目。

建设工程项目是为完成依法立项的新建、改建、扩建的各类工程(土木工程、建筑工程及安装工程等)而进行的、有起止日期的、达到规定要求的一组相互关联的受控活动组成的特定过程,包括策划、勘察、设计、采购、施工、试运行、竣工验收和移交等。建设工程项目有时简称为建设项目。

建筑工程项目是建设项目中的主要组成内容,也称建筑产品。建筑产品的最终形式为建筑物和构筑物,除了具有建设项目所有的特点以外,还有庞大性、固定性、多样性、持久性等特点。

2. 建筑工程项目管理

项目管理作为20世纪50年代兴起的新概念,现已成为现代管理学的一个重要分支,并越来越受到重视。运用项目管理的知识和经验,管理人员可以极大地提高工作效率。

按照传统的做法,当企业运作一个项目后,会有几个部门参与这个项目,如财务部门、市场部门、行政部门等。不同部门在运作项目过程中不可避免地会产生摩擦,须进行协调,这无疑会增加项目的成本,影响项目实施效率。

项目管理的做法则不同。不同职能部门的成员因为某一个项目而组成团

1

队，项目经理则是项目团队的领导者，他所肩负的责任就是领导团队准时、优质地完成项目，在不超出预算的情况下实现项目目标。项目经理不仅仅是项目执行者，还参与项目的需求分析、选择、计划直至收尾的全过程，并在时间、成本、质量、风险、合同、采购、人力资源等各个方面对项目进行全方位的管理。项目管理可以帮助企业处理须跨领域解决的复杂问题，并实现更高的运营效率。

建设工程项目管理是组织运用系统的观点、理论和方法，对建设工程项目进行的计划、组织、指挥、协调和控制等专业化活动。

建筑工程项目管理则是针对建筑工程，在一定约束条件下，以建筑工程项目为对象，以实现建筑工程项目目标为目的，以建筑工程项目经理责任制为基础，以建筑工程承包合同为纽带，对建筑工程项目高效率地进行计划、组织、协调、控制和监督等行为的系统管理活动。

1.1.2 建筑工程项目管理的类型及任务

1. 建筑工程项目管理的类型

建设单位完成可行性研究、立项、设计任务和资金筹集以后，一个建筑工程项目即进入实施过程。根据建筑工程项目实施过程各阶段的任务和实施主体，以及建筑工程项目承包合同形式的不同，建筑工程项目管理分为工程总承包方、设计方、施工方、业主方、供货方的项目管理。其中，工程总承包方、设计方、施工方的项目管理的关系如图1.1所示。

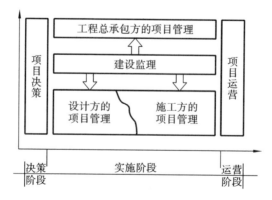

图 1.1　工程总承包方、设计方、施工方的项目管理的关系

（1）工程总承包方的项目管理。

在设计施工连贯式总承包的情况下，业主在项目决策之后，通过招标择优选

定总承包单位全面负责工程项目的实施过程,直至最终交付使用功能和质量标准符合合同文件规定的建筑产品。因此,工程总承包方的项目管理是贯穿项目实施全过程的全面管理,既包括设计阶段也包括施工安装阶段,是全面履行工程总承包合同,以实现承建工程的目标并取得预期经营效益为动力而进行的工程项目自主管理。显然,总承包单位必须在合同条件的约束下,依靠自身的技术和管理优势或实力,通过优化设计及施工方案,在规定的时间内,按质按量地全面完成工程项目的承建任务。从交易的角度看,项目业主是买方,总承包单位是卖方,因此两者的利益追求是不同的。

(2)设计方项目管理。

设计单位受业主委托承担工程项目的设计任务,以设计合同所界定的工作目标及设计单位责任义务作为该项工程设计管理的对象、内容和条件。设计方项目管理也就是设计单位为履行工程设计合同和实现设计单位经营方针目标而进行的设计管理,尽管其地位、作用和利益追求与业主方项目管理不同,但它也是建设工程设计阶段项目管理的重要内容。只有履行设计合同,依靠设计方项目管理,才能贯彻业主的建设意图和实施设计阶段的投资、质量和进度控制。

(3)施工方项目管理。

施工方项目管理是施工单位通过工程施工投标取得工程施工承包合同,并以施工合同所界定的工程范围组织的项目管理,简称施工项目管理。从完整的意义上说,施工项目应该指施工总承包的完整工程项目,包括其中的土建工程施工和建筑设备工程施工安装,最终成果是具备独立使用功能的建筑产品。然而从工程项目系统分析的角度,分项工程、分部工程构成工程项目的子系统,可以按子系统定义项目。因此,工程项目按专业、部位分解发包的情况下,承包方仍然可以按承包合同界定的局部施工任务作为项目管理的对象。这就是广义的施工项目管理。

(4)业主方项目管理。

业主方项目管理是全过程的,包括项目实施阶段的各个环节,主要有组织协调,合同管理,信息管理,投资、质量、进度三大目标控制。可概括为"一协调两管理三控制"或"三控两管一协调"。

工程项目的实施是一次性的任务,因此,业主方自行进行项目管理往往有很大的局限性,在技术和管理方面,缺乏配套的力量,即使配备了管理班子,没有连续的工程任务也是不经济的:每个建设单位都建立一个筹建处或基建处来负责工程不符合市场经济条件下资源的优化配置和动态管理要求,也不利于建设经

验的积累和应用。

在市场经济条件下,工程项目业主完全可以依靠咨询服务业获得项目管理服务,这就是社会建设监理。监理单位接受工程业主的委托,提供全过程监理服务。建设监理属于智力密集型咨询服务,因此,如图1.1所示,它可以向前延伸到项目投资决策阶段,包括立项和可行性研究环节等,这是建设监理和项目管理在时间范围、实施主体、所处地位和任务目标等方面的不同之处。

(5)供货方的项目管理。

从建筑工程项目管理的系统分析角度看,物资供应工作也是工程项目的一个子系统,它有明确的任务、目标和制约条件。因此制造厂、供应商可以将加工生产制造和供应合同所规定的任务作为项目,进行目标管理和控制,以满足项目总目标的要求。

2. 建筑工程项目管理的任务

建筑工程项目管理的任务可以概括为最优地实现项目的总目标。也就是有效地利用有限的资源,用尽可能少的费用、尽可能快的速度,建成质量优良的建筑工程项目。

建筑工程项目管理有多种类型,不同类型项目管理的具体任务也是不相同的,但其任务的主要范围是相同的。在建筑工程项目建设全过程的各个阶段,一般要进行以下5个方面的工作。

(1)组织工作。

组织工作包括建立管理组织机构,制定工作制度,明确各方面的关系,选择设计施工单位,组织图纸、材料和劳务供应,等等。

(2)合同工作。

合同工作包括签订工程项目总承包合同、委托设计合同、施工总承包合同与专业分包合同,准备合同文件,合同谈判、修改、签订和合同执行过程中的管理,等等。

(3)进度控制。

进度控制包括设计、施工、材料设备供应等进度计划的编制和检查,施工方案的制定与实施,以及设计、施工、总分包等各方面计划的协调,经常性地对计划进度与实际进度进行比较,及时地调整计划,等等。

(4)质量控制。

质量控制包括提出各项工作质量要求,监督、验收设计质量、施工质量、材料和设备的质量,以及处理质量问题。

（5）费用控制及财务管理。

费用控制及财务管理包括编制概算预算、费用计划,确定设计费和施工价款,对成本进行预测预控,进行成本核算,处理索赔事项,做出工程决算,等等。

1.1.3 工程项目管理的历史与发展

1. 工程项目管理的历史

项目管理是从 20 世纪 50 年代开始在西方发展起来的。当时大型建设项目、复杂的科研项目、军事项目和航天项目的出现,国际承包事业的大发展,对项目建设中的组织和管理提出了更高的要求,于是项目管理作为一种客观需求被提出来。

20 世纪 50 年代后,科学管理方法大量出现,逐步形成了管理学体系,广泛地应用于生产和管理实践,产生了巨大的效益。人们把成功的管理方法引入项目管理,作为动力,使项目管理越来越具有科学性,最终作为一门学科迅速发展起来。

2. 工程项目管理在我国的发展

（1）我国工程项目管理的发展历程。

中国引进项目管理的起点是位于云南罗平县与贵州兴义市交界处的鲁布革水电站工程。该工程是世界银行贷款项目,必须采取招标方式组织建设。1982年准备,1983 年 11 月当众开标,1984 年 4 月评标结束,日本大成建设株式会社以先进、合理的技术管理方案和 8463 万元的最低报价(比标底 14958 万元低43%)中标。大成公司派了 30 多名管理人员和技术人员组成"鲁布革工程事务所"作为管理层,该工程施工单位是中国水利水电第十四工程局有限公司。鲁布革工程于 1984 年 7 月动工,1986 年 10 月完成 8.9 km 的引水隧洞工程的开挖,比计划工期提前了 5 个月,全部工程于 1988 年 7 月竣工。在 4 年多的时间里创造了著名的"鲁布革效应"。此后,工程项目管理在中国开始试点并深入推广和发展。鲁布革工程的项目管理经验主要有以下几点。

①最核心的是把竞争机制引入工程建设领域,实行招标投标。

②实行工程建设全过程总承包和项目管理。

③施工现场的管理机构和作业队伍干练、灵活。

④科学组织施工,讲求综合经济效益。

工程项目管理从 20 世纪 80 年代起在我国的成功应用,取得了举世瞩目的成就。到 2006 年年底,全国公路总里程达 $3.48×10^6$ km,高速公路里程达 $4.54×10^4$ km,居世界第二位。纵贯南北的京九铁路、南疆铁路、南昆铁路、青藏铁路依次投入使用。葛洲坝水电站、龙羊峡水电站、大亚湾核电站、秦山核电站、二滩水电站、黄河小浪底水利枢纽工程、上海金茂大厦等工程对我国的经济发展、人民生活水平的提高都起到了一定的作用。2008 年我国人均住宅面积已达 28 m^2,是建筑业推行工程项目管理体制改革深化与发展的见证。随着举世瞩目的长江三峡、西电东送工程、西气东输工程、青藏铁路、南水北调工程等重大项目实施项目管理并相继竣工,可以看出,工程项目管理创造了一批技术先进、管理科学、已赶上世界先进水平的工程,充分显示了建筑施工企业 20 多年来通过工程项目管理改革积累的雄厚实力和取得的丰硕成果。

总之,我国推行项目管理是在政府的领导和推动下,有法则、有制度、有规划、有步骤进行的,并取得了巨大的成就。

(2) 我国工程项目管理的发展方向。

经过近 40 年的发展,我国的工程项目管理进步很大,但是仍然存在管理理念、管理组织、管理技术、管理人才等方面的问题。

我国工程项目管理的发展方向如下。

①工程项目管理由变革生产方式,转变为积累国际先进项目管理经验。

②工程项目管理由"三个一次性"的单一要求,发展为主体多元化和方式多样化要求。

③工程项目管理由以施工阶段为主要对象,扩展到以工程项目全过程管理为对象。

④工程项目管理由不同主体阶段形式,演变为工程总承包项目管理形式。

⑤工程项目管理由"三位一体"阶段,进入以加强项目文化建设为标志的新阶段。

1.2　建筑工程项目管理组织基础知识

1.2.1　建筑工程项目管理组织

1. 组织的含义

组织有两种含义。

一是指各生产要素相结合的形式和制度。通常,前者表现为组织结构;后者表现为组织的工作规则。组织结构又称组织形式,反映了生产要素相结合的结构形式,即管理活动中各种职能的横向分工和层次划分。组织结构运行的规则和各种管理职能分工的规则即工作制度。

二是指管理的一种重要职能,即通过一定权利体系或影响力,为达到某种工作的目标,对所需要的一切资源(生产要素)进行合理配置的过程。它实质上是一种管理行为。

2. 建筑工程项目管理组织的含义

建筑工程项目管理组织是指建筑工程项目的参与者、合作者按照一定的规则或规律构成的整体,是建筑工程项目的行为主体构成的协作系统。建筑工程项目投资大、建设周期长、参与项目的单位多、社会性强,项目的实施模式具有复杂性。建筑工程项目的实施组织方式通过研究工程项目的承发包模式,根据工程的合同结构和参与工程项目各方的工作内容来确定。目前,我国建筑工程项目组织体系的结构如图 1.2 所示。

建筑工程项目的参加者、合作者大致有以下几类。

(1)项目所有者(通常又称业主)。

业主居于项目组织的最高层,对整个项目负责。业主最关心的是项目整体经济效益,业主在项目实施全过程中的主要责任和任务是做项目的宏观控制。

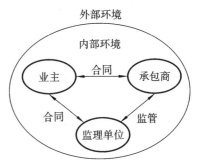

图 1.2　建筑工程项目组织体系的结构

(2)项目管理者(主要是指监理单位)。

项目管理者由业主选定,为业主提供有效、独立的管理服务,负责项目实施中的具体事务性管理工作。项目管理者的主要责任是实现业主的意图,保护业主利益,达成项目的整体目标。

(3)项目专业承包商。

项目专业承包商包括专业设计单位、施工单位和供应商等。项目专业承包商构成项目的实施层。

(4)政府机构。

政府机构包括政府的土地、规划、水、电、通信、环保、消防、公安等部门。政

府机构的协作和监督决定项目的成败,其中最重要的是建设部门的质量监督。

（5）项目驻地环境。

项目驻地环境包括驻地的自然环境和驻地居民。

3. 建筑工程项目管理组织的结构形式

建筑工程项目管理组织的结构形式是指在建筑工程项目管理组织中处理管理层次、管理跨度、部门设置和上下级关系的组织结构形式。建筑施工单位在实施工程项目的管理过程中,常用的组织结构形式有以下几种。

（1）直线式组织结构。

项目管理组织中各种职能部门均按直线排列,项目经理直接进行单线垂直领导,任何一个下级只能接受唯一上级的指令,如图 1.3 所示。

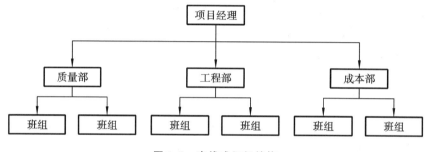

图 1.3　直线式组织结构

优点:组织结构简单,隶属关系明确,权力集中,命令统一,职责分明,决策迅速。

缺点:对项目经理的综合素质要求较高。因此直线式组织结构比较适用于中小型项目。

（2）职能式组织结构。

项目管理组织中设置若干职能部门,各个职能部门在其职能范围内有权直接指挥下级,如图 1.4 所示。

优点:充分发挥了职能部门的管理作用,项目的运转启动时间短。

缺点:容易出现矛盾的指令,沟通、协调缓慢。因此,职能式组织结构一般适用于小型或单一、专业性较强、无须涉及许多部门的项目,在项目管理中应用较少。

（3）直线职能式组织结构。

项目管理组织呈直线状,并且设有职能部门或职能人员,如图 1.5 所示。

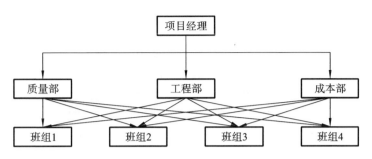

图 1.4　职能式组织结构

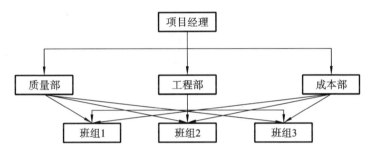

图 1.5　直线职能式组织结构

优点:既有直线式组织结构的统一指挥、职责明确等优点,又有职能式组织结构的目标管理专业化等优点。

缺点:职能部门可能与指挥部门产生矛盾,信息传递路线较长。因此,直线职能式组织结构主要适用于中小型项目。

(4)矩阵式组织结构。

项目管理组织由职能部门、项目两个维度组成,并呈矩阵状,其中的项目管理人员由相关职能部门派出并进行业务指导,接受项目经理直接领导,如图 1.6 所示。

优点:加强了各职能部门的横向联系,体现了职能原则与对象原则的有机结合;组织具有弹性,应变能力强,能有效地利用人力资源,有利于对人才的全面培养。

缺点:员工要同时面对两个上级,纵向、横向的协调工作量大;可能出现矛盾指令,以及项目经理责任与权力不统一的现象;对于管理人员的素质要求较高,协调较困难。因此,矩阵式组织结构主要适用于大型复杂项目或多个同时进行的项目。

(5)事业部式组织结构。

事业部对企业内来说是职能部门;对企业外来说享有相对独立的经营权,可以作为一个独立单位,具有相对独立的经营权、利益和市场。如图 1.7 所示。

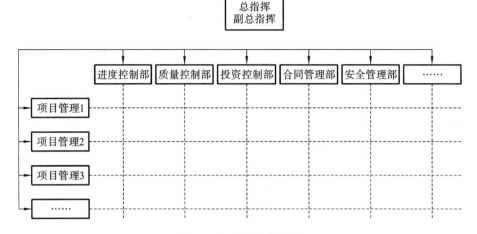

图 1.6　矩阵式组织结构

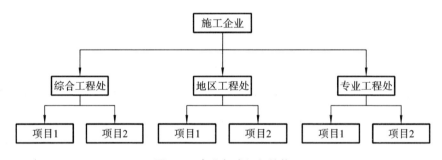

图 1.7　事业部式组织结构

优点:适用于大型经营性企业的工程承包,特别是远离公司本部的工程承包;有利于延伸企业的经营职能,扩大企业的经营业务,开拓企业的业务领域;有利于迅速适应环境变化以加强项目管理。

缺点:企业对项目经理部的约束力弱,协调指导的机会少,故有时会造成企业机构松散。因此,事业部式组织结构主要适用于在一个地区有长期的市场或拥有多种专业施工能力的大型施工企业。

1.2.2　建筑工程项目经理

1. 项目经理的含义

工程项目是一次性的整体任务,在完成这个任务的过程中必须有一个最高的责任者和组织者,即通常所说的项目经理。

建筑工程项目经理（construction project manager），简称项目经理，是企业为建立以建筑工程项目管理为核心的质量、安全、进度和成本责任保证体系，全面提高工程项目管理水平而设立的重要管理岗位，是受企业法定代表人委托对工程项目施工过程全面负责的项目管理者。

项目经理一经任命产生后，其身份是企业法定代表人在工程项目的全权委托代理人，直接对企业经理负责，双方经过协商，签订项目管理目标责任书。

若无特殊原因，在项目未完成前不宜随意更换项目经理。

2. 项目经理的地位

项目经理是企业法定代表人在工程项目上的委托授权代理人，是全面负责施工过程的项目管理者，在项目管理中处于中心地位，具体体现在以下几个方面。

（1）项目经理是项目实施阶段的第一责任人，是项目实施过程的控制者。

（2）项目经理是施工责、权、利的主体。

（3）项目经理是各种信息的集散中心。

（4）项目经理是协调各方面关系的桥梁和纽带。

3. 项目经理的任务

项目经理的总任务是保证施工项目按照合同规定和预定目标，高效、优质、低耗地完成，使客户满意。在项目经理权限范围内，优化配置各生产要素，实现项目效益。具体的工作任务如下。

（1）组织项目经理部，确定机构形式和结构分层，合理配备人员，制定规章制度，明确管理人员的职责，组织领导项目经理部的运行。

（2）制定项目管理总目标、阶段性目标以及总体控制计划，并实施控制，保证项目管理目标的全面实现。

（3）对项目管理中的重大问题及时解决，严格管理，保证合同的顺利实施。

（4）制定岗位责任制等各项规章制度，有序地组织项目开展。

（5）在委托权限范围内，代表本企业法人代表进行有关签证。

（6）协调相关单位之间的协作关系，协调技术与质量控制、成本控制、进度控制之间的关系。

（7）建立完善的内部及对外信息管理系统，确保信息畅通无阻、工作高效进行。

4. 项目经理的职责

项目经理的职责总体上是组织、计划和控制。一般来讲,项目经理应当履行下列职责。

(1) 代表企业实施施工项目管理,贯彻执行国家法律、法规、方针、政策和强制性标准,执行企业的管理制度,维护企业的合法权益。

(2) 履行项目管理目标责任书规定的任务。

(3) 组织编制项目管理实施规划。

(4) 对进入现场的生产要素进行优化配置和动态管理。

(5) 建立质量管理、安全和环境管理体系并组织实施。

(6) 在授权范围内负责与企业管理层、劳务作业层、各协作单位、发包人、分配人和监理工程师等协调,解决项目中出现的问题。

(7) 按项目管理目标责任书处理项目经理部与国家、企业、分包单位以及职工之间的利益分配。

(8) 进行现场文明施工管理,发现和处理突发事件。

(9) 参与工程竣工验收,准备结算资料和分析总结,接受审计。

(10) 处理项目经理部的善后工作。

(11) 协助企业进行项目检查、鉴定和评奖申报。

5. 项目经理的权限

在工程项目施工管理过程中,项目经理的权限由企业法定代表人授予,以委托代理形式一次性确定下来。一般来说,项目经理应具有以下权限。

(1) 参与企业进行的施工项目投标。

(2) 以企业法定代表人的身份处理与所承担的工程项目有关的外部关系,并受托签署有关合同。

(3) 参与组建项目经理部,确定项目经理部的组织结构,选择、聘任管理人员,确定管理人员的职责,并定期进行考核、评价和奖惩。

(4) 在企业财务制度规定的范围内,根据企业法定代表人授权和施工项目管理的需要,决定资金的投入和使用,制定内部计酬办法。

(5) 在授权范围内,按物资采购程序文件的规定,参与选择物资供应单位。

(6) 根据企业法定代表人授权或按照企业的规定,选择施工作业队伍。

(7) 主持项目经理部工作,组织制定施工项目的各项管理制度。

（8）根据企业法定代表人授权，协调、处理与施工项目管理有关的内部与外部事项。

6．对项目经理的奖惩

施工企业应当确立、维护项目经理的地位和正当权利，并做到分配合理、奖惩分明。对于项目经理的奖惩，主要体现在物质兑现和精神奖励两个方面。一般来讲，对项目经理的奖惩如下。

（1）项目经理应获得基本工资、岗位工资和绩效工资。

（2）项目经理除按项目管理目标责任书可获得物质奖励外，还可以获得表彰、记功和优秀项目经理等荣誉称号。

（3）企业应转变观念，让有资质的项目经理在全国人才市场流动，双向选择。

（4）有条件的企业应经常选择优秀项目经理参加全国项目管理研究班或到国外考察和短期培训，不断提高他们的能力。

（5）经考核和审计，未完成项目管理目标责任书确定的项目管理责任目标或造成企业亏损的项目经理，应按其中有关条款承担责任，并接受经济或行政处罚。

7．项目经理责任制

工程项目施工应建立以项目经理为首的生产经营管理系统，实行项目经理责任制。项目经理对工程项目施工负有全面管理的责任。

项目经理责任制（responsibility system of construction project manager）指企业制定的，以项目经理为责任主体，确保项目管理目标实现的责任制度。具体来说，是以施工项目为对象，以项目经理全面负责为前提，以项目管理目标责任书为依据，以创优质工程为目标，以求得项目产品的最佳经济效益为目的，实行的从施工项目开工到竣工验收的一次性全过程的管理制度。

项目经理责任制的特点如下。

（1）对象终一性，即以施工项目为对象，实行项目产品形成过程的一次性全面负责制。

（2）主体直接性，即经理负责、全员管理、标价分离、指标考核、项目核算。

（3）内容全面性，即全过程的目标责任制。

（4）责任风险性，即经济利益与责任风险同在。

　　项目经理责任制有利于协调项目经理、企业、职工之间的责、权、利、效关系，有利于对项目进行法制管理，有利于管理规范化、科学化和提高产品质量，有利于提高经济效益和社会效益。

　　实行项目经理责任制的条件如下。

　　（1）项目任务落实，开工手续齐全，具有切实可行的项目管理规划大纲或施工组织总设计。

　　（2）各种工程技术资料、施工图纸、劳动力、三大主材落实。

　　（3）有一批懂法律、会管理、敢负责并掌握施工项目管理技术的人才，组织一个精干、得力和高效的项目管理班子。

　　（4）建立企业业务工作系统化管理制度，具有为项目经理部提供人力、材料、设备及生活设施等的能力。

第 2 章 建筑工程项目施工成本管理

2.1 项目施工成本管理概述

2.1.1 项目施工成本管理的定义、难点与要素

1. 项目施工成本管理的定义

建筑工程项目施工成本管理是在确保符合建筑工程项目合同内容要求的同时,依据建筑工程项目的流程,对建筑工程公司的工程项目所发生的成本开展预算计划、组织、分解、协调、控制和核算分析等工作,尽量降低项目实施中的成本,使成本控制在原计划目标之内的科学的管理工作。建筑工程项目施工成本管理是建筑工程公司最关键的管理工作之一。项目实施的最终目的是确保建筑产品达到预期的交付质量标准,同时在约定的工期内完成施工,保证施工过程的安全性,并赚取利润。由此可见,建筑工程项目施工成本管理的重点在于动态地获取实际成本的发生情况,将其与目标值进行比较,分析产生偏差的原因,然后立即予以纠正,进而有效地确保管理目标实现。

2. 项目施工成本管理的难点

建筑工程项目施工成本管理的难点如下。

（1）生产要素复杂。

建筑工程项目的人、物、机等生产要素具有流动性,特别是在不同施工场地连续施工或交叉施工的情况下,建筑工程项目各种资源会产生较大的跨越性,项目施工成本管理所牵涉的不确定因素增多。例如原材料的转移和运输可能造成原材料损坏、遗漏,机械设备的随意搬运会增加故障风险,员工在多个施工场地转移容易造成人员流失风险。这些因素都会给项目施工成本管理造成影响,使项目施工成本管理始终处于不稳定的复杂环境中。

（2）施工场地多。

大型建筑工程项目通常包含多个子项目和工段，施工单位须在不同施工场地之间转移，而不同施工场地的原材料采购需求和运输配送要求不同，非一次性采购情况较多，这不仅给项目管理增加了负担，同时违背了经济性原则，不利于统一管控。

（3）利益相关者众多。

建筑工程项目施工通常涉及业主单位、施工单位、监理单位以及劳务公司等各种主体，不同主体的项目责任和利益诉求不同，在项目实施过程中难免会出现利益冲突，造成管理成本和沟通成本的增加。此外，项目实施过程中的机械设备型号复杂、专业性较强，若前期未能组织专业人员对机械设备厂商的供货能力展开全面考察，那么后期有可能出现设备故障和维修费用纠纷。

（4）受环境影响。

建筑工程项目技术难度大、建设周期长、人员关系复杂，在施工过程中面临着自然灾害、安全风险、环境变化等各种不可抗力，因此相比于其他普通项目，建筑工程项目施工成本管理受外部环境影响更大。

3. 项目施工成本管理的要素

进度、成本、质量被视为建筑工程项目施工成本管理的三要素，三要素既对立又统一，不能忽视任何一方，必须在建设施工过程中统筹考虑并充分平衡各要素。三要素的关系如下。

（1）成本、质量的关系。

成本和质量既对立又统一，工程建设质量能否达到预期目标与资金投入具有密切关系。面对激烈的市场竞争和严格的监管要求，施工单位必须始终将质量和安全作为所有工作的出发点和落脚点，在符合质量要求的前提下选择更经济的方案，严格控制资金投入。同时不能出现任何质量问题，否则由此造成的工期延误费用反而会让成本增加。

（2）质量、进度的关系。

质量与进度虽然不存在直接的关联，但充足的工期能够为施工单位提供更多的工作时间，让施工人员在计划指令下有条不紊地开展工作，质量管控也会更加严格；而在仓促的工期下，施工单位很难有足够的精力关注各个细节，工程质量会受到影响。

（3）成本、进度的关系。

如果项目资金充足，施工原材料、施工人员以及机械设备全部到位，那么施工计划的执行就会得到保障，项目延期风险相对较低。反之，则容易出现项目延迟交付问题。

（4）进度、成本、质量的关系。

进度、成本和质量之间相互影响又彼此独立。若成本保障不足，项目质量和施工进度必然会受到影响；若施工质量或施工工期管控不到位，产生工程返工或项目延期等预期之外的问题，则原有的成本预算无法支撑项目建设。

2.1.2　项目施工成本的构成

建筑工程项目施工成本主要由直接费和间接费构成，如图 2.1 所示。

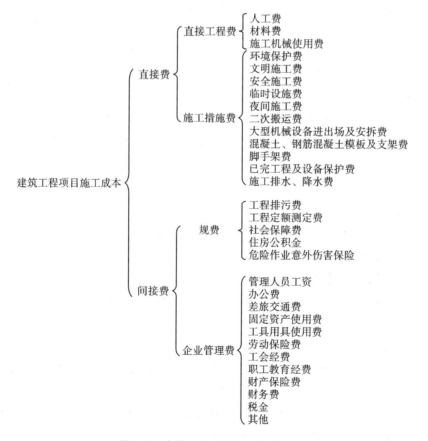

图 2.1　建筑工程项目施工成本构成

17

1．直接费

直接费由直接工程费和施工措施费组成。

1）直接工程费。

直接工程费是指施工过程中耗费的构成工程实体的各项费用,包括人工费、材料费、施工机械使用费。

（1）人工费。

人工费是指发放给直接从事建筑安装施工的生产工人的各项费用。内容如下。

①生产工人基本工资:发放给生产工人的基本工资。

②生产工人工资性补贴:按规定标准发放给生产工人的物价补贴,煤、燃气补贴,交通补贴,住房补贴,流动施工津贴,等等。

③生产工人辅助工资:生产工人年有效施工天数以外非作业天数的工资。包括职工学习、培训期间的工资,调动工作、探亲、休假期间的工资,因气候影响停工的停工工资,女工哺乳时间的工资,病假在六个月以内的工资,以及产、婚、丧假期间的工资。

④生产工人职工福利费:按规定标准发放给生产工人的职工福利费。

⑤生产工人劳动保护费:按规定标准发放给生产工人的劳动保护用品的购置费及修理费,徒工服装补贴,防暑降温费,在有碍身体健康环境中施工的保健费用,等等。

（2）材料费。

材料费是指施工过程中耗费的构成工程实体的原材料、辅助材料、构配件、零件、半成品产生的费用。内容如下。

①材料原价(或供应价格)。

②材料运杂费:材料自来源地运至工地仓库或指定堆放地点所发生的全部费用。

③运输损耗费:材料在运输装卸过程中不可避免的损耗产生的费用。

④采购及保管费:采购、供应和保管材料过程中所发生的各项费用。其内容包括采购费、仓储费、工地保管费、仓储损耗。

⑤检验试验费:对建筑材料、构件和建筑安装物进行一般鉴定、检查所发生的费用。检验试验费包括自设试验室进行试验所耗用的材料和化学药品等费用,不包括新结构、新材料的试验费,以及建设单位对具有出厂合格证明的材料

进行检验、对构件做破坏性试验及其他特殊检验试验的费用。

（3）施工机械使用费。

施工机械使用费是指施工机械作业所发生的各项费用。内容如下。

①折旧费：施工机械在规定的使用年限内，陆续收回其原值及购置资金的时间价值。

②大修理费：施工机械按规定的大修理间隔台班进行必要的大修理，以恢复其正常功能所需的费用。

③经常修理费：施工机械除大修理以外的各级保养和临时故障排除所需的费用。包括为保障机械正常运转所需替换设备与工具附具的摊销和维护费用，机械运转中日常保养所需润滑与擦拭的材料费用，机械停滞期间的维护和保养费用，等等。

④安拆费及场外运费：安拆费指施工机械在现场安装与拆卸所需的人工、材料、机械和试运转费用，以及机械辅助设施的折旧、搭设、拆除等费用；场外运费指施工机械整体或分体自停放地点运至施工现场或由一施工地点运至另一施工地点的运输、装卸、辅助材料及架线等费用。

⑤人工费：机上司机（司炉）和其他操作人员的工作日人工费，以及在施工机械规定的年工作台班以外的人工费。

⑥燃料动力费：施工机械在运转作业中所消耗的固体燃料（煤、木柴）、液体燃料（汽油、柴油）及水、电费用等。

⑦养路费及车船使用税：施工机械按照国家规定和有关部门规定应缴纳的养路费、车船使用税、保险费及年检费等。

2）施工措施费。

施工措施费是指为完成工程项目施工，发生于该工程施工前和施工过程中非工程实体项目的费用。内容如下。

（1）环境保护费。

环境保护费是指施工现场为达到环保部门要求所发生的各项费用。

（2）文明施工费。

文明施工费是指施工现场文明施工所发生的各项费用。

（3）安全施工费。

安全施工费是指施工现场安全施工所发生的各项费用。

（4）临时设施费。

临时设施费是指施工企业为进行建筑工程施工所必须搭设的生活和生产用

的临时建筑物、构筑物和其他临时设施的搭设、维修、拆除及摊销费用等。

临时设施包括临时宿舍、文化福利及公用事业房屋与构筑物,仓库、办公室、加工厂,以及规定范围内道路、管线,等等。

（5）夜间施工费。

夜间施工费是指夜间施工所发生的夜班补助、夜间施工降效、夜间施工照明设备摊销及照明用电等费用。

（6）二次搬运费。

二次搬运费是指因施工场地狭小等特殊情况而发生的二次搬运费用。

（7）大型机械设备进出场及安拆费。

大型机械设备进出场及安拆费是指机械整体或分体自停放场地运至施工现场或由一个施工地点运至另一个施工地点,所发生的机械进出场运输及转移费用,以及机械在施工现场进行安装、拆卸所需的人工费、材料费、机械费、试运转费和辅助设施安装费用。

（8）混凝土、钢筋混凝土模板及支架费。

混凝土、钢筋混凝土模板及支架费是指混凝土施工需要的各种钢模板、木模板、支架等的安装、拆卸、运输费用及模板、支架的摊销（或租赁）费用。

（9）脚手架费。

脚手架费是指施工需要的各种脚手架安装、拆卸、运输费用及脚手架的摊销（或租赁）费用。

（10）已完工程及设备保护费。

已完工程及设备保护费是指竣工验收前,对已完工程及设备进行保护所需费用。

（11）施工排水、降水费。

施工排水、降水费是指为确保工程在正常条件下施工,采取各种排水、降水措施所发生的费用。

2. 间接费

间接费由规费和企业管理费组成。

1）规费。

规费是指政府和有关部门规定必须缴纳的费用（简称规费）。内容如下。

（1）工程排污费。

工程排污费是指按规定缴纳的施工现场排污费。

（2）工程定额测定费。

工程定额测定费是指按规定支付给工程造价（定额）管理部门的定额测定费。

（3）社会保障费。

社会保障费包括养老保险费、失业保险费、医疗保险费等。

①养老保险费：企业按规定标准为职工缴纳的基本养老保险费。

②失业保险费：企业按规定标准为职工缴纳的失业保险费。

③医疗保险费：企业按规定标准为职工缴纳的基本医疗保险费。

（4）住房公积金。

住房公积金是指企业按规定标准为职工缴纳的住房公积金。

（5）危险作业意外伤害保险。

危险作业意外伤害保险是指企业按规定为从事危险作业的建筑安装施工人员支付的意外伤害保险费。

2）企业管理费。

企业管理费是指企业组织施工生产和经营管理所需费用。内容如下。

（1）管理人员工资。

管理人员工资是指管理人员的基本工资、工资性补贴、职工福利费、劳动保护费等。

（2）办公费。

办公费是指办公用的文具、纸张、账表、印刷、邮电、书报、会议、水电、烧水和集体取暖（包括现场临时宿舍取暖）用煤等费用。

（3）差旅交通费。

差旅交通费是指职工因公出差、调动工作的差旅费、住勤费、市内交通费和误餐补助费，职工探亲路费，劳动力招募费，职工离退休、退职一次性路费，工伤人员就医路费，工地转移费，以及管理部门使用的交通工具的油料、燃料、养路费及牌照费。

（4）固定资产使用费。

固定资产使用费是指管理和试验部门及附属生产单位使用的属于固定资产的房屋、设备、仪器等的折旧、大修、维修或租赁费。

（5）工具用具使用费。

工具用具使用费是指不属于固定资产的生产工具、器具、家具、交通工具和检验用具、试验用具、测绘用具、消防用具等的购置、维修和摊销费。

（6）劳动保险费。

劳动保险费是指离退休职工的易地安家补助费、职工退职金、六个月以上的病假人员工资、职工死亡丧葬补助费、抚恤费、按规定支付给离休干部的各项经费。

（7）工会经费。

工会经费是指企业按职工工资总额计提的工会经费。

（8）职工教育经费。

职工教育经费是指企业为了使职工学习先进技术和提高文化水平，按职工工资总额计提的费用。

（9）财产保险费。

财产保险费是指施工管理用财产、车辆保险费用。

（10）财务费。

财务费是指企业为筹集资金而发生的费用。

（11）税金。

税金是指企业按规定缴纳的房产税、车船使用税、土地使用税、印花税等。

（12）其他。

技术转让费、技术开发费、业务招待费、绿化费、广告费、公证费、法律顾问费、审计费、咨询费等。

2.1.3 项目施工成本管理的内容与措施

1. 项目施工成本管理的内容

建筑工程项目施工成本管理由施工成本预测、施工成本计划、施工成本控制、施工成本核算、施工成本分析、施工成本考核构成。成本规划阶段以成本预测和成本计划为主，成本控制阶段以成本控制和成本核算为主，成本总结阶段以成本分析和成本考核为主，不同阶段的项目施工成本管理侧重点不同。

（1）事前成本规划。

在项目策划阶段，建筑公司会组织人员展开深入的市场调研，参考相关意见编制项目可行性研究报告，大致测算项目资金投入需求，并结合周边地区同类型项目工程的已有数据进行初步成本预算，明确项目选址决策依据和规划条件。完成项目施工成本预测后，项目组经过充分讨论和测算，开始编制项目施工方案和技术方案，计算得到项目施工成本目标，经反复调整，以成本目标为指导，制定成本计划,为后续的项目施工提供费用支出依据。

（2）事中成本控制。

成本控制是项目施工成本管理的核心工作,施工单位要按照内部费用审批制度和成本管理流程进行成本管控,动态监管资金流向,严格控制费用支出,保证成本执行与成本计划一致。同时,财务人员负责对项目全过程周期所有直接费用和间接费用进行全面整理,做好单位成本和实发成本的核算统计,整理形成精准的项目施工成本数据,并运用计划执行评估工具对项目施工成本执行情况进行评价,关注成本执行与成本计划差异项原因,制定纠偏方案,促使项目施工成本执行工作回到正轨,让项目整体成本始终在可控范围内。

（3）事后成本总结。

在项目竣工验收阶段,施工单位会组织相关人员对项目实施过程中的费用成本管控工作展开绩效考核,通过绩效导向促使各责任人切实履行工作义务,加强成本管控意识,及时消除成本计划管理中出现的偏差,有效规避项目施工成本管理的人为风险。此外,项目竣工并不意味着项目完结,竣工后,还必须对项目施工成本管理过程中的所有文件和数据进行复盘,分析成本管控计划的合理性,评估成本管控质量,做好调整方案并将其应用于项目施工成本管理改进工作。

2. 项目施工成本管理的措施

（1）组织措施。

从施工成本管理机构着手,针对性地采取合适的方法进行管理。首先建立健全的组织构架。实行项目经理责任制,将各项工作具体分配给各个管理人员,实现成本的逐级管理,同时建立清晰的管理权责体系,明确各方的责任主体,提升项目部内部的管理水平。其次编制施工成本控制计划,将工作流程根据实际情况详细地制定出来。

（2）技术措施。

①对施工方案进行全面的比对分析,选择适用于本项目的施工方案。

②通过对比不同材料,选择最优的材料,或者引进新的材料。

③改进施工技术,比如添加合适的外加剂等。

④选择合适的、最适用于本项目的施工机械。

⑤运用先进的施工计划管理理念,实现高效率的施工生产。

（3）经济措施。

以成本计划为蓝本,制定详细的费用支出计划。对施工过程中的目标一项

项进行细化,控制风险,提出防范措施。对于项目中的各种开支,进行详细的记录以及核实。严格按照前期编制的计划进行管控,防止乱开支的现象出现。对于施工过程中出现的各种问题,积极主动地处理,及时与相关单位协商,以最好的方法解决问题。通过偏差分析和未完工工程预测,对整个施工过程中可能会增加施工成本的部分进行预测分析,采取积极有效的应对措施。

(4)合同措施。

对整个施工过程进行全面的分析,结合实际,利用合同对施工成本进行控制。针对具体的工程项目,选择合适的合同方式。充分了解合同,认真研读合同,并且及时而准确地将合同与工程实际结合。将可能引起成本波动的工程变更及时反馈给相关单位,以降低成本增加的可能性。在合同与实际情况不相符时,做好谈判或者索赔工作。

2.2　项目施工成本预测与计划

2.2.1　项目施工成本预测

1. 项目施工成本预测的意义

成本预测主要是指运用科学合理的方法,对成本投入和变化趋势进行分析和预测,同时在分析的基础上,对未来可能达到的成本进行估计和预算,使经营者和决策者能够选择最好的方法和方案进行正确的决策和规划。成本预测是制定成本决策和编制成本计划的依据。成本预测对提高成本计划的科学性、降低成本和提高经济效益,具有重要的作用。成本预测是加强企业竞争力和提高企业经济效益的主要措施。

2. 项目施工成本预测的内容

(1)工、料、费用预测。

①分析工程项目采用的人工费单价,以及工人的工资水平及社会劳务的市场行情,根据工期及准备投入的人员数量分析该工程项目合同价中人工费是否能够得到控制。

②材料费占建安费的比重极大,应作为重点准确把握,分别对主材、地材、辅

材、其他材料费进行逐项分析,重点核定材料的供应地点、购买价、运输方式及装卸费,分析定额中规定的材料规格与实际采用材料规格的不同,对比实际采用的水泥用量与定额用量的差异,汇总分析预算中的其他材料费等。

③投标施工组织设计中的机械设备的型号、数量一般是采用定额中的施工方法套算出来的,与实际施工有一定差异,因此要测算实际可能发生的机械使用费、机械租赁费及新购置机械设备费的摊销费。

(2)施工方案引起费用变化的预测。

工程项目中标后,必须结合施工现场的实际情况制定技术可行和经济合理的实施性施工组织设计,结合项目所在地的经济和自然地理条件、施工工艺、设备选择,工期安排的实际情况,比较实施性施工组织设计所采用的施工方法与标书或定额的不同,根据实际情况做出正确的预测。

(3)辅助工程费的预测。

工程量清单或设计图纸中没有给定辅助工程费,应合理预测。

(4)大型临时设施费的预测。

对于大型临时设施费,应详细地调查,充分地比选论证,从而合理预测。

(5)小型临时设施费、工地转移费的预测。

小型临时设施费:根据工期的长短和拟投入的人员、设备的多少来确定临时设施的规模和标准,按实际并参考以往工程施工中包干控制的历史数据来预测。工地转移费:根据转移距离的远近和拟转移人员、设备的多少来预测。

(6)成本的风险分析。

项目施工成本的风险分析,就是对本项目中可能影响目标实现的因素进行事前分析。

①对工程项目技术特征的分析,如结构特征、地质特征等。

②对业主单位有关情况的分析,包括业主单位的信用、资金到位情况、组织协调能力等。

③对项目组织系统内部的分析,包括施工组织设计、资源配备、队伍素质等。

④对项目所在地的交通、能源、电力的分析。

⑤对气候的分析。

3. 项目施工成本预测的方法

(1)定量预测法。

根据建设单位的历史资料和数据以及事前发生成本和事后预测成本的数量

关系,建立数学模型来预算和推断未来成本。

（2）趋势预测法。

根据不同时期发生的不同的成本历史数据,运用数学方法进行合理预测。

（3）因果预测法。

根据经营成本和其他相关因素之间的关系,按照数学公式进行计算并预测。

（4）定性预测法。

根据专业的理论知识和丰富的实践经验,聘请专业的预测人员按照企业实际的经营决策情况进行合理的推断和预测。

2.2.2　项目施工成本计划

1. 项目施工成本计划的编制要求和编制依据

（1）编制要求。

①合同规定的项目质量和工期要求。

②对施工成本管理目标的要求。

③以经济、合理的项目实施方案为基础的要求。

④有关定额及市场价格的要求。

（2）编制依据。

①合同文件。

②项目管理实施规划,包括施工组织设计、施工方案。

③相关设计文件。

④人工、材料、机械市场价格信息。

⑤相关定额、计量计价规范。

⑥类似项目的施工成本资料。

2. 项目施工成本计划的内容

（1）编制说明。

编制说明是指对工程的范围、投标竞争过程及合同条件、承包人对项目经理提出的责任成本目标、施工成本计划编制的指导思想和依据等的具体说明。

（2）指标。

①数量指标。例如,按子项汇总的工程项目计划总成本指标,按分部汇总的各单位工程(或子项目)计划成本指标,人工、材料、机械等各主要生产要素计划

成本指标。

②质量指标。例如,工程项目施工成本降低率可采用:设计预算成本计划降低率＝设计预算总成本计划降低额/设计预算总成本;责任目标成本计划降低率＝责任目标总成本计划降低额/责任目标总成本。

③效益指标。例如,工程项目施工成本降低额可采用:设计预算成本计划降低额＝设计预算总成本－计划总成本;责任目标成本计划降低额＝责任目标总成本－计划总成本。

(3)按工程量清单列出的单位工程计划成本汇总表。

按工程量清单列出的单位工程计划成本汇总表见表2.1。

表 2.1　单位工程计划成本汇总表

序　号	清单项目编码	清单项目名称	合同价格	计划成本
1				
2				
……				

(4)按成本性质划分的单位工程成本汇总表。

分析清单项目的造价,分别对人工费、材料费、机械费、措施费、企业管理费等进行汇总,形成单位工程成本汇总表。

3. 项目施工成本计划的类型

项目施工成本计划的编制是一个不断深化的过程,这一过程的不同阶段形成深度和作用不同的成本计划。项目施工成本计划按作用可分为竞争性成本计划、指导性成本计划和实施性成本计划。

(1)竞争性成本计划。

竞争性成本计划是指工程项目施工投标及签订合同阶段的成本计划。竞争性成本计划是以招标文件中的合同条件、投标者须知、技术规范、设计图纸和工程量清单等为依据,以招标文件中有关价格、条件说明为基础,结合调研和答疑获得的信息,根据企业的工料消耗标准、水平、价格资料和费用指标,对企业拟完成招标工程所需要支出的全部费用的估算,是对投标报价中成本的预算,虽考虑了降低成本的途径和措施,但总体上不够细化和深入。

(2)指导性成本计划。

指导性成本计划是施工准备阶段的预算成本计划,是项目部、项目经理的责

27

任成本目标。指导性成本计划是以投标文件、施工承包合同为依据,按照企业的预算定额标准制订的设计预算成本计划。

（3）实施性成本计划。

实施性成本计划是以项目施工组织设计、施工方案为依据,以落实项目经理责任目标为出发点,采用企业的施工定额,通过编制施工预算而形成的成本计划。

以上三类成本计划互相衔接,构成了整个工程施工成本的计划过程。其中,竞争性成本计划带有成本战略的性质,是施工项目投标阶段商务标书（投标报价）的基础。指导性成本计划和实施性成本计划都是对竞争性成本计划的展开和深化。

4. 项目施工成本计划的编制方法

施工总成本目标确定后,要通过编制详细的实施性成本计划将目标成本层层分解,落实到施工过程的每一个环节,有效地控制成本。施工成本计划的编制方法通常有按施工成本组成编制施工成本计划、按项目组成编制施工成本计划和按工程进度编制施工成本计划。

（1）按施工成本组成编制施工成本计划。

施工成本可以按成本组成划分为人工费、材料费、施工机械使用费、企业管理费等,如图2.2所示。

图2.2　按施工成本组成编制施工成本计划

（2）按项目组成编制施工成本计划。

大、中型工程项目通常是由若干个单项工程构成的,每个单项工程包括多个单位工程,每个单位工程由若干个分部工程构成,每个分部工程又包括多个分项工程。因此,编制施工成本计划时,先将项目总施工成本分解到单项工程和单位工程中,再进一步分解到分部工程和分项工程中,如图2.3所示。

在对项目施工成本目标进行分解后,具体编制分项工程的成本计划,列出分项工程成本计划表,见表2.2。

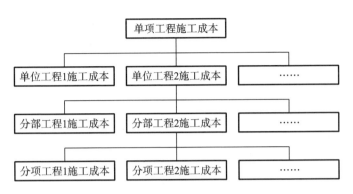

图 2.3　按项目组成编制施工成本计划

表 2.2　分项工程成本计划表

分项工程编码	工 程 内 容	计 量 单 位	工 程 数 量	计 划 成 本	分 项 小 计
（1）	（2）	（3）	（4）	（5）	（6）

在编制成本计划时,既要考虑总的预备费,也要在主要的分项工程中安排适当的不可预见费,这样,在具体编制成本计划时,如发现个别单位工程某项内容的计算工程量偏离成本计划,可以预先采取一些措施。

（3）按工程进度编制施工成本计划。

按工程进度编制施工成本计划,即在建立网络图时,一方面确定完成各项工作所花费的时间,另一方面确定完成各项工作的施工成本计划。在实践中,将工程项目分解为既能方便地表示时间,又能方便地表示施工成本计划的工作是不容易的。通常,如果项目分解程度对时间控制合适,则对施工成本计划可能分解过细,以至于无法对每项工作确定其施工成本计划。因此,在编制成本计划时,应在充分考虑时间控制对项目划分要求的同时,考虑施工成本计划对项目划分的要求,做到两者兼顾。

对施工成本目标按时间进行分解,可获得项目施工进度计划的横道图,进而编制成本计划。其表示方式有两种:一种是在时标网络图上按月编制的成本计划直方图;另一种是时间-成本累积曲线（S形曲线）。

时间-成本累积曲线按以下步骤绘制。

①确定工程项目施工进度计划,编制进度计划横道图。

②根据每单位时间完成的实物工程量或投入的人力、材料、机械设备和资金等,计算单位时间（月或旬）的成本,在时标网络图上按时间编制成本计划,用直

方图表示,如图 2.4 所示。

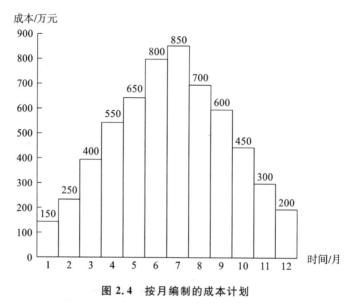

图 2.4 按月编制的成本计划

③计算一定时间内累积成本额。

④按计算所得的累积成本额,绘制 S 形曲线,如图 2.5 所示。

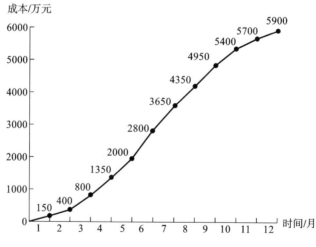

图 2.5 时间-成本累积曲线(S 形曲线)

每一条 S 形曲线对应的都是某一特定的施工进度计划。项目经理可根据成本计划合理安排和调配资金,也可以根据筹措的资金来调整 S 形曲线,即通过调整非关键工序最早或最迟开始时间,将实际成本控制在计划范围内。

以上三种编制施工成本计划的方法并不是相互独立的,在实践中往往将这三种方法结合起来使用,从而达到更好的成本控制效果。

2.3　项目施工成本控制与核算

2.3.1　项目施工成本控制

1. 项目施工成本控制相关理论

(1) 全面成本控制理论。

全面成本控制要求对项目全过程的全部成本做出有效管控,在管控过程中,各个部门共同参与成本控制。与传统的成本控制相比,全面成本控制具有以下特点:实现了节约成本的目标,扩大了成本控制的范围,增大了成本控制的时间跨度,充分发挥了成本控制的效能。全面成本控制首先要做到全员控制成本,这就要求对所有部门、班组以及员工进行系统的成本控制培训。同时,将项目施工成本控制绩效纳入相关部门、班组、员工的绩效考核,明确每个部门、班组、员工在成本控制中的职责。

(2) 目标成本控制理论。

目标成本控制要求施工企业制定相应成本计划从而达到预计利润目标,由目标管理与成本预测科学管理方法结合而形成。目标成本控制可以对项目的实际成本进行管理,也能够将项目的整体预算成本进行细化。目标成本表现形式有多种,主要为计划成本、标准成本和定额成本。施工企业根据预计利润目标来编制目标成本计划,企业的各管理部门根据目标成本对项目的实际成本进行控制。

目标成本是编制施工预算的前提。施工预算以单位工程为对象,根据签订的合同、施工设计图纸、规范图集、国家及地区定额、施工组织设计、企业的管理能力与成本控制能力编制。

目标成本控制包括确定目标成本、分解目标成本、对比目标成本与实际成本。

(3) 动态成本控制理论。

动态成本控制要求在项目开发过程中对项目已发生的成本信息进行跟踪管

31

控,结合项目的进度计划,及时计算出某一时间点发生的动态成本,从而掌握项目施工成本的实际发生情况,再与计划成本对比,找出计划成本与实际成本之间的差距,科学系统地分析差距存在的原因,为后期施工方案调整、项目决策提供数据支撑和决策依据。同时,要实现动态成本控制,必须提高全体员工的参与度,建立合理的成本控制评价体系,充分激发员工对成本控制的积极性。

（4）权、责、利相结合的成本控制理论。

在项目施工成本控制中,项目经理、技术责任人作为项目的管理人员对于施工成本控制工作负有领导责任,他们在做好事前、事中、事后成本控制的同时,还要对工程项目实施过程中的每一名参与者按职责进行施工成本控制分工,建立完善的成本控制考核评估体系,确定每个人的职责。在施工成本控制任务下发后,组织专人对施工成本控制的效果进行评估并考核打分,依据考核绩效,落实奖惩措施,真正实现"奖勤罚懒",让勇于承担责任者尝到甜头。施工成本控制责任制形成之后,施工成本控制责任即分工到人,不会出现推诿扯皮现象,各部门间既有分工又有合作,形成施工成本控制合力,最终建成权、责、利相结合的施工成本控制制度。

2. 项目施工成本控制方法

1）挣值法。

（1）挣值法的概念。

挣值法（earned value management,EVM）又称赢得值法或偏差分析法,是一种绩效测量方法,可以全面衡量成本状况和工程进度情况,有利于提高项目部对施工过程成本控制能力。其基本思路是将项目资金使用情况代替工程进度来计算已完工程量,它并非直接通过项目资金的投入情况来判断工程的进展,而是通过分析项目资金转化成已完工程量的多少来判断工程的进展。将同一时期的预算费用、计划费用、实际费用进行比较,编制挣值曲线图,分析工程中实际进度、实际支出与计划偏差值,可以帮助项目的管理者清晰地了解项目的进度与成本的偏差,从而有效地监督工程,及时对项目管理失控行为采取有效纠偏措施。挣值法是一种综合成本和进度的先进项目管理技术。1967年由美国国防部首次提出,目前国际上普遍采用挣值法对建筑工程项目进行成本与进度的综合控制。

挣值法有三个基本参数:挣值（BCWP）,即已完工程预算费用;计划值（BCWS）,即计划工程预算费用;实际成本（ACWP）,即已完工程实际费用。

通过对三个基本参数进行计算可以得到四个评价指标:成本偏差(CV)、进度偏差(SV)、成本绩效(CPI)、进度绩效(SPI)。三个基本参数和四个评价指标的具体概念、计算公式如下。

①三个基本参数。

a. 挣值。

挣值(BCWP)是指在某个时间节点已完成工作量按预算(计划)单价结算而得出的费用,这个参数主要衡量了项目的实际进展情况。其计算公式为:

$$BCWP = 已完成工作量 \times 预算(计划)单价 \qquad (2.1)$$

b. 计划值。

计划值(BCWS)是指在某段时间内按进度计划应当完成的工作量按预算(计划)单价结算而得出的费用。一般来说,BCWS 在项目实施的全过程中都不会发生变化。其计算公式为:

$$BCWS = 计划工作量 \times 预算(计划)单价 \qquad (2.2)$$

c. 实际成本。

实际成本(ACWP)反映的是在某段时间内已经完成的工作量按照实际单价计算而得出的费用。其计算公式为:

$$ACWP = 已完成工作量 \times 实际单价 \qquad (2.3)$$

②四个评价指标。

a. 成本偏差。

成本偏差(CV)计算公式为:

$$CV = BCWP - ACWP \qquad (2.4)$$

如果 CV 大于零意味着某段时间内项目实际成本低于计划成本,项目施工成本可控;如果 CV 小于零,表明项目实际成本超出计划成本,即成本超支。

b. 进度偏差。

进度偏差(SV)计算公式为:

$$SV = BCWP - BCWS \qquad (2.5)$$

如果 SV 大于零,表示进度提前;如果 SV 小于零,表示进度延误。

c. 成本绩效。

成本绩效(CPI)计算公式为:

$$CPI = BCWP / ACWP \qquad (2.6)$$

当 CPI 小于 1 时,说明成本控制状况需要改善;当 CPI 大于 1 时,说明成本在可控范围内。

d. 进度绩效。

进度绩效(SPI)计算公式为:

$$SPI = BCWP/BCWS \qquad (2.7)$$

如果 SPI 小于 1,说明进度绩效较差;如果 SPI 大于 1,说明进度绩效较好。

③参数的综合分析。

在具体的工程实践中,要综合分析以上参数与指标,以确定成本控制的问题所在,并根据不同的情形,采取不同的应对措施,以满足成本控制的要求,具体的分析与应对措施见表2.3。

表 2.3　分析与应对措施

序号	参考数值	评价效果	参考措施
1	BCWP>BCWS>ACWP, CV>0,SV<0	作业效率较高,工程进度快,成本未及时投入	成本处于可控范围,可继续执行之前的施工方案
2	BCWS>ACWP>BCWP, CV<0,SV<0	作业效率较低,工程进度慢,成本未及时投入	增派高效率施工人员,优化施工方案,提升作业效率
3	ACWP>BCWS>BCWP, CV<0,SV<0	工作效率低,工程进度较慢,成本超支	调整施工人员和施工机械,选派高效率的施工人员
4	BCWP>ACWP>BCWS, CV>0,SV>0	工作效率较高,工程进度较快,成本超支	减少现场施工人员,放缓施工速度,优化资源配置
5	ACWP>BCWP>BCWS, CV>0,SV>0	工作效率较低,工程进度较快,成本超支严重	减少现场施工人员,优化资源配置
6	BCWS>BCWP>ACWP, CV>0,SV<0	工作效率较低,工程进度较慢,成本未及时投入	增派高效率施工人员,加快施工进度

(2) 挣值法分析的步骤。

①构建工作分解结构。

工作分解结构(简称 WBS),就是按照一定的规则将项目逐层分解,将目标任务落实到具体的某个人,在分解时要明确每个单元的工作任务和工作量。通常使用 WBS 树形图来清晰直观地展现各单元之间的关系。在项目实施环节,WBS 有利于推动各部门协调资源,指明应进行成本优化的具体单元,实现精准纠偏。

②编制科学合理的进度计划。

WBS 树形图完成后,要估算每一个工作任务占用的时间和相应的费用,通过合适的工序安排制定合理的进度计划。项目进度计划是根据项目总体管控目标、主要里程碑管控节点、关键工作、项目工作安排、工作时间测算和所需资源等编制的对项目进度的安排。项目进度计划通常以图示法表示,包括以下内容。

a. 项目网络图。该图可以显示关键路径的工序布置情况。

b. 条形图。该图可以直观地反映分部分项工程的施工时间。

c. 重大事件图。与条形图相似,能够体现主要工作任务的开始和结束时间。

d. 有时间尺度的项目网络图。它结合了项目网络图和条形图的优点,能够显示分部分项工程的施工时间、施工顺序等信息。

③设置成本评价基准——计划完成工作预算成本。

编制计划完成工作预算成本时,要根据前期制定的进度计划,对各个分部分项工程的计划成本进行分配,并做好累加。

④收集数据。

根据挣值法的特点,做好各个时间节点的 BCWP、BCWS、ACWP 数据的收集工作。分别收集实际发生的成本数据和进度数据,应注意的是要分别收集关键路径和非关键路径的成本数据。

(3)挣值法分析的意义。

在项目施工过程中,项目施工成本的变化总是与项目进度息息相关,施工进度落后或提前,总会对施工成本造成影响。施工过程中做成本分析时,当实际成本大于计划成本时,不一定是成本超支造成的,进度提前同样会导致项目施工成本额外增加。因此在分析实际成本时,要用挣值法将成本控制与进度控制结合起来,根据两者的关系制定成本优化方案,才能有效提升成本控制的质量。近几年,挣值法在项目施工成本剖析方面的应用不断深入,其成功的实践经验也证实了挣值法分析的有效性,成为监测工程项目施工成本的常用工具。

在企业的项目管理体系中,进度控制和成本控制往往占据很大的分量,不过多数企业将两种控制目标分开管理,这种管理方式会造成管理资源的浪费,而且进度控制与成本控制的不协调会导致"两败俱伤"。当项目进度滞后时,施工方往往不计代价赶工,造成成本超支,使得成本控制"无从下手",此时挣值法便可顺利解决进度控制和成本控制不协调的问题。

与其他成本控制方法相比,挣值法具有以下优势。

①挣值法的 WBS 树形图可以更加直观地显示施工进度和成本偏差出现的时间节点,有助于企业及时纠偏。

②挣值法的参数采集具有动态性和真实性,挣值曲线可以动态地展示过去一段时间的成本和进度变化趋势。

③挣值法综合考虑了进度和成本两方面的因素,在成本控制过程中兼顾进度控制,实现施工成本的高效管理。

2)PDCA 循环法。

(1)PDCA 循环法的概念。

PDCA 循环又叫"戴明环",是指任何管理工作须经过计划(plan)—实施(do)—检查(check)—处理(action)四个阶段,并不断循环提升,从而提高作业效率,增强管理效果。就目前而言,PDCA 循环法在施工企业的安全生产管理和质量控制领域应用较为普遍,获得了一致认可。由于施工企业成本控制与质量、安全管理具有一定的相通性,利用 PDCA 循环法进行施工成本控制可行性强,能够做到持续优化成本。

(2)PDCA 循环法的特点。

①PDCA 循环法具有不断循环的特点。在 PDCA 循环过程中,上一个循环中发现的问题,要经过分析,制定纠偏方案,在下一个循环中做出针对性改善;当下一个循环开始时,又会发现其他问题,进而持续进行 PDCA 循环管理,在不断的循环中持续提升成本控制水平。

②PDCA 循环法具有大环扣小环、环环相扣的特点。整个企业为一个大循环,各个单位为大循环中的小循环,每一个人又是单位循环中更小的循环,不同循环环环相扣。

③PDCA 循环法具有螺旋上升的特点。每个 PDCA 循环都是解决问题的过程,每个循环完成后,下一个循环的起点便更进一步,形成了不断提升的动态循环过程。

(3)PDCA 循环法的流程。

施工企业成本控制过程中有许多个 PDCA 循环,每一个 PDCA 循环大致可以分为以下四个阶段(如图 2.6 所示)。

第一阶段:plan(计划),设置相应的成本指标。在制定成本指标的过程中,要与项目建设过程涉及的设计单位、部门和人员充分沟通。为了更加合理地测算成本,可以通过聘请专业成本造价人员的方式,对施工内容进行系统的分析,从而确定成本控制的目标,在此基础上,要做好成本核算的分解工作,按照职责范围将成本预算任务分解到最小的执行单元,确保每一个目标执行人熟悉自己的任务指标,做到权责明确。

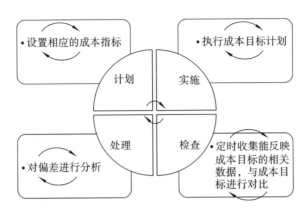

图 2.6　成本控制 PDCA 循环

第二阶段：do(实施)，执行成本目标计划。各责任主体根据分解的预算任务，认真组织确定切实可行的作业任务，最大限度降低可控成本，实现成本目标。同时，要在施工过程中做好各项成本开支记录和计算。

第三阶段：check(检查)，定时收集能反映成本目标的相关数据，与成本目标进行对比。找出成本控制的问题所在，审定阶段性成本控制效果，为下一阶段的纠偏提供依据。同时把成本控制的效果评价作为奖惩员工的重要依据。

第四阶段：action(处理)，对偏差进行分析。根据偏差情况的不同进行区别处理：若偏差是个人所致，应按照相关奖惩标准对相应责任人进行处理，此时项目应当继续按照原施工方案进行；若偏差是施工工序、施工方案不合理所致，应该及时调整施工方案，科学调整施工工序，使施工成本和施工进度相协调；若偏差是客观环境变化所致，并且造成了长时间的影响，则应及时调整相关责任主体成本预算，根据调整后的预算，按照原施工方案进行作业。总的来讲，第四阶段是上一个 PDCA 循环的结束，是下一个 PDCA 循环的开始。

项目施工的前期、中期、末期，都存在 PDCA 循环，通过 PDCA 循环法，可以不断调整施工方案以及人力、物力投入，从而形成一种不断优化的成本控制模式，有效地降低项目施工成本，持续提升项目成本控制水平。

2.3.2　项目施工成本核算

1. 项目施工成本核算的概念、内容及环节

(1) 成本核算的概念。

成本核算是在企业生产期间，通过对消耗的资源进行分配与收集，并对产品

成本进行计算的过程。成本预算以会计核算为依据,将货币作为基本单位。在成本管理中,成本核算起到了至关重要的作用,是不可缺少的重要组成部分,为管理者提供了信息数据,有利于各项决策活动的开展,为制定定价策略等创造了有利条件。

（2）项目施工成本核算的概念。

项目施工成本是项目占用与消耗资源的价格与数量的总和。通过对施工项目进行分析后发现,企业若想减少成本,应加强项目施工成本核算。项目施工成本主要包括决策工作成本、采购成本、设计成本以及实施成本。在整个施工项目中,项目施工成本核算起到了至关重要的作用,并且贯穿项目全过程。项目施工成本核算所提供的各种成本信息,是成本预测、成本计划、成本控制、成本分析和成本考核等各个环节的依据。

（3）项目施工成本核算的内容。

项目施工成本核算一般以单位工程为对象,但也可以根据项目的规模、工期、结构类型、施工组织设计和施工现场情况等,结合成本管理要求,灵活划分成本核算对象。项目施工成本核算的基本内容包括:①人工费核算;②材料费核算;③周转材料费核算;④结构件费核算;⑤机械使用费核算;⑥措施费核算;⑦分包工程成本核算;⑧企业管理费核算;⑨项目月度施工成本报告编制。

（4）项目施工成本核算的环节。

项目施工成本核算包括两个基本环节:①按照规定的成本开支范围对施工费用进行归集和分配,计算出施工费用的实际发生额;②根据成本核算对象,采用适当的方法,计算出该项目的总成本和单位成本。

2. 项目施工成本核算的方法——作业成本法

（1）作业成本法的内容及意义。

成本的概念可以从狭义和广义两个角度进行界定。广义角度的成本是指企业提供服务或产品付出的代价或消耗的资源,这种代价或资源一般用货币的形式计入成本,也包含一些无法用货币形式计算的隐形支出,例如熟练工流失、生产效率降低而发生的成本。狭义角度的成本指会计学研究的成本,是企业在生命周期内,所生产的服务或产品消耗的资源的货币表现形式。狭义的成本不涉及隐形成本,本书所使用的成本是狭义的成本。

20世纪80年代,作业成本法出现,并应用于成本管理中。作业成本法的内容包含管理作业和核算成本,核算成本是作业成本法的基础。应用作业成本法,可以让企业管理者的决策更具科学性。

（2）作业成本法的构成。

作业成本法在资源的基础上计算资源分配率，再把各项目涉及的作业中心的费用按照成本动因进行汇总，得到项目的总费用。所以，作业成本法由资源、作业、作业中心、成本对象、成本动因构成。

①资源。

资源是指企业在正常的生产经营活动中所消耗的各种物质。资源的费用既有直接归属于各项目的直接费用，还有间接计入的各种间接费用。在采用作业成本法进行核算时一般对间接费用进行分配，再将资源归集到作业，然后依据作业性质，明确资源对应的作业中心，明确相关环节的成本，确保成本管理的每个环节都是公开、透明、清楚的。

②作业。

将项目各个环节划分为各个作业来核算，完成一个作业就代表完成了项目的一个环节。

③作业中心。

作业中心能够集中管理各个作业，使核算环节减少，提升核算和管理的工作效率。作业中心还能够动态监督成本，及时控制风险。

④成本对象。

成本对象指企业提供的服务和生产的产品，即成本管理的对象，也是成本核算的载体。在作业成本法中，成本对象可以是服务，也可以是产品。

⑤成本动因。

成本动因是对成本产生驱动作用的因素。成本动因包括作业动因和资源动因，前者界定了衡量成本对象的标准，后者表明了消耗资源的原因。

（3）作业成本法的核算流程。

作业成本法的核算流程如下。

①划分作业。

判断作业和作业之间的关系、资源消耗和作业之间的关系、各个环节资源消耗的情况等，对作业进行精准识别，通过各种方式收集整理信息，并到实地进行调研，使作业划分更为精准，将作业和资源之间的关系充分表现出来。

②明确资源动因。

对企业投入的所有资源进行充分的了解，分析并明确资源动因。

③将间接资源费用分配到作业中心。

作业导致资源的耗用，所以在明确资源动因的基础上，把间接资源费用分配

到所有作业中心,构建完善的作业成本库。

④将作业中心成本分配到成本对象。

结合所有作业中心的成本动因总量,对每个成本对象的成本动因量进行计算,将作业中心成本分配到成本对象。

⑤对总成本进行计算。

成本动因分配率乘以成本对象消耗的成本动因量,加上所有作业库耗费的成本,就是最终的总成本。

(4)作业成本法的理论依据。

①成本动因理论。

成本动因理论产生于西方国家,是由波特率先提出的。作业成本法在该理论的基础上发展而来。从传统的角度来看,想有效控制成本,就要不断增加产量,形成一定的规模效应。然而,成本动因理论认为决定成本的根本因素是不同性质的作业。企业管理者通过分析成本动因理论,可以深入了解企业的成本构成,把握作业与成本之间的关系,展开相应的作业分析,从而更好地进行成本管理。

②竞争优势理论。

竞争优势是比竞争者更强大的且难以被超越的优势。如今,企业之间的竞争更加激烈,管理者更加重视竞争优势理论。竞争优势理论的核心理念是增强竞争优势,企业只有具有一定的竞争优势,才能够提高自身的市场竞争力。此外,竞争优势理论还提出了多种发展战略,包括成本领先战略、专一化战略、差异化战略、品牌战略等。在众多战略中,成本领先战略是提高企业竞争力的重中之重。成本领先战略强调控制各项成本,提高竞争优势。

③全面成本管理与全员成本管理。

在全面成本管理、全员成本管理过程中,最重要的是控制产生成本的所有环节,并且充分调动员工的积极性,让员工都参与成本管理过程。传统的成本管理只关注某些环节,而全面成本管理、全员成本管理更注重全面性。作业成本法为实现全面成本管理、全员成本管理提供了极大的便利,而全面成本管理、全员成本管理则为作业成本法提供了实践机会。企业通过创建多个不同的作业与作业中心,可以有效地管理不同环节的成本,并制定合理的成本管理目标,进一步提高成本管理水平。

(5)作业成本法与传统成本法的比较。

作业成本法和传统成本法是两种不同的成本管理方法,有一些相同和不同之处。

这两种方法的相同之处主要表现在以下两个方面。

①最终都为产品成本核算服务。

②对于直接费用的分配是相同的。

不同之处表现在以下四个方面。

①适用条件不同。

传统成本法更加适用于大量的流水线作业。其最核心的思想是规模效应，通过不断地增大规模来减少成本。然而，受各种因素影响，不管企业如何发展，其规模也不会无限扩大。另外，消费者的需求越来越多样化，表现出显著的差异化消费现象，使成本控制过程中的规模效应越来越弱。因此，小批量生产经常应用作业成本法，其中，成本对象是作业，而不是产量，可以更好地满足实际需求。

②成本对象不同。

在传统成本法中，成本对象是产品，更加注重单个产品的成本。而作业成本法则不同，它更加注重作业，并且把作业当作成本的重要载体。传统成本法只能反映产品的成本信息，而作业成本法能反映产品、资源、作业中心等多个层次的成本信息，有助于管理者制定更完善的成本计划。

③间接费用的核算程序不同。

传统成本法把间接费用分给不同的部门，然后把各项成本集中起来，最后分析不同产品成本。而作业成本法则把间接费用分配到不同作业中，并构建相应的作业成本库，然后根据成本动因理论，把各项成本划分到不同的产品之中。

④分配基础不同。

传统成本法分配基础是产品数量。而作业成本法分配基础是成本动因。成本动因是非常复杂的，它不仅使成本具有一定的可归属性，而且有利于成本核算工作的完成。

2.4　项目施工成本分析与考核

2.4.1　项目施工成本分析

建筑工程项目施工成本分析贯穿施工成本控制的全过程，它在成本的形成过程中，将项目施工成本核算资料，与目标成本、预算成本以及类似项目的实际

施工成本等进行比较,了解施工成本的变动情况,寻找降低项目施工成本的途径,以便有效地进行施工成本控制。

1. 项目施工成本分析的内容

建筑工程项目施工成本分析即对建筑工程项目的施工成本进行对比、总结、评析。施工过程中的成本控制不能脱离施工成本分析而存在,通过准确把握施工成本变动,可以了解成本受各方因素的具体影响。

项目施工成本按财务成本核算对象的不同,可分为直接成本和间接成本。直接成本是指企业施工过程中所耗费的构成项目实体或有助于项目形成的总支出,包括人工费、材料费、施工机械使用费和其他直接费用。间接成本则是辅助项目形成而发生的成本,即施工企业的下属施工单位(工程处、施工队、项目管理部、工区等)为组织和管理施工活动所发生的总支出,包括差旅交通费、办公费、业务招待费等。

项目施工成本分析的内容如下。

(1) 人工费分析。

人工费是指建筑施工企业为完成施工项目支付给生产工人的所有费用之和,包括工资、社保费、福利费、补贴等。施工项目实施过程实行管理层和作用层双层分离控制,由项目经理部与施工队签订带有明确承包范围、金额以及双方权利和义务的劳务合同。因此人工成本应合理,如果人工成本高于预算,就会造成总施工成本上升;如果远低于预算,很可能导致生产工人水平不足,造成施工质量低下。

(2) 材料费分析。

材料费为施工过程中使用的全部材料和从市场购买获得的结构件的成本开支和周转摊销支出。材料费分析主要分析主材、结构件、材料周转、材料运输及存储产生的费用。材料成本直接受制于材料数量、材料价格。分析材料费的时候,一方面关注价差,另一方面关注量差,也就是对价格和数量变动给材料成本造成的影响进行分析。在工程项目中,材料成本占总成本比例最大,须重视材料利用率,减少损耗。

(3) 施工机械使用费分析。

施工机械使用费是施工中,借助不同机械展开生产发生的费用,包含自有和租赁的机械产生的费用,自有机械产生使用费,租赁机械产生租赁费和使用费。租赁机械通常有两种情形:一是基于产量支付租赁费用,二是根据使用时间支付租赁费用。若租赁的机械完好率达不到要求,机械的利用率就会受到影响,导致租赁时间延长,进而造成租赁费用的上升。如果基于产量支付租赁费用,机械完好率对成本产生的影响可能并不大;但是如果根据使用时间支付租赁费用,机械完好率就会对项目施工成本产生直接而且重大的影响。所以,使用机械时,要充分地发挥机械效用,做好机械的维修保养工作,提升机械的完好率。

（4）其他直接费用分析。

其他直接费用包括施工现场所耗费的水、电、气和二次搬运材料所产生的费用。若某项费用的受益对象难以确定,应将预算、定额用量作为分配的基础,在月末对其他直接费用进行分配表编制的时候,计入各受益的工程成本。

（5）间接费分析。

间接费是组织施工、开展生产发生的服务性开支,即保证项目正常实施产生的管理费,包含管理人员工资、社保、福利费、办公费、差旅交通费、业务招待费等,通过预算成本数与实际发生数的比较来进行分析。

（6）其他影响因素分析。

施工质量水平是影响项目施工成本的主要因素。提高施工企业的施工质量水平,就能降低项目未达到质量标准发生的损失,减少项目的故障成本。施工准备、组织施工和管理费用等也是影响项目施工成本的因素。

项目施工成本分析是施工企业进行成本核算的重要内容。企业应运用对比法、因素分析法等方法,定期或不定期、全面或部分对施工生产活动、资金、差额、成本等进行分析对比,找出成本变动原因,总结成本管理经验,挖掘成本管理潜力,采取及时有效的措施,解决影响项目施工成本变动的不利因素,改善经营管理能力,通过完善的成本控制制度、奖惩制度,增强员工成本意识,提高员工积极性,促进成本管理目标的完成。

2. 项目施工成本分析应考虑的内容

（1）建筑施工行业为劳动密集型产业,建筑工人的整体综合素质不高,人员构成较为复杂,若想在规定时间内保质保量地将工程建设完成,难度很大。

（2）施工项目子项目多,生产环节多,人为因素多,成本"跑""冒""滴""漏"现象严重。

（3）项目施工成本分析应全员、全方位参与,实事求是反映问题,促使问题及时解决。

（4）项目施工成本伴随着项目的实施逐渐发生,因此,项目施工成本分析要将定量分析与定性分析结合起来,结合施工进度,充分利用统计资料进行全过程动态分析。

3. 项目施工成本分析的方法

由于项目施工成本涉及的范围很广,分析的内容很多,应根据不同的情况采取不同的分析方法。

1)成本分析基本方法。

(1)比较法。

比较法又称指标对比分析法,它是指通过对比相关技术经济指标的实际数与基数,计算实际数与基数的差额,分析差额产生的原因,了解经济活动的进展和问题,挖掘内部潜力的方法。对比法通俗简单,易于掌握,在各行各业成本分析中得到了广泛应用。在具体应用时,必须注意技术经济指标的可比性。

对比法主要适用于单因素的分析,根据分析对象和要求的不同,采用不同的计算方法,如在确定具有可比性的两个同类经济指标差距时,若其差距是绝对数,则两数相减;若其差距为百分数,则两数相除。比较法的应用主要有以下形式。

①实际指标与计划指标对比。这种形式适用于检查计划的完成情况,通过对比找出推动计划的积极因素以及影响计划的消极因素,为实际成本与计划成本不同的原因提供分析依据,以便及时采取有效措施,保证成本目标的实现。应用这种形式时,应注意计划指标的可比性,若计划指标质量低下,则不具有可比性,须重新选择计划指标。

②本期实际指标与上期实际指标对比。这种形式是同类指标在不同时间上的比较,用来分析事物在不同时期的发展速度和增长速度,是一种动态分析形式。通过对比分析,可以观察事物发展方向和增减速度,总结施工管理水平的提高或降低程度。应用这种形式时,必须重视对成本指标的对比分析。

③本企业实际指标与同行业平均、先进指标对比。这种形式是同类指标在不同条件下的对比,是一种类比分析形式。通过对比分析,可以观察企业的经营管理水平与同行业平均水平、先进水平的差距,总结其他企业的优秀经验和自身薄弱环节,进而不断提升自身水平。由于其他企业的指标数据往往难以获取,这种形式很难在深层次上进行技术经济指标的对比。

(2)因素分析法。

因素分析法又称连锁置换法或连环替代法,它针对某个综合财务指标或经济指标的变动原因,利用统计指数体系,计算和确定各个影响因素的变动对被影响因素(综合财务指标或经济指标)的影响程度。因素分析法是多元统计法的一个分支,它能把多个影响成本的因素简化为几个能够决定成本变动的因素。

常用的因素分析法包括连环因素替代法和差额分析法。

使用因素分析法有如下条件:影响因素是可以计量的;影响因素和被影响因素之间的数学关系是已知的;影响因素具有一定的顺序。

在具体应用时,从影响因素和被影响因素的计划值开始,依次用影响因素的实际值替换基准值,且每次只替换一个影响因素,每替换一次就得到一个影响因素变动对被影响因素的影响程度,一直到所有影响因素都被替换为实际值为止。计划值包括企业成本计划数、定额数、预算数、上期数、期初数等,实际值包括成本实际数、本期数、期末数等。

假设某经济指标 D 由 A、B、C 三个因素共同影响,它们之间的数学关系为 $D = A \times B \times C$,三个因素的变动都会导致经济指标 D 发生变动,因素分析法可以分别分析三个因素变动对经济指标 D 的影响额。用脚标 0 表示计划值,用脚标 1 表示实际值,得到如下公式:

$$D = A \times B \times C \tag{2.8}$$

$$D_0 = A_0 \times B_0 \times C_0 \tag{2.9}$$

$$第一次替换 = A_1 \times B_0 \times C_0 \tag{2.10}$$

$$第二次替换 = A_1 \times B_1 \times C_0 \tag{2.11}$$

$$第三次替换 = A_1 \times B_1 \times C_1 = D_1 \tag{2.12}$$

式(2.8)表示影响因素和被影响因素的数学关系,式(2.9)表示 D 的计划值,式(2.12)表示 D 的实际值,式(2.10)~(2.12)是三次替换。

式(2.10)减式(2.9)得出 A 变动对 D 的影响额,式(2.11)减式(2.10)得出 B 变动对 D 的影响额,式(2.12)减式(2.11)得出 C 变动对 D 的影响额,将 A、B、C 变动对 D 的影响额相加就得出总影响额,公式如下:

$$A 变动对 D 的影响 = (A_1 - A_0) \times B_0 \times C_0 \tag{2.13}$$

$$B 变动对 D 的影响 = A_1 \times (B_1 - B_0) \times C_0 \tag{2.14}$$

$$C 变动对 D 的影响 = A_1 \times B_1 \times (C_1 - C_0) \tag{2.15}$$

$$总影响额 \ \Delta D = D_1 - D_0 \tag{2.16}$$

(3) 差额计算法。

差额计算法是因素分析法的一种简化形式,它利用各个因素的计划数与实际数的差额来计算各个因素对成本的影响程度。

（4）比率法。

比率法是指用两个以上的指标的比例进行分析的方法。它的基本特点是先把对比分析的数值变成相对数,再观察其相互之间的关系。常用的比率法有以下几种。

①相关比率法。项目经济活动的各个方面是互相联系、互相依存又互相影响的,因而将两个性质不同而又相关的指标加以对比,求出比率。

例如,产值和工资是两个不同的概念,但它们的关系又是投入与产出的关系。一般情况下,企业都希望以最少的人工费完成最大的产值。因此,可以用产值工资率指标来考核人工费。

②构成比率法。构成比率法又称比重分析法或结构对比分析法。通过构成比率法,可以分析成本总量的构成情况以及各成本项目占成本总量的比重,也可看出量、本、利的比例关系,即预算成本、实际成本和降低成本的比例关系,从而找到降低成本的方向。

③动态比率法。动态比率法就是将同类指标不同时期的数值进行对比,求出比率,以分析该项指标的发展方向和发展速度。通常采用基期指数(或稳定比指数)和环比指数计算动态比率。

2）综合成本分析法。

综合成本是指涉及多种生产要素,并受多种因素影响的成本,如分部分项工程成本、月(季)度成本、年度成本等。

（1）分部分项工程成本分析。

分部分项工程成本分析是项目施工成本分析的基础。分析对象是已完分部分项工程。分析方法是进行预算成本、目标成本和实际成本的"三算"对比,分别计算实际偏差和目标偏差,分析产生偏差原因,寻求节约成本的途径。

分部分项工程成本分析的资料来源:预算成本来自施工图预算,计划成本来自施工预算,实际成本来自施工任务单的实际工程量、实耗人工和限额领料单的实耗材料。

由于施工项目包括很多分部分项工程,不可能也没有必要对每一个分部分项工程都进行成本分析,特别是工程量小、成本微不足道的零星工程。但是,对于主要分部分项工程,则必须进行成本分析,而且要从开工到竣工进行系统的成本分析。通过主要分部分项工程成本分析,可以基本了解项目施工成本形成的全过程,为竣工成本分析和项目施工成本管理打好基础。

（2）月(季)度成本分析。

月(季)度成本分析是定期的、经常性的中间成本分析。对于有一次性特点的施工项目来说,有着特别重要的意义。因为,通过月(季)度成本分析,可以及时发现问题,按照成本目标进行监督和控制,保证成本目标的实现。月(季)度成本分析的依据是当月(季)的成本报表。分析的方法通常有以下几种。

①通过实际成本与预算成本的对比,分析当月(季)度的成本降低水平;通过累计实际成本与累计预算成本的对比,分析累计的成本降低水平,预测实现成本目标的可能性。

②通过实际成本与计划成本的对比,分析计划成本的落实情况,以及目标管理中的问题和不足,进而采取措施,加强成本管理,保证成本计划的落实。

③通过对各成本项目的成本分析,了解成本总量的构成比例和成本管理的薄弱环节。例如,在成本分析中,发现人工费、施工机械使用费和间接费等项目大幅度超支,就应该对这些费用的收支情况认真研究,并采取对应的增收节支措施,以防止今后再超支。如果出现预算定额规定的"政策性"亏损,则应从控制支出着手,把超支额压缩到最低限度。

④通过主要技术经济指标的实际数与计划数的对比,分析产量、工期、质量、"三材"节约率、机械利用率等对成本的影响。

⑤通过对技术组织措施执行效果的分析,寻求更加有效的节约成本途径。

⑥分析其他有利条件和不利条件对成本的影响。

(3)年度成本分析。

企业成本要一年结算一次,不得将本年度成本转入下一年度。而项目以项目周期为结算期,由于项目周期一般较长,除月(季)度成本分析外,还要进行年度成本分析,这不仅是企业汇编年度成本报表的需要,也是项目施工成本管理的需要。通过年度成本分析,可以总结本年度成本管理的成绩和不足,为今后的成本管理提供经验和教训,从而对项目施工成本进行更有效的管理。

年度成本分析的依据是年度成本报表。年度成本分析的内容,除了月(季)度成本分析的六个方面以外,还要对下一年度的施工规划切实可行的成本管理措施,以保证项目施工成本目标的实现。

(4)竣工成本的综合分析。

凡是有几个单位工程而且各单位工程单独进行成本核算的施工项目,其竣工成本分析应以各单位工程竣工成本分析资料为基础,再加上项目经理部的经营效益(如资金调度、对外分包等所产生的效益)进行综合分析。

如果施工项目只有一个成本核算对象(单位工程),就以该成本核算对象(单位工程)的竣工成本分析资料作为成本分析的依据。

单位工程竣工成本分析,应包括竣工成本分析、主要资源节超对比分析、主要技术节约措施及经济效果分析。

通过单位工程竣工成本分析,可以全面了解单位工程的成本构成,对今后同类工程的成本管理很有参考价值。

3)成本项目的分析方法。

(1)人工费分析。

在实行管理层和作业层双层分离控制的情况下,项目施工需要的人工和人工费,由项目经理部与施工队签订劳务承包合同,明确承包范围、承包金额和双方的权利、义务。对项目经理部来说,除了按合同规定支付劳务费以外,还有其他人工费支出,主要有以下几项。

①因实物工程量增加而调整的人工费。

②定额人工以外的估点工工资(已按定额人工的一定比例由施工队包干并已列入承包合同的,不再另行支付)。

③对在进度、质量、节约、文明施工等方面做出贡献的班组和个人进行奖励的费用。

(2)材料费分析。

材料费分析包括主要材料和结构件费用分析,周转材料费分析,材料采购保管费分析,以及材料储备资金分析。

①主要材料和结构件费用分析。主要材料和结构件费用主要受材料价格和消耗数量的影响。材料价格受采购价格、运输费用、途中损耗、来料不足等因素的影响,材料消耗数量受操作损耗、管理损耗和返工损失等因素的影响,材料价格和消耗数量的变化对主要材料和结构件费用的影响的计算公式如下:

$$材料价格变动对主要材料和结构件费用的影响 \quad (2.17)$$
$$=(预算单价-实际单价)×消耗数量$$

$$材料消耗数量变动对主要材料和结构件费用的影响 \quad (2.18)$$
$$=(预算用量-实际用量)×预算价格$$

②周转材料费分析。在实行周转材料内部租赁制的情况下,周转材料费取决于周转材料的周转利用率和损耗率。因为如果周转慢,周转材料的使用时间就长,就会增加租赁费;而如果周转材料超过规定的损耗,要按原价赔偿。周转利用率和损耗率的计算公式如下:

$$周转利用率=实际使用数×租用期内的周转次数/(进场数×租用期)×100\%$$
$$(2.19)$$

$$周转损耗率＝退场数/进场数\times100\%\qquad(2.20)$$

③材料采购保管费分析。材料采购保管费主要包括:材料采购保管人员的工资、工资附加费、劳动保护费、办公费、差旅费,以及材料采购保管过程中发生的固定资产使用费、工具用具使用费、检验试验费、材料整理费、零星运费、材料的盘亏与毁损等。

材料采购保管费一般应与材料采购数量同步,即材料采购多,采购保管费也相应较多。因此,应该根据每月实际采购的材料数量(金额)和实际发生的材料采购保管费,计算材料采购保管费支用率,以对比分析前后期材料采购保管费。

④材料储备资金分析。材料的储备资金,是根据日平均用量、材料单价和储备天数(从采购到进场)计算的。上述任何两个因素变动,都会影响储备资金的占用量。材料储备资金的分析,可以使用因素分析法。储备天数是影响储备资金的关键因素。因此,材料采购人员应该选择运距短的供应单位,尽可能减少材料采购的中转环节,减少储备天数。

(3)机械使用费分析。

由于项目施工具有一次性,项目经理部不可能购买机械,而是随着施工的需要,向企业动力部门或其他单位租用机械。在机械的租用过程中,存在两种情况:一种是按产量进行租用,并按完成产量计算费用,如土方工程,项目经理部只要按实际挖掘的土方工程量结算挖土费用,而不必考虑挖土机械的完好程度和利用程度;另一种是按使用时间(台班)计算机械费用,如塔式起重机、搅拌机、砂浆机等,如果机械完好率低或在使用中调度不当,利用率必然会低,从而导致使用时间延长、费用增加。

由于建筑施工的特点,在流水作业和工序搭接时往往存在必然或偶然的施工间隙,影响机械的连续作业;有时又由于加快施工进度,机械会日夜不停地运转。这样,难免导致有一些机械利用率很高,有一些机械利用率低甚至"租而不用"。若机械利用率低,仍要支付台班费;若机械"租而不用",要支付停班费。

因此,在机械的使用过程中,必须以满足施工需要为前提,加强机械的调度,充分发挥机械的效用;同时,还要加强机械的维修保养工作,提高机械的完好率,保证机械正常运转。

完好台班数是指机械处于完好状态下的台班数,不包括待修、在修、送修在途的机械。在计算完好台班数时,只考虑机械是否完好,不考虑机械是否在工作。

制度台班数是本期内全部机械台班数与制度工作天的乘积,计算时不考虑

机械的技术状态和是否在工作。

（4）措施费分析。

措施费分析主要通过比较预算数与实际数来进行。如果没有预算数，可以用计划数代替预算数。

（5）间接成本分析。

间接成本的分析也通过比较预算（或计划）数与实际数来进行。

（6）成本盈亏异常分析。

成本出现盈亏异常，必须引起高度重视，彻底查明原因，立即加以纠正。

检查成本盈亏异常，应从经济核算的"三同步"入手。因为项目经济核算的基本规律是完成产值、消耗资源、发生成本之间有着必然的同步关系，如果违背这个规律，就会发生成本盈亏异常。

"三同步"检查是提高项目经济核算水平的有效手段，不仅适用于成本盈亏异常的检查，也适用于月度成本的检查。"三同步"检查内容如下：

①产值与施工任务单的实际工程量和形象进度是否同步；

②资源消耗与施工任务单的实耗人工、限额领料单的实耗材料、当期租用的周转材料和施工机械是否同步；

③其他费用（如材料价差、超高费、井点抽水的打拔费和台班费等）的产值统计与实际支付是否同步；

④预算成本与产值统计是否同步；

⑤实际成本与资源消耗是否同步。

（7）工期成本分析。

工期的长短与成本的高低有着密切的联系。一般情况下，工期越长则成本越高，工期越短则成本越低。特别是固定成本基本与工期成正比，是进行工期成本分析的重点。

工期成本分析通过比较计划工期成本与实际工期成本来进行。计划工期成本是在假定完成预期利润的计划工期内耗用的计划成本；实际工期成本是在实际工期中耗用的实际成本。

工期成本分析一般采用比较法，即将计划工期成本与实际工期成本进行比较，然后用因素分析法分析各种因素的变动对工期成本的影响程度。

进行工期成本分析的前提是根据施工图预算和施工组织设计进行量、本、利分析，计算施工项目的产量、成本和利润的比例关系，然后用总固定成本除以合同工期，求出每月的固定成本。

2.4.2　项目施工成本考核

1. 项目施工成本考核的含义

项目施工成本考核是指在项目完成后,对项目施工成本形成中的各责任者,按项目施工成本目标责任制的有关规定,将成本的实际数与计划数、定额数、预算数进行对比,评定项目施工成本计划的完成情况和各责任者的业绩,并给予相应的奖励和处罚。

通过成本考核,做到有奖有惩、赏罚分明,才能有效地调动每一位员工在各自岗位上努力完成目标成本的积极性,从而降低项目施工成本、提高企业效益。

项目施工成本考核制度包括考核的目的、时间、范围、对象、方式、依据、指标、组织领导、评价与奖惩原则等内容。

项目施工成本考核主要包括两方面的考核,即项目施工成本目标完成情况的考核和项目施工成本管理工作业绩的考核。这两方面的考核都属于企业对项目经理部进行成本监督的范畴,有着必然的联系,都受偶然因素的影响,都是企业对员工进行考核和奖惩的依据。

项目施工成本考核是衡量施工成本的依据,也是对施工成本目标完成情况的总结和评价。项目施工成本考核的目的在于贯彻落实责、权、利相结合原则,促进项目施工成本管理工作的健康发展,更好地完成项目施工成本目标。

2. 项目施工成本考核的内容

(1)企业对项目经理考核的内容。

①项目施工成本目标和阶段施工成本目标的完成情况。

②以项目经理为核心的成本管理责任制的落实情况。

③成本计划的编制和落实情况。

④对各部门、施工队和班组责任成本的检查和考核情况。

⑤在成本管理中对贯彻责、权、利相结合原则的执行情况。

(2)项目经理对所属各部门、施工队和生产班组考核的内容。

①对各部门的考核内容:本部门、本岗位责任成本的完成情况;本部门、本岗位成本管理责任的执行情况。

②对各施工队的考核内容:对劳务合同规定的承包范围和承包内容的执行情况;劳务合同以外的收费情况;对班组施工任务单的管理情况;对班组完成施

工任务后的考核情况。

③对各生产班组的考核内容(平时由施工队考核):责任成本的完成情况(以分部分项工程成本作为班组的责任成本,以施工任务单和限额领料单的结算资料为依据,与施工预算进行对比)。

3．项目施工成本考核的实施

(1) 采取评分制。

先按考核内容评分,然后按 7:3 的比例加权,即责任成本完成情况的评分占七成,成本管理工作业绩的评分占三成,这是一个经验比例,可以根据具体情况进行调整。

(2) 与相关指标的完成情况相结合。

项目施工成本考核的评分是奖惩的依据,相关指标的完成情况是奖惩的条件,因此在根据评分计奖的同时,还要参考相关指标的完成情况加奖或扣罚。相关指标一般有工期、质量、安全和现场标准化管理。

(3) 强调中间考核。

中间考核包括以下内容。

①月度施工成本考核。将报表数据、成本分析资料和施工生产、成本管理的实际情况相结合,做出正确的评价。

②阶段施工成本考核。一般可分为基础、结构、装饰、总体四个阶段进行成本考核。

(4) 正确考核竣工成本。

竣工成本是在工程竣工和工程款结算的基础上计算的,是竣工成本考核的依据。

(5) 规定奖罚标准。

项目施工成本考核的奖罚标准应通过合同的形式明确规定,使奖罚标准具有法律效力。企业领导和项目经理还可对完成项目施工成本目标过程中有突出表现的部门、施工队、生产班组和个人进行随机奖励,以提高员工的积极性。

第3章 建筑工程项目进度管理

3.1 项目进度管理概述

3.1.1 项目进度管理的概念

1. 项目进度管理的理论

（1）项目进度管理的定义。

项目进度管理就是在项目的计划阶段和实际操作过程中，依据规章制度对项目进行管理，对工期、资源、质量、安全等，采取科学合理的管理方法，制定精准高效的管理措施，以使项目按时完成、资源配备合理、项目质量达标，最终使项目的总体目标得以实现。项目进行过程中出现不可控问题时，项目进度管理能够对项目进行一定的干预，使项目顺利完成。

（2）项目进度管理的特点。

项目工程量大，工序繁多，涉及部门多，因此必须建立合理有效的组织机构。作为项目的最高级管理者，项目经理在项目进度管理中扮演至关重要的角色，其主要工作是对项目资源进行调配，以及对项目进度进行宏观调控。项目经理要充分了解项目基本情况，建立激励机制，提高员工的工作热情和积极性，保证项目顺利实施。

项目进度管理是具有不可控性的一个复杂知识体系，需要项目管理人员运用管理理论综合分析。因为项目实施过程中，一个工序的错乱或延误可能会导致后续工作均出现问题，所以项目管理人员应广泛收集信息，借鉴以往经验，考虑各方面影响因素（例如资源配备、工序安排、施工技术等），并借助多方面的专业知识制定管理方案。

项目进度管理常常伴随着风险性，当风险发生的时候，资源消耗及成本是不断增加的。为了更加有效、快速地应对风险，要使用科学的管理方式，建立风险

防范机制及应对措施。

项目进度管理离不开管理人员和施工人员的互相配合和支持,各个部门的工作任务应分配给具有相应专业技能的人,因此管理人员主要任务是对人员进行合理分工,根据员工的不同专业技能、对工作的熟悉程度和投入程度,将合适的人放到合适的位置。

2. 项目进度管理的原理

建筑工程项目进度管理的原理以现代科学管理原理作为理论基础,主要包括系统原理、动态控制原理、弹性原理、封闭循环原理和信息反馈原理。

(1)系统原理。

系统原理就是用系统的概念来剖析项目进度管理活动,进行项目进度管理应建立项目进度计划系统、项目进度组织系统。

①项目进度计划系统。

项目进度计划系统是项目进度实施和控制的依据。项目进度计划系统包括项目总进度计划、单位工程进度计划、分部分项工程进度计划、材料计划、劳动力计划、季度和月(旬)作业计划等。它们形成了一个进度管理目标按工程系统构成、施工阶段和部位等逐层分解,编制对象由大到小,范围由总体到局部,层次由高到低,内容由粗到细的完整的计划系统。计划的执行从月(旬)作业计划、分部分项工程进度计划开始,逐级完成项目总进度计划。

②项目进度组织系统。

项目进度组织系统是实现项目进度计划的保证。项目经理、各子项目负责人、计划人员、调度人员、作业队长、班组长以及有关人员组成项目进度组织系统。这个组织系统既要严格执行进度计划要求,落实和完成各自的职责,又要随时检查、分析计划的执行情况,在发现实际进度偏离计划进度时,能及时采取有效措施进行调整、解决。

项目进度组织系统既是项目进度的实施组织系统,又是项目进度的控制组织系统,既要承担计划实施赋予的生产管理和施工任务,又要实现进度目标、对进度负责,以保证进度目标实现。

(2)动态控制原理。

项目进度目标的实现是一个随着项目的施工进展以及相关因素的变化不断进行调整的动态控制过程。项目虽按计划实施,但客观实际情况不断变化,项目进度往往会产生偏差。当发现实际进度比计划进度超前或落后时,管理系统就要分析偏差产生的原因,采取相应的措施,调整原计划,使项目按调整后的计划继续进行。项目管理者应进行实时的动态控制,不断循环执行计划、实施、比较、调整这四个步骤,直至预期进度目标实现。

（3）弹性原理。

项目进度管理中应用弹性原理,首先表现在编制项目进度计划时,要考虑影响进度的各类因素出现的可能性及其影响程度,进度计划必须有弹性和预见性;其次表现在项目进度管理应具有应变性,当遇到干扰、工期拖延时,能够利用进度计划的弹性,或缩短有关工作的时间,或改变工作之间的逻辑关系,或增减施工内容、工程量,或改进施工工艺、方案等,及时调整项目进度计划,实现预期的进度目标。

（4）封闭循环原理。

项目进度管理是从编制项目进度计划开始的,由于影响因素的复杂性和不确定性,在项目进度计划实施的全过程中,要连续跟踪检查,不断地将实际进度与计划进度进行比较,如果项目运行正常,可继续执行原计划;如果发生偏差,应在分析偏差产生的原因后,采取相应的解决措施和办法,对原计划进行调整和修正,再进入新的计划执行过程。这个由计划、实施、比较、分析、纠偏等环节组成的过程就形成了封闭循环回路,见图 3.1。项目进度管理通过许多这样的封闭循环得到有效的调整、修正,最终实现总目标。

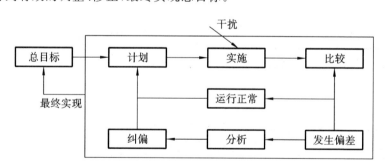

图 3.1　封闭循环回路

（5）信息反馈原理。

信息反馈是指管理系统把信息输送出去,又把结果送回来,并对信息的再输出施加影响,起到控制作用,以达到预期目的。项目进度管理的过程实质上就是对有关施工活动和进度的信息不断搜集、加工、汇总、反馈的过程。项目信息管理中心要对搜集的施工活动、进度信息和相关影响因素的资料进行加工、分析,由管理人员做出决策后,发出指令,指导施工或对原计划做出调整;基层根据计

划和指令安排施工活动,并将实际进度和遇到的问题上报。每天都有大量的内外部信息、纵横向信息流进流出。因而必须建立健全一个项目进度管理的信息网络,使信息准确、及时、畅通,反馈灵敏、有力,使管理人员能正确运用信息对施工活动进行有效控制,确保项目顺利实施和如期完成。

3. 项目进度管理的常用方法和技术

(1)甘特图法。

甘特图法是编制项目进度计划的一种常用方法。由于甘特图制作简单、图形醒目、便于理解,它已成为简单工程项目进度管理中经常使用的工具,一些大型工程项目进度管理中也经常用甘特图进行进度绘制。运用甘特图法,项目经理可以更全面直观地了解项目进度。然而,它不能直观地表示施工活动之间的关系,也不能表示施工活动的关键。因此,对于工序复杂的大型工程项目进度管理来说,甘特图法并不是最佳选择。

(2)关键链技术。

关键路径能够直接反映项目活动,确定项目工作内容、工作流程、活动持续时间等参数,用于绘制单代号网络图或双代号网络图。活动时差是指每项活动的最早结束时间和最晚结束时间的差值,差值为零的路径被称为关键路径。当关键路径中任何一个活动发生延误时,会导致项目整体工期延误。而在非关键路径中,当延误时间在总时差范围内时,将不影响项目整体工期。

关键链技术由以色列物理学家高德拉特首次提出,在关键路径技术的基础上,分析在资源约束条件下的项目进度情况,并且按照优先原则解决资源冲突,再设置缓冲区并管理缓冲区,确保项目在计划工期内顺利完成。

关键链技术弥补了关键路径技术的不足,更贴近项目管理的实际情况,更便于应对项目实施过程中的冲突和不确定因素。

关键链技术操作流程如下:估计工序工期→确定关键路径→平衡资源冲突→设置缓冲区→管理缓冲区。

(3)计划评审技术。

计划评审技术是指通过绘制网络图来进行网络和时间的分析,进而表示出活动进度情况和相互联系的技术。计划评审技术的网络图是能够描述项目施工工序的剪线图,由事件、活动和关键路线组成,图中还有活动所需时间和其他成本因素。管理者可根据网络图来制定计划和评审项目,协调整个项目的施工工序,并且对人力、物力、财力进行调配。但计划评审技术对管理者要求很高,他们必须依据网络图清楚认识到需要完成的工作,确定工序之间的关系,判断可能出现的问题,等等。

（4）风险评审技术。

风险评审技术是一种仿真技术,由美国学者默勒提出。在项目实施各阶段信息不完整的情况下,风险评审技术是项目整体分析的最佳选择,尤其是在气象、地质条件等不确定时,建立风险评审模型,预测项目实施过程中可能出现的问题和延误风险,并制定解决方案。

3.1.2　项目进度管理的内容

1. 项目进度计划制定

项目进度计划由施工内容、工序、作业流程等组成,将子活动按照规定的原则进行排列组合。项目进度计划的制定一般包括以下四个阶段。

（1）信息资料收集。

为获取进度计划编制的依据,应全面了解项目内容,广泛收集真实可靠的信息资料,以确保项目进度计划的准确性和合理性。这些信息资料包括项目概况（地理位置、施工环境、结构情况、施工监理单位等）,项目的外在条件（单位资质、人员配备情况、技术水平、资金支持等）,项目实施各阶段的规定（技术参数、行业规定等）。

（2）项目结构分解。

根据项目施工过程中的施工内容、工序、作业流程以及项目施工单位的组织形式等情况,确定子活动的前后顺序和逻辑关系,对项目进行一系列的分解。这些子活动也称为"工作"。

（3）项目活动时间估算。

根据每个子活动的工作量、资源投入量及外在条件等情况,对每个子活动的完成时间进行估算。

（4）项目进度计划编制。

依据项目概况、结构内容、起止时间等,综合考虑子活动的前后顺序和逻辑关系,对项目进度计划进行编制,将起止时间、工作关系、工作期限等要素以图表的形式表示出来。

2. 项目进度管理控制

项目进度管理控制是指在项目初期制定进度计划,在项目实施过程中,对项目实际进展情况进行分析,并与计划进度相比较,如出现进度偏差应采取调整措施,以确保项目进度计划总目标得以实现。在项目执行过程中,影响项目进度的因素众多,且具有不可控性,因此项目管理者要经常将实际进度与计划进度相比较。如果两者一致,则说明项目执行情况良好;如果两者有差距,实际进度落后于计划进度,则说明项目执行存在拖延情况,这时要分析项目现状,找出执行过程中的难点、重点和延误的原因,找出解决问题的办法和能够让项目实际进度与计划进度保持一致的切实有效的措施,调整项目实施内容,实现项目进度目标。项目进度管理控制流程如图 3.2 所示。

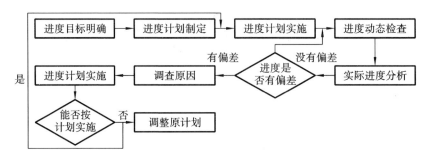

图 3.2　项目进度管理控制流程图

3. 项目进度管理程序

明确项目进度管理的程序,对于项目在符合进度计划总目标的基础上顺利进行至关重要,工程项目管理部门应按照以下程序进行项目进度管理。

(1)前期准备。

仔细研究合同,明确工程项目的开工、竣工时间和计划总工期,确定子活动的开工顺序和时间,确保其符合项目进度目标。

(2)编制进度计划。

对项目进度计划进行编制,包括项目的起止时间、活动顺序、工作关系、搭接关系、人力分配、材料分配、机械设备分配、其他保证性关系。分包负责人将根据进度计划来编制项目总计划。

(3)开工。

明确项目总计划内容及责任分工,向监理单位提交开工申请报告,按监理工程师确定的日期开工。

(4)实施进度计划。

项目管理者首先要建立科学管理系统和高效工作制度,通过战略部署、部门协同、生产调度和指挥、科学改善方案、提高工作效率等方式,对项目进行有效管理。一般来说,施工实际进度会被信息管理系统监测,按信息管理程序上报给项目管理者。经过收集、整理、分析后,若进度未出现偏差,则系统继续运行;若出现实际进度与计划进度不相符的情况,系统将按照程序执行调控功能,对偏差的原因进行分析,并预测出对后期项目产生的影响;若进度偏差严重影响项目总工期,可对进度计划做出调整与修改,提出进度纠偏措施以及技术、经济、资源等方面保证措施,并与相关部门沟通协调,协同作业,将调整后的进度计划输入系统,继续运行。当出现新的偏差时,再重复以上步骤,直至完成整个工程项目。

(5)总结报告。

当完成工程项目后,对进度计划进行梳理、总结,并撰写进度管理报告。

项目进度管理程序见图 3.3。

3.1.3　项目进度管理的研究现状

1. 国外研究现状

大约在 20 世纪初,国外学者就开始研究如何更快速高效地完成项目,项目进度管理这一概念最先由美国人提出,并在第二次世界大战时期得到了飞速的发展,众多领域例如房地产、航空航天和军事国防,均已经广泛使用项目进度管理理论,其中最为成功的案例就是美国研发原子弹时的曼哈顿项目。目前,项目进度管理的研究主要集中在三个方面:时间成本优化、关键链和计划评审技术。

1982 年,Telbat 在进度管理中的时间成本优化方面取得了突破性进展,运用线性运动中的动态规划方法,对项目活动的成本和时间的关系做出以下几种假设:线性与非线性、连续与非连续、凹凸关系与不确定关系、混合型。1987 年,Taichoil 提出时间成本优化的核心是要在成本分解结构和工作分解结构中找到一种具有映射关系的方法。1989 年,Hendikeson 和 Yu 创造性地提出 2D 矩阵的概念,运用数学建模的方法对成本和时间进行优化处理,但 2D 矩阵的缺点显而易见:2D 矩阵的数学建模方法无法定量反映问题,不能对项目中各种因素进行综合分析。以上研究没有从根本上解决项目进度管理问题,尤其是大型工程项目进度管理问题。

随着互联网技术的不断发展,关键链技术和计划评审技术在信息化时代背景下应运而生,并通过管理者不断探索和创新,被广泛应用在国家战略工程和民

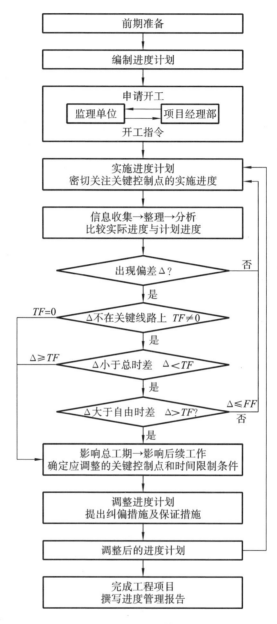

图 3.3 项目进度管理程序

生工程中。以色列物理学家高德拉特在《关键链:突破项目管理的瓶颈》中首次提出关键链技术。在关键链中,不仅要考虑活动内容、活动先后关系,还要考虑资源约束关系,关键链技术的核心是缓冲区的设置和管理。计划评审技术在美国研发北极星导弹过程中提出,它使得导弹研制周期缩短了两年,大幅度降低了成本。

2. 国内研究现状

我国在项目进度管理研究方面起步较晚,理论基础薄弱,实践经验不足,但随着人们对项目管理重要性的认识不断提高,国内项目进度管理研究成果显著。

20 世纪 60 年代,我国著名数学家华罗庚院士致力于网络计划技术的研究与应用,其核心思想是统筹规划进度管理办法。随后,该技术就被广泛应用在我国一些大型工程中,涉及建筑、农业、军事等各领域。赵盛首次将传统算法与进度优化相结合,使工期和成本均在不同程度上得到控制。周华在项目实施中绘制网络图时,创新性地将关键路径与非关键路径结合,优化资源后把非关键路径作为第二条路径。吴建国等人为网络计划技术在项目中的应用做出了改进和创新。

近几年,我国学者仍然在不断探索进度管理,并且已经在关键链技术方面取得了突破性进展,建立了项目优化模型,创新性地提出了资源约束条件下的进度管理控制方案,并对缓冲区的设置与管理提出了建设性意见。

建筑行业对进度管理理论的认识逐渐深入,行业标准不断提高,《建设工程项目管理规范》(GB/T 50326—2017)对建筑行业项目管理的内容、要求、管理方法进行了规范,对项目管理应用和建筑行业发展具有重要意义。

3.2　项目进度计划的编制与实施

3.2.1　项目进度计划的编制

1. 项目进度计划编制的原则

项目进度计划是工程项目组进行监督管理的依据,也是向业主反馈进度信息正常与否的凭据,还是各资源要素、人员组织机构在项目施工过程中进行施工和自我评估的依据,所以做好工程项目进度计划的编制是项目施工前最关键的工作。项目进度计划的编制要遵循以下原则。

(1)目的性原则。

目的性原则即编制进度计划要有明确的目的。编制进度计划时不能为了赶

进度而压缩工期,要根据工程量来科学地编制,目的是在保证工程交付时间的情况下,最大化保证工程项目的施工质量并控制成本。在项目的施工计划方案确定后,要加强工程施工过程中的检查,检查分为两种形式,一种是定期检查,另一种是非定期检查。综合使用两种形式的检查,可以更好地起到监督的作用。对检查的结果进行分析,探寻问题产生的原因,及时进行总结,并召开调度会议,通过群策群力的方式来解决项目中的问题或隐患。

（2）系统性原则。

系统性原则即编制进度计划要进行系统梳理。贯穿项目的总进度计划,以时间维度为节点、周期和主线,将进度计划在每个阶段进行细化,形成不同级别和周期的进度计划。这些时间维度、施工参与方等方面的进度计划,与项目的总进度计划,构成了完整的项目进度计划体系。项目进度计划体系根据重要性程度和领域的差异,形成不同层次。在总进度计划的基础上,灵活制定二级进度计划,在二级进度计划的基础上制定三级进度计划。不同层次的进度计划,采用不同的周期,比如总进度计划以总工期为周期,二级进度计划以季度为周期,三级进度计划以月为周期。对于关键环节,要特别强调,及时沟通协调,及时总结评估,通过多种手段实现对工程项目的有效管理。项目涉及的资源要素是非常多的,只有对这些资源要素进行系统梳理,才能让合适的要素在合适的时间出现在合适的位置。

（3）经济性原则。

经济性原则即编制进度计划要考虑经济效益。要取得最佳的经济效益,项目组就要在技术上和管理上下功夫,深入而细致地对方案进行比较,采用最优的方案。

（4）动态性原则。

动态性原则即编制进度计划要考虑资源要素的动态变化。在项目施工期内,各资源要素,包括项目外部环境中的资源要素和项目施工资源系统内部的资源要素都是变化的,随时会对项目产生影响。所以在编制进度计划的过程中,要考虑资源要素的动态变化,让计划有更强的抗风险性。

项目部根据项目的施工进度来合理调配各资源要素,对各资源要素的安排采取动态管理机制。大的原则是根据与项目投资方签订的合同和工程施工总进度计划来设置控制节点,并根据实际情况来进行动态管理。在关键路径上,可以充分利用非关键路径的自由时差,用最经济的方式来调配各种资源,包括材料、人员、设备等。为了提高调配的及时性和准确性,项目组人员要借助各种现代化的信息工具和管理制度,加强沟通,可以安排专人负责联络和协调,并加强参与人员的沟通意识,第一时间反馈相关的信息。只有保证各资源要素都被及时、准确地调配,才能保障工程施工的总体效率。

(5)职能性原则。

职能性原则即编制进度计划要考虑各职能角色的协调配合。项目的施工,离不开各职能机构、职能人员的相互配合和支持,所以编制进度计划时要考虑工程开展中的职能划分,方便项目参与人员后期的执行,将职能划分作为工作分解的参考依据。对于不同的职能角色,比如供应商、质检方、技术保障方、专业承包方等,根据其各自所参与的工作的差异,可以分别拟定不同的施工计划。

2. 项目进度计划编制的方法

目前通常采用横道图和网络计划来编制项目进度计划。

(1)横道图。

横道图绘制简单、应用最广泛。横道图所表示的进度计划,一般包括两个部分,即左侧工作名称及工作的持续时间等基本数据部分和右侧的横道线部分。横道图可以明确地表示出各项工作的划分、开始和完成时间、持续时间,工作时间的搭接关系,以及整个项目开工时间、完工时间和总工期。

但采用横道图编制进度计划存在以下缺点。

①可以表达出工序之间的逻辑关系,但不能明确反映各工作之间复杂的关系,因而在执行过程中,当某项工作进度由于某种原因提前或延后时,无法分析对其他工作及总工期的影响,不利于对项目进度的动态控制。

②没有严谨地计算进度计划时间参数,不能明确反映出影响工期的关键工作和关键线路,也就无法反映出整个工程项目的关键所在,不便于控制进度的人员发现主要矛盾。

③不能反映出工作的机动时间与进度计划的潜力所在,不利于计划的调整。

④适用于手动编制计划,计划的调整工作量较大,从而难以用于编制较大较复杂的进度计划。

横道图存在以上不足,给计划控制工作带来很大不便,特别是规模大、工作关系复杂的项目。因此,对复杂项目来说,横道图显得不太适用。不过,横道图对于项目经理和高层管理者了解全局情况是一种很实用的工具。

(2)网络计划。

网络计划技术是用网络计划对项目进行安排和控制,以保证实现预定目标

的科学管理技术。网络计划由网络图和网络参数两部分组成。网络图是由箭线和节点来表示工作流程的有向、有序的网状图形。网络参数是根据项目中各项工作持续时间和网络图所计算的工作、节点、线路等要素的参数。

网络计划的核心是关键线路,其重点在于确定项目关键路线中的关键工作,对各个重要控制点进行重点监控,保证项目目标的完成。

3. 项目进度计划编制的步骤

编制项目进度计划主要步骤如下。

(1)收集项目信息。

建筑工程项目存在大量烦琐的信息,有效地收集项目信息为项目进度计划的编制提供依据是一项重要的任务。收集的信息主要包括:项目概况、总建筑面积、建设规模、合同要求、施工现场条件等。

(2)划分项目过程,确定施工顺序。

任何建筑工程项目,都要结合项目情况进行项目过程的划分,然后根据划分结果确定施工顺序。项目过程划分应综合考虑各种因素,包括工作的性质、位置,所涉及的人员,合同的要求、范围等。划分的详细程度应适当,如果划分过细,会产生大量的工作,增加管理难度;如果划分过粗,则难以厘清工作之间的关系。施工顺序一般以主要工程开展顺序为主。将工作分解为一般活动之后,要确定各项活动的执行顺序,一般先安排全场性工作,再安排单项工程。施工顺序一方面涉及很多土建技术,比如应先扎钢筋、竖模板,再浇混凝土;另一方面,由于资源、资金、劳动力、设备等的限制,有些工作会受到约束。

(3)计算项目工程量并确定工期。

确定了施工顺序之后,应根据设计图纸计算项目工程量,再根据施工单位的具体条件和建筑面积、结构类型、施工条件等因素来确定工期。

(4)编制初步项目进度计划。

按照施工方案,从第一个分部分项工程开始一直到最后一个分部分项工程,编制初步项目进度计划。其中,对于工程量较大的工程,应当组织流水作业,以节约施工时间。确定初步项目进度计划后,采用横道图或者网络图绘制项目进度计划。

(5)检查并调整项目进度计划。

绘制项目进度计划之后,应从多个角度仔细检查,发现问题应及时调整,直到形成正式的项目进度计划。要注意的内容:检查进度计划的活动是否包含项目的所有内容,避免遗漏;检查工期是否符合合同要求;检查各项工作顺序是否符合实际要求;检查资源的连续性、均衡性。

3.2.2　项目进度计划的实施

项目进度计划实施的主要内容如下。

(1)编制月(旬或周)作业计划。

①每月(旬或周)末,项目经理提出下期目标和作业内容,通过工地例会协调后编制。

②根据规定的计划任务、当前施工进度、现场施工环境、劳动力、机械等编制。

③作业计划是项目进度计划的具体化,应具有实施性,使施工任务更加明确、具体、可行,便于测量、控制、检查。

④对总工期在一个年度以上的项目,应根据不同年度的施工内容编制年度和季度的控制性进度计划,确定项目总进度的重要节点。

⑤项目经理部应将资源供应进度计划和分包工程施工进度计划纳入项目进度计划范畴。

(2)签发施工任务书。

①施工任务书是下达施工任务,实行责任承包,进行全面管理和原始记录的综合性文件。

②施工任务书包括施工任务单、限额领料单、考勤表等。其中,施工任务单内容包括分项工程施工任务、工程量、劳动量、开工及完工日期、工艺、质量和安全要求;限额领料单根据施工任务单编制,是班组领料的依据,内容包括材料名称、规格、型号、单位和数量、领退料记录等。

③工长根据作业计划按班组编制施工任务书,签发后向班组下达并落实施工任务。

④在实施过程中,做好记录,任务完成后回收施工任务书,作为原始记录和业务核算资料保存。

(3)做好施工进度记录,填写施工进度统计表。

①各级施工进度计划的执行者做好施工记录,如实记载计划执行情况,包括每项工作的开始和完成时间、每日完成情况、现场发生的各种情况,干扰因素的排除情况。

②记录形象进度,工程量,总产值,耗用的人工、材料、机械台班、能源等。

③及时进行统计分析并填表上报,为项目进度检查和控制提供信息。

（4）做好施工调度工作。

施工调度的作用是掌握计划实施情况,组织施工各阶段、环节、专业和工种,协调各方面关系,采取措施排除各种干扰、矛盾,加强薄弱环节,发挥生产指挥作用,实现连续、均衡、顺利施工,以保证完成各项作业计划,实现进度目标。其具体工作如下。

①执行施工合同中对进度、开工、延期开工、暂停施工、工期延误、工程竣工的约定。

②进度控制措施应具体到执行人、目标、任务、检查方法和考核办法。

③监督、检查施工准备工作、作业计划的实施,协调各方面关系。

④督促资源供应单位按计划供应劳动力、施工机具、材料构配件、运输车辆等,对临时出现的问题采取解决措施。

⑤工程变更引起需求资源的数量和品种变化时,应及时调整供应计划。

⑥按施工平面图管理施工现场,遇到问题时做必要的调整,保证文明施工。

⑦及时了解气候和水、电供应情况,采取相应的防范和调整措施。

⑧及时发现和处理施工中各种事故和意外事件。

⑨协助分包人解决项目进度控制中的相关问题。

⑩定期、及时召开现场调度会议,贯彻项目主管人的决策,发布调度令。

⑪当发包人的资源供应进度发生变化,不能满足施工进度要求时,应敦促发包人执行原计划,并索赔工期延误损失及经济损失。

3.3 项目进度计划的检查与调整

3.3.1 项目进度计划的检查

1. 项目进度计划的检查概述

（1）检查依据。

项目进度计划的检查依据包括施工进度计划、作业计划及施工进度计划实施记录。

（2）检查目的。

项目进度计划的检查目的是检查实际施工进度,收集整理有关资料并与计划对比,为进度分析和计划调整提供依据。

（3）检查时间。

根据项目的类型、规模、施工条件和执行程度确定检查时间。

①常规性检查可每月、半月、旬或周进行一次。

②施工受天气、资源供应情况等严重影响时,检查间隔时间可缩短。

③对施工进度有重大影响的关键施工作业,可每日检查或派人驻现场监督。

（4）检查内容。

①日施工作业效率,周、旬、月作业进度。

②实际完成和累计完成工程量。

③实际参加施工的人力、机械数量和生产效率。

④窝工人数、窝工机械台班及窝工原因分析。

⑤进度偏差情况。

⑥进度管理情况。

⑦影响进度的特殊情况及原因分析。

（5）检查方法。

①建立内部施工进度报表制度。

②定期召开进度工作会议,汇报实际进度。

③进度控制人员与检查人员经常到现场察看。

（6）数据加工整理、比较分析。

①将收集的进度数据和资料进行加工整理,使其与进度计划具有可比性。

②一般采用实物工程量、施工产值、劳动消耗量、累计百分比和形象进度等数据、资料。

③将整理后的数据、资料与进度计划进行比较分析。通常采用的方法有横道图比较法、S形曲线比较法、香蕉曲线比较法、前锋线比较法、列表比较法等。

④得出实际进度与计划进度是否存在偏差的结论。

（7）进度控制报告。

①计划负责人或进度管理人员与其他管理人员协作,在检查后及时编写进度控制报告并上报,也可按月、旬、周编写报告并上报,具体如下。

a. 向项目经理、企业经理或业务部门、建设单位上报关于整个项目进度执行情况的项目概要级进度报告。

b. 向项目经理、企业业务部门上报关于单位工程或项目分区进度执行情况的项目概要管理级进度报告。

c. 对某个重点部位或重点问题的检查结果编制业务管理级进度报告,为项目管理者及各业务部门提供参考。

②项目进度控制报告的基本内容如下。

a. 进度执行情况综合描述:检查期的起止时间、当地气象及晴雨天数统计、计划进度及实际进度、检查期内施工现场主要大事记。

b. 项目实施、管理、进度概况的总说明:施工进度、形象进度及简要说明;施工图纸提供进度;材料、物资、构配件供应进度;劳务记录及预测;日历计划;对建设单位和施工单位的工程变更指令;价格调整、索赔及工程款收支情况;停水、停电、事故发生及处理情况;实际进度与计划进度的偏差情况及原因分析;解决问题的措施;计划调整意见;等等。

2. 项目进度计划执行情况比较分析

项目进度计划的执行情况比较分析是将施工实际进度与计划进度进行比较,计算出计划的完成程度。比较分析方法如下。

(1)横道图比较法。

首先系统检查实际进度,然后用横道线在计划进度横道图上进行标注,进行进度的比较,并分析原因与影响。横道图比较法具有简单、形象的特点,是常用的方法。

如图 3.4 所示,进度检查时间点在三角形的位置,虚线及实线分别表示计划进度、实际进度。

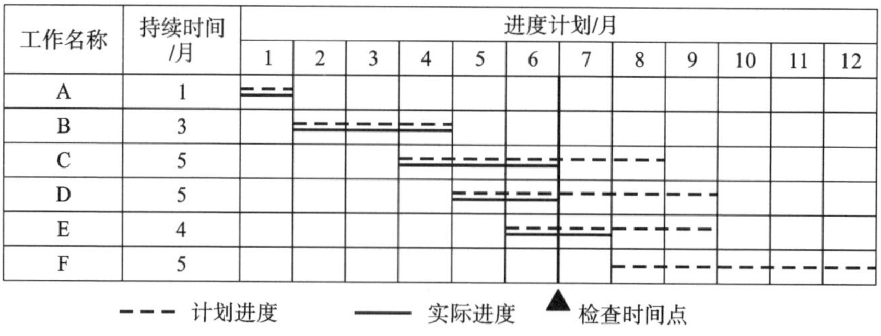

工作名称	持续时间/月	进度计划/月											
		1	2	3	4	5	6	7	8	9	10	11	12
A	1												
B	3												
C	5												
D	5												
E	4												
F	5												

- - - 计划进度 ── 实际进度 ▲ 检查时间点

图 3.4 横道图比较法

其中实际进度一般用工作持续时间或累计完成任务量百分比表示,同时结合实际情况进行分析。

横道图比较法分为匀速进展的横道图比较法和非匀速进展的横道图比较

法,二者的主要区别是工作进展的速度是否均匀。如果均匀,则可以用工作持续时间与累计完成任务量进行比较分析;如果不均匀,则要计算累计完成任务量来进行比较分析。

横道图逻辑关系不明确,所以横道图分析法一般用于局部比较分析。

(2) S 形曲线比较法。

如图 3.5 表示,S 形曲线就是一个横轴表示时间,纵轴表示累计完成任务量百分比的函数曲线。从整个项目角度来看,中期项目进展速度要快于前期和后期,因此从初期到中期再到后期,单位时间完成的任务量先增加后减少,曲线呈 S 形。

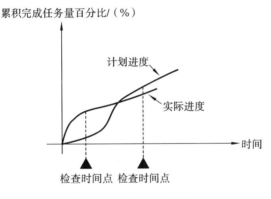

图 3.5　S 形曲线比较法

按照进度计划,在项目开工前预先绘制计划进度的 S 形曲线,在检查时间点,再绘制实际进度 S 形曲线,通过比较两条曲线,分析进度信息。

在实践中,S 形曲线可能会有误差,但它可提供科学的依据。

(3) 香蕉曲线比较法。

香蕉曲线是根据 S 形曲线的绘制原理进行绘制的,由两条 S 形曲线组成。根据各项工作的最早开始、最迟开始时间,分别绘制 ES 曲线、LS 曲线,两条曲线首尾相连,形成封闭香蕉状,因此称为香蕉曲线。在检查时间点,再绘制实际进度曲线,从而获得比 S 形曲线更多的进度信息。

如图 3.6 所示,进度控制的理想情况是任一时刻的实际进度落在"香蕉"内部,如果落在 ES 曲线左侧,则表示实际进度比计划提前;若落在 LS 曲线右侧,则表示实际进度比计划滞后。

(4) 前锋线比较法。

将检查时间点的实际进度用点画线连接起来,形成一条被称为"前锋线"的

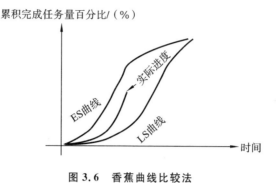

图 3.6 香蕉曲线比较法

折线,如图 3.7 所示。前锋线比较法根据实际进度前锋线与计划进度箭线交点的位置来分析进度信息,确定进度提前或者滞后。采用前锋线比较法分析工作总时差、自由时差,能够准确把握进度情况。

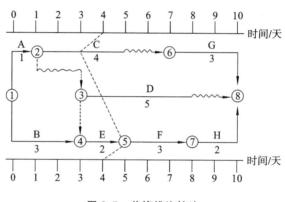

图 3.7 前锋线比较法

（5）列表比较法。

采用列表的方式进行计划进度与实际进度的比较。首先记录检查时间点正在进行的工作任务名称和作业时间,然后列表并计算有关时间参数,最后进行比较分析。

列表比较法主要比较原有总时差与尚有总时差的大小。如果原有总时差大小与尚有总时差大小不一致,则表示实际进度与计划进度存在差异。如果原有总时差大于尚有总时差,且都为正值,则说明实际进度滞后,但不影响总工期,滞后的时间为原有总时差与尚有总时差之差。

3.3.2　项目进度计划的调整

1. 项目进度计划的调整方法

以实际进度与计划进度的比较结果为依据,对进度偏差加以分析,运用网络计划技术,优化或者制定新的网络计划的过程就是项目进度计划的调整。

首先对进度偏差加以分析,判断关键工作是否产生偏差。若关键工作产生偏差,则要采取措施保障总工期不受影响;若非关键工作产生偏差,要通过比较该项工作进度偏差和总时差的大小来确定偏差的影响。若进度偏差大于总时差,则说明总工期和该项工作的后续工作会受影响,须调整。若进度偏差不大于总时差,则还应比较进度偏差与自由时差的大小,若进度偏差大于自由时差,则说明该项工作的后续工作会受影响,须调整;若进度偏差不大于自由时差,可以不做调整。

如须调整进度计划,可采取网络计划技术,统筹考虑计划调整对后续工作的影响,通过改变后续工作持续时间、工作间的关系、资源供应情况等进行调整。

2. 项目进度计划的具体调整措施

(1) 压缩后续工作持续时间。

在原网络计划的基础上,不改变工作间的逻辑关系,而是采取必要的组织措施、技术措施和经济措施,压缩后续工作的持续时间,以弥补已完成工作产生的负时差。一般根据工期-费用优化的原理进行调整。具体步骤如下:

①研究压缩后续工作持续时间的可能性,以及极限工作时间;

②确定由于计划调整,采取必要措施,而引起的各工作的费用变化率;

③优先压缩直接引起延期的工作及其紧后工作,以免延期影响扩大;

④优先压缩费用变化率最小的工作,以求花费最小代价,满足既定工期要求;

⑤综合考虑③、④,进行进度计划调整,如图 3.8 所示。

图 3.8 中,第 20 天检查时,A 工作已完成,B 工作进度在正常范围内,C 工作尚需 3 天才能完成,延期 3 天,将影响总工期。若保持总工期 75 天不变,应在后续工作中压缩 3 天的工期,分析图 3.8 可知,若能尽量压缩 D 工作工期,可最大程度地减少 C 工作延期造成的损失,因此最佳方案是 D 工作缩短 2 天,E 工作缩短 1 天,调整进度计划增加的费用为:$600×2+400×1=1600$(元)。

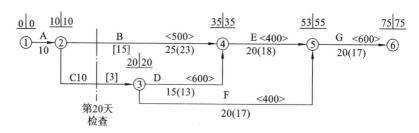

图 3.8 进度计划调整示例(一)

注:( )内为极限工作时间;( )外为计划工作时间 [ ]内为尚需工作时间;< >内为费用变化率

(2)改变工作间的关系。

压缩工期的另一个途径是改变关键线路上各工作间的逻辑关系、搭接关系和平行流水,而不改变工作持续时间,如图 3.9 所示。

对于大型工程项目,单位工程间的相互制约程度相对较小,可调幅度较大;对于单位工程内部,由于施工顺序和逻辑关系受约束程度较大,可调幅度较小。

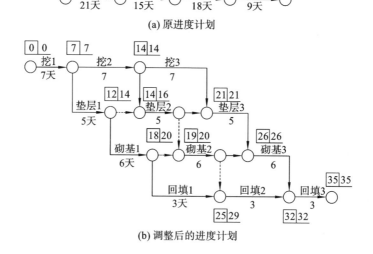

图 3.9 进度计划调整示例(二)

(3)调整资源供应情况。

对于资源供应异常引起的进度计划执行问题,应通过调整资源供应情况对进度计划进行调整,使资源供应对工期影响最小。

(4)增减施工内容。

增减施工内容应做到不打乱原进度计划的总体逻辑关系,只对局部逻辑关系进行调整。在增减施工内容后,应重新计算时间参数,分析调整对工期的影响。当对工期有影响时,应采取措施,保证计划工期不变。

(5)增减工程量。

增减工程量主要是改变施工方案、施工方法。

(6)改变起止时间。

改变起止时间应在相应的工作时差范围内进行,如延长或缩短工作持续时间,或将工作起止时间在最早开始时间和最迟完成时间范围内调整。每次调整必须重新计算时间参数,观察该调整对工期的影响。

3.4 项目进度控制

3.4.1 项目进度控制的含义和目标体系

1. 项目进度控制的含义

项目进度控制即按照进度计划执行工作,并在执行过程中不断检查,当工期出现偏差时采取纠偏措施,使进度计划能够继续实施,直到项目按照合同工期竣工或提前竣工。广义上,项目进度控制包含所有项目活动,是对整个项目的控制;狭义上,项目进度控制一般指项目进度计划制定后,对项目工作内容、时间、顺序等的控制。

项目进度控制主要涉及两方面内容:一是进度的监控,二是进度的调整。进度的监控指的是对已经完成的、正在进行的、还未开始的工作进行数据收集与更新,编写项目进展报告,并将该报告反馈给项目进度调度人员。每项工作进度主要采用已进行工期天数和完成工作量占比进行估算。进度的调整指的是施工方将计划进度与实际进度进行比较,分析偏差原因及影响,及时采取纠偏措施,保证项目工期。

2. 项目进度控制的目标体系

项目进度控制总目标是依据项目总进度计划确定的。对项目进度控制总目标进行层层分解,形成项目进度控制目标体系,其结构框架如图 3.10 所示。施工总进度目标从总的方面对项目建设提出工期要求。但施工活动是通过对最基础的分部分项工程的施工进度控制来保证各单项(单位)工程或阶段工程进度目标的完成,进而实现施工总进度目标的。因而要对施工总进度目标进行从总体到细部、从高层次到基础层次的层层分解,一直分解到在施工现场可以直接控制的分部分项工程。每一层次的进度目标都限定了下一层次的进度目标,而较低层次的进度目标又是较高层次进度目标得以实现的保证,形成一个自上而下层层约束,由下级而上级保证的多层次进度控制目标体系。

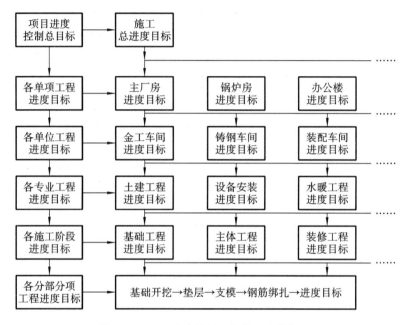

图 3.10　项目进度控制目标体系结构框架

3.4.2　项目进度控制的措施

项目进度控制的措施主要有组织措施、管理措施、技术措施和经济措施等,其中最重要的措施是组织措施,最有效的措施是经济措施。

1. 组织措施

项目进度控制的组织措施包括以下内容。

(1) 系统的目标决定系统的组织,组织是目标能否实现的决定性因素,因此应首先建立项目进度控制目标体系。

(2) 应充分重视项目管理的组织体系,在项目组织结构中应有专门的部门和符合进度控制岗位资格的专人负责进度控制工作。进度控制的主要工作任务包括进度目标的分析和论证、编制进度计划、定期跟踪进度计划的执行情况、采取纠偏措施,以及调整进度计划。这些工作任务和相应的管理职能应在项目管理组织设计的任务分工表和管理职能分工表中标明。

(3)建立进度报告、进度信息沟通、进度计划审核、进度计划实施的检查分析、图纸审查、工程变更和设计变更管理等制度。

(4)应编制项目进度控制的工作流程,包括确定项目进度计划系统的组成,以及各类进度计划的编制、审批和调整程序等。

(5)进度控制工作包含大量的组织和协调工作,而会议是组织和协调的重要手段,应进行有关进度控制会议的组织设计,明确会议的类型,各类会议的主持人及参加单位和人员,各类会议的召开时间,各类会议文件的整理、分发和确认等。

2. 管理措施

项目进度控制的管理措施涉及管理的思想、管理的方法、管理的手段、承发包模式、合同管理和风险管理等。采取管理措施时必须注意以下问题。

(1)建筑工程项目进度控制在管理观念方面存在的主要问题:缺乏进度计划系统的观念,分别编制各种独立而互不联系的计划,无法形成计划系统;缺乏动态控制的观念,只重视计划的编制,不重视计划的动态调整;缺乏进度计划多方案比较和选择的观念。合理的进度计划应体现资源的合理使用与工作的合理安排,有利于提高建筑工程质量,有利于文明施工,有利于合理地缩短工期。因此建筑工程项目进度控制必须有科学的管理思想。

(2)用网络计划技术编制进度计划必须很严谨地分析和考虑工作之间的逻辑关系,发现关键工作和关键路线,了解非关键工作可利用的时差。网络计划技术有利于实现项目进度控制的科学化,是一种科学的管理手段,应予以重视。

(3)应重视信息技术(包括相应的软件、局域网、互联网以及数据处理设备)在项目进度控制中的应用。虽然信息技术对项目进度控制而言只是一种管理手段,但它的应用有利于提高进度信息处理效率,有利于提高进度信息的透明度,有利于促进进度信息的交流和项目各参与方的协同。

(4)承发包模式的选择直接关系到项目实施中的组织和协调工作。为了实现进度目标,应选择合理的合同结构,避免过多的合同交界面影响项目进度。

(5)加强合同管理和索赔管理,协调合同工期与进度计划的关系,保证合同

中进度目标的实现。同时严格控制合同变更,尽量减少合同变更引起的工期拖延。

(6)为实现进度目标,不但应进行进度控制,还应注意分析影响项目进度的风险,并采取风险管理措施。常见的影响项目进度的风险:①组织风险;②管理风险;③合同风险;④资源(人力、物力和财力)风险;⑤技术风险;等等。

3. 技术措施

项目进度控制的技术措施涉及对实现进度目标有利的设计技术和施工方案的选用,具体内容如下。

(1)不同的设计理念、设计技术路线、设计方案会对项目进度产生不同的影响,在设计工作的前期,特别是在评审和选用设计方案时,应对设计技术与项目进度的关系进行分析。在项目进度受阻时,应分析是否存在设计技术的影响,有无设计变更的可能性。

(2)施工方案对项目进度有直接的影响,在选用施工方案时,不仅应分析施工技术的先进性和经济合理性,还应考虑其对项目进度的影响。在项目进度受阻时,应分析是否存在施工方案的影响,有无改变施工技术、施工方法和施工机械的可能性。通常应采用技术先进和经济合理的施工方案,改进施工工艺、施工技术、施工方法,选用更先进的施工机械。

4. 经济措施

项目进度控制的经济措施包括以下内容。

(1)为确保进度目标的实现,应编制与进度计划相适应的资源需求计划,包括资金需求计划和其他资源(人力和物力资源)需求计划,以反映项目实施的各阶段所需要的资源。通过对资源需求的分析,可发现所编制的进度计划实现的可能性。若资源条件无法满足需求,则应调整进度计划,同时考虑资金总供应量、资金来源(自有资金和外来资金)以及资金供应时间。

(2)应及时办理工程预付款及工程进度款支付手续。

(3)在预算中应考虑加快项目进度所需要的资金,包括为实现进度目标而采取经济激励措施所需要的资金,如应急赶工费用及工期提前奖励等。

(4)如项目延误,应收取误期损害赔偿费。

第4章　建筑工程项目质量管理

4.1　项目质量管理概述

4.1.1　项目质量管理的概念

1. 质量

随着社会发展,质量的泛用性提高,质量的定义也在不断变化。从不同的视角和不同的维度解析质量,可以得出不同的结论。按照《现代汉语词典》第7版对质量的定义,质量为产品或工作的优劣程度。

管理学中的质量概念,目前主要沿用美国学者朱兰等人的理论。朱兰在其研究中指出,质量代表产品、服务的适用性。换言之,质量如何要看产品、服务是否能满足受众的需求,能满足受众需求表示质量优异。克劳斯比在研究中指出,质量对应产品、服务符合受众需求的程度。费根堡姆在研究中将质量解析为产品、服务的外在与内在特性的结合。他对质量的定义与ISO(国际标准化组织)质量认证体系对质量的定义类似,但是ISO质量认证体系对质量的定义更为全面,除了外在特性,对内在特性的解析更加深入。

质量对应的受众范围较广,质量权衡的内容不仅包括常规意义的产品、服务,还包括抽象的活动、过程、组织等。内容的广泛,使得影响质量的要素非常多,小至员工素养、材料质量、方式方法,大至国家政策、市场环境、人文环境等,均成为不同情境下影响质量的要素。

2. 质量管理

质量管理是管理的重要组成内容,也是企业管理的关键。对企业而言,优秀的质量管理能使企业产品、服务更贴合市场受众需求,帮助企业在市场竞争中取得胜利、拥有更高的市场占有率,促进企业战略目标更快、更好地实现。

关于质量管理的概念,目前学术界主要以 ISO 质量认证体系以及日本谷津进对质量管理的定义为准。ISO 质量认证体系对质量管理的描述十分详尽,不仅阐述了质量管理的意义,还为质量管理的实际推进设定了目标、框架等,指出质量管理是组织在明确目标后,依托具体的方案、不同的分工权责,实施整体规划、监控以及优化的动态过程。而日本的谷津进则指出,持续优化产品质量或者服务质量,使产品、服务能更好地满足消费者需求的活动便是质量管理。由此来看,质量管理包含供求关系、产品质量观念等多重内涵。

依据 ISO 质量认证体系,质量管理的要素及内在关系如图 4.1 所示。

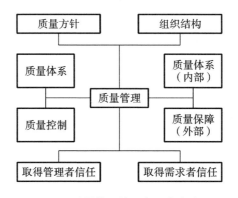

图 4.1 质量管理的要素及内在关系

3. 项目质量管理

相比其他的质量管理,项目质量管理更加细化,要求更加明确,需要实现的功能也更加全面。项目质量管理包含项目目标达成,也包含质量管理内容,要保障使用者、生产者等多方主体的合法权益,并在此基础上使质量达标,给受众带来更好的体验。

项目质量管理要明确项目质量目标,围绕这一目标,安排项目质量管理工作,还要制定保障措施,确保项目质量管理在有效的监督下按部就班地进行。

质量管理并非静态活动,而是需要持续优化的动态活动。每一个相关人员都要为项目管理负责。项目完成后,要明确项目质量是否达标,对比分析受众对项目的满意度。

与项目质量管理相关的主要内容如下。

(1)资源:包括但不限于材料、设备以及员工等。材料包括耗材、零配件、原材料等,是项目实施的基础,材料质量优劣直接影响项目质量,因此项目质量管理应从源头着手,管控材料质量。设备为项目施工的重要工具,以各类机械设备为主,如果设备老旧且生产效率较低,既会影响项目质量,也会影响项目进度。员工包括管理人员、技术人员以及基层人员,员工的知识储备、实操水平等的优劣,直接影响其岗位的工作进度,进而对整体的项目质量造成影响。

(2)方法:既包括抽象的工程实施方法,提升效率、降低风险的技术、工序,也包括设计图纸等。方法直接影响项目质量,因此项目质量管理要考虑项目在不同阶段拥有的资源,在合适的时间选择合适的方法。

(3)环境:与项目质量管理相关的卫生、技术、安全等环境。项目质量管理要选择适宜的环境,通过调配资源,保障周边环境适宜项目开展。

4.1.2 项目质量管理的原理

1. PDCA 循环原理

PDCA 循环在第 2 章提到,其可应用于项目施工成本控制,但实际上 PDCA 循环本身是为了项目质量管理而提出的,其最适用于项目质量管理。

PDCA 循环原理同样将质量管理全过程划分为计划 P(plan)、实施 D(do)、检查 C(check)、处理 A(action)四个阶段,如图 4.2 所示。

(1)计划:质量计划阶段,分析现状,确定质量目标并制定计划行动方案。

(2)实施:组织对质量计划行动方案的执行与交底,按计划行动方案规定的方法与要求展开作业活动。

(3)检查:检查计划行动方案执行情况,包括作业者的自检、互检和专职管理者专检。各类检查都包含两个方面:一是检查是否严格执行了计划行动方案,实际条件是否发生了变化,不执行计划行动方案的原因;二是检查计划行动方案执行的结果,即质量是否达到标准的要求,并对质量进行评价。

(4)处理:总结经验,巩固成绩,对于检查发现的质量问题或质量不合格现象,及时分析原因,采取必要的措施予以纠正,保持质量处于受控状态。

PDCA 循环的关键不仅在于发现问题、分析原因、予以纠正及预防,更重要的是对于发现的问题在下一 PDCA 循环中某个阶段(如计划阶段)予以解决,不断地发现问题,不断地解决问题,使质量不断改进、不断提高。

PDCA 循环的特点是四个阶段缺一不可,大环套小环,小环促大环,阶梯式上升,循环前进。PDCA 循环示意如图 4.3 所示。

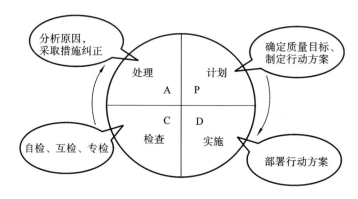

图 4.2 PDCA 循环四个阶段

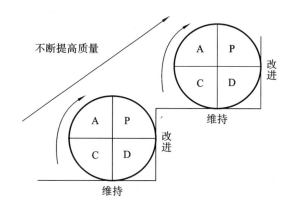

图 4.3 PDCA 循环示意

PDCA 循环的步骤以及相应的方法见表 4.1。

表 4.1 PDCA 循环的步骤及方法

阶 段	步 骤	方 法
P	（1）分析现状，找出问题	排列图、直方图、控制图
	（2）分析影响因素或原因	因果图
	（3）找出主要影响因素或原因	排列图、相关图
	（4）针对主要影响因素或原因，制定计划行动方案	回答"5W1H"问题： 为什么制定计划行动方案（Why）？ 达到什么目标（What）？ 在何处执行（Where）？ 由谁负责完成（Who）？ 什么时间完成（When）？ 如何完成（How）？

续表

阶　段	步　骤	方　法
D	（5）执行、实施计划行动方案	—
C	（6）检查计划行动方案执行情况	排列图、直方图、控制图
A	（7）总结经验	制定或修改工作规程，检查有关规章制度
	（8）把未解决或新出现的问题转入下一个 PDCA 循环	—

2. 三阶段控制原理

三阶段控制包括事前质量控制、事中质量控制和事后质量控制。

（1）事前质量控制。

事前质量控制即利用前馈信息实施质量控制，重点放在事前的质量计划与决策上，即在生产活动开始之前对影响因素做出预测，制定质量控制方案。例如，在产品设计和工艺设计阶段，对影响质量或成本的因素做出充分的预测，采取必要的措施。

对于建筑工程项目，尤其是施工阶段，可通过施工质量计划、施工组织设计或施工项目管理实施规划，运用目标管理的手段，实施工程项目的事前质量控制。在实施时，要对工程项目有充分的认识，依据前馈信息制订计划和控制方案，找出薄弱环节，制定有效的控制措施和对策；同时充分发挥组织在技术和管理方面的整体优势，把先进管理技术、管理方法和经验，创造性地应用于工程项目。

（2）事中质量控制。

事中质量控制也称作业活动过程质量控制，包括作业者的自我控制和他人监控。自我控制即作业者在作业过程中对自己质量活动行为的约束和技术能力的发挥；他人监控是指作业者的质量活动和结果接受来自企业内部管理者和来自企业外部有关方面的监控，如工程监理机构、政府质量监督部门等的监控。事中质量控制的目标是确保工序质量合格，杜绝质量事故的发生。

（3）事后质量控制。

事后质量控制也称事后质量把关，使不合格的工序或产品不流入下一道工序、不流入市场。事后质量控制的任务是对质量活动结果进行评价、认定，对工

序质量偏差进行纠偏,对不合格产品进行整改和处理。

从理论上讲,对于建筑工程项目,如果事前质量控制阶段制定方案考虑得越周密,事中质量控制能力越强、监控越严格,实现质量目标的可能性就越大。但是,由于在作业过程中不可避免地会存在难以预料的因素,包括系统因素和偶然因素,质量难免会出现偏差。当质量实际值与目标值之差超出允许偏差时,必须分析原因,采取措施纠正偏差,保持质量处于受控状态。建筑工程项目事后质量控制,体现在施工质量验收的各个环节。

3. 全面质量管理原理

TQC(total quality control)即全面质量管理,是20世纪中期欧美国家和日本广泛应用的质量管理方法。我国从20世纪80年代开始引进和推广全面质量管理方法。全面质量管理原理就是在企业或组织最高管理者的质量方针指引下,实行全面、全过程和全员参与的质量管理。

全面质量管理的主要特点是以使顾客满意为宗旨,企业或组织最高管理者参与质量方针和目标的制定,提倡预防为主、科学管理、用数据说话等。国际标准化组织颁布的《质量管理体系 基础和术语》(ISO 9000:2015)充分体现了这些特点。

全面质量管理原理对建筑工程项目质量管理有理论和实践方面的指导意义,具体如下。

(1)全面质量管理。

建筑工程项目的全面质量管理是建筑工程项目各参与方所进行的工程项目质量管理的总称,包括工程质量和工作质量管理。工作质量是工程质量的保证,工作质量直接影响工程质量。业主、监理单位、勘察单位、设计单位、施工总承包单位、施工分包单位、材料设备供应商等,任何一方的疏忽或质量责任不到位都会对建筑工程质量造成不利影响。

(2)全过程质量管理。

全过程质量管理是指根据工程质量的形成规律,从源头抓起,全过程推进质量管理。《质量管理体系 基础和术语》(GB/T 19000—2016)强调质量管理的过程方法管理原则,要求用过程方法进行全过程质量管理。主要过程如下:项目策划与决策过程;勘察设计过程;施工采购过程;施工组织与准备过程;计量检测设备控制过程;施工生产的检验试验过程;工程质量评定过程;工程竣工验收与交付过程;工程回访维修服务过程;等等。

（3）全员参与质量管理。

企业或组织内部的每个部门和工作岗位都有相应的质量职能，企业或组织的最高管理者确定质量方针和目标之后，应动员全体员工参与质量方针的实施中，发挥自己的作用。全员参与质量管理的具体措施是运用目标管理方法，将质量总目标逐级分解，形成自上而下的质量目标分解体系和自下而上的质量目标保证体系，发挥每个部门、工作岗位在实现质量总目标过程中的作用。

全面质量管理将以事后检验为主转变为以预防及改进为主；将就事论事、分散管理转变为用系统的观点进行全面的综合治理；将"管结果"转变为"管因素"，查出影响质量的因素，抓住主要因素，实行全面、全过程和全员参与的质量管理，使质量处于受控状态。

4.1.3　项目质量管理的原则

1. 项目质量管理八项原则

项目质量管理八项原则是 ISO9000 质量体系标准的编制基础，是世界各国项目质量管理成功经验的科学总结，其中不少内容与我国全面质量管理的经验吻合。项目质量管理八项原则的贯彻执行能促进企业管理水平的提高，提高顾客对产品或服务的满意程度，帮助企业达到持续成功的目的。项目质量管理八项原则的具体内容如下。

（1）以顾客为关注焦点。

企业依存于其顾客，应理解顾客当前和未来的需求，满足顾客要求并争取超越顾客的期望。

（2）领导作用。

领导者确立本企业的宗旨和方向，并营造和保持使员工充分参与实现质量目标的环境。领导者在企业的质量管理中起着决定性的作用。领导者重视质量，各项质量活动才能有效开展。

（3）全员积极参与。

只有全员充分参加，企业才能获得收益。产品质量是产品形成过程中全员共同努力的结果。领导者应对员工进行质量意识等方面的教育，激发员工的积极性和责任感，为员工能力、知识、经验的提高提供机会，发挥创造精神，鼓励持续改进，给予必要的物质和精神奖励，使全员积极参与，为实现让顾客满意的目标而奋斗。

（4）过程方法。

将生产活动作为过程进行管理，可以更高效地得到期望的结果。任何使用资源的生产活动和将输入转化为输出的活动都可视为过程。过程的输入端、中间位置及输出端都存在可以进行测量、检查的控制点，对这些控制点进行测量、检查和管理，便能实现过程的有效实施。

（5）系统管理。

将相互关联的过程作为系统加以识别、理解和管理，有助于提高实现质量目标的有效性和效率。不同企业应根据自身的特点，建立资源管理、过程实现、分析改进等方面的关联并加以控制，即采用过程网络的方法建立质量管理体系，实施系统管理。建立质量管理体系的工作内容一般包括：①确定顾客期望；②建立质量目标和方针；③确定实现质量目标的过程；④确定必需的资源；⑤确定测量过程有效性的方法；⑥测量过程的有效性；⑦确定防止质量问题并清除质量问题产生原因的措施；⑧确定持续改进质量管理体系的方法。

（6）改进。

改进可以增强企业满足质量要求的能力，包括提高产品质量、过程及体系的有效性和效率的能力，是使企业质量管理走上良性循环轨道的必由之路。持续改进的对象可以是质量管理体系、过程、产品等。持续改进可作为过程进行管理，在对持续改进过程的管理活动中，应重点关注改进的目标、有效性和效率。

（7）循证决策。

有效的决策应建立在数据和信息分析的基础上，数据和信息分析是对事实的高度提炼。以事实为依据做出决策，可防止决策失误。因此，企业领导应重视数据和信息的收集、汇总和分析。

（8）关系管理。

企业与供方是相互依存的，建立双方的互利关系可以增强双方创造价值的能力。供方提供高质量产品是企业提供高质量产品的保证。因此，对供方不能只讲控制，不讲合作互利，而是要建立互利关系。

2. 项目质量管理八项原则的作用

项目质量管理八项原则是国际标准化组织在总结优秀项目质量管理实践经验的基础上，用精练的语言表达的最基本、最通用的项目质量管理的一般规律，可以成为企业文化的重要组成部分，以指导企业在较长时期内通过关注顾客及相关方面的需求和期望而达到改进总体业绩的目的。项目质量管理八项原则的作用具体表现在以下几个方面。

（1）指导企业采用先进、科学的管理方式。

（2）指出企业成功的途径。

（3）帮助企业获得持久的成功。

（4）作为项目质量管理指导思想，帮助企业构建改进业绩的框架。

（5）指导企业编制项目质量管理体系文件。

（6）指导企业管理者建立、实施和改进本企业的项目质量管理体系。

4.2　项目质量管理体系

4.2.1　项目质量管理体系的建立和运行

建筑工程项目的实施，涉及业主方、设计方、施工方、监理方、供应方等，各参与方各自承担不同的质量责任和义务。为了有效地进行系统、全面的质量管理，必须由项目的总组织者负责建筑工程项目质量管理体系的建立和运行。

1. 项目质量管理体系的建立

项目质量管理体系的建立可以为项目的质量管理提供组织制度方面的保证。项目质量管理体系的建立过程，实际上就是项目质量总目标的确定和分解过程，也是项目各参与方质量责任和义务的确立过程。为了保证质量管理体系的科学性和有效性，必须明确体系建立的原则、程序和责任主体。

（1）原则。

①分层次规划原则。项目质量管理体系的分层次规划，是指对项目的总组织者（建设单位或代建制项目管理企业）和承担项目实施任务的各参与方进行不同层次和范围的项目质量管理体系规划。

②目标分解原则。项目质量管理体系总目标的分解方法是根据工程项目的结构，将工程项目的质量总目标分解到各个责任主体，明示于合同中，由各责任主体制定相应的质量计划，确定具体的质量控制方式和控制措施。

③质量责任制原则。项目质量管理体系的建立，应按照《中华人民共和国建筑法》和《建设工程质量管理条例》有关工程质量责任的规定，界定项目各参与方的质量责任范围和控制要求。

④系统有效性原则。项目质量管理体系的建立,应从实际出发,结合项目特点、合同和项目管理组织系统的构成情况,建立项目各参与方共同遵循的质量管理制度和控制措施,并形成有效的运行机制。

(2)程序。

①确立质量控制网络。明确各层次的工程质量控制负责人(一般应包括承担项目实施任务的项目经理或工程负责人、总工程师,项目监理机构的总监理工程师、专业监理工程师等),形成明确的项目质量控制网络。

②制定质量控制制度。质量控制制度包括质量控制例会制度、协调制度、报告审批制度、验收制度和信息管理制度等。制定质量控制制度后形成管理文件或手册,作为项目各参与方共同遵循的制度。

③分析质量控制界面。质量管理体系的质量控制界面包括静态界面和动态界面。一般静态界面根据相关法律法规与企业内部职能分工来确定。动态界面主要指项目实施过程中设计单位之间、施工单位之间、设计与施工单位之间的衔接配合关系及责任划分。

④编制质量计划。项目的总组织者负责主持编制项目总质量计划,部署各责任主体编制各自的质量计划,并按规定程序完成质量计划的审批。

(3)责任主体。

一般情况下,项目质量管理体系由建设单位或工程项目总承包企业的工程项目管理机构负责建立。在分阶段依次对勘察、设计、施工、安装等任务进行招标、发包的情况下,项目质量管理体系由建设单位或其委托的工程项目管理企业负责建立,并由各承包企业根据项目质量管理体系的要求,建立隶属于总的项目质量管理体系的设计项目、施工项目、采购供应项目等质量保证体系。

2. 项目质量管理体系的运行

项目质量管理体系的运行实质上就是质量管理职能和效果的控制过程。质量管理体系的运行依赖于运行环境和运行机制。

(1)运行环境。

项目质量管理体系的运行环境主要包括以下几方面。

①项目合同结构。项目合同是联系建筑工程项目各参与方的纽带,只有在项目合同结构合理,质量标准和责任条款明确,各参与方严格履行合同的条件下,质量管理体系才能正常运行。

②质量管理的资源配置。质量管理的资源配置,包括专职工程技术人员和

质量管理人员的配置,实施技术管理和质量管理所必需的设备、设施、器具、软件等物质资源的配置。资源的合理配置是质量管理体系得以运行的基础条件。

③质量管理的组织制度。质量管理体系中的各项管理制度和文件的建立,是质量管理体系有序运行的基本保证。

(2)运行机制。

运行机制是质量管理体系的生命,机制缺陷是造成质量管理体系运行无序、失效和失控的重要原因。因此,在设计管理制度时,必须高度重视,防止重要管理制度的缺失、制度本身的缺陷、制度之间的矛盾等现象出现,为质量管理体系的运行注入动力机制、约束机制、反馈机制和持续改进机制。

①动力机制。动力机制是项目质量管理体系运行的核心机制,它来源于公正、公开、公平的竞争机制和利益机制的制度设计或安排。因为项目的实施过程是多主体参与的增值链,只有保持合理的供方及分供方等各方关系,才能形成合力,这是项目管理成功的重要保证。

②约束机制。没有约束机制的质量管理体系无法使工程质量处于受控状态。约束机制取决于各质量责任主体内部的自我约束能力和外部的监控效力。自我约束能力表现为组织及个人的经营理念、质量意识、职业道德及技术能力;监控效力取决于外部对质量工作的推动和检查、监督。两者相辅相成,构成了质量管理体系中的制衡关系。

③反馈机制。运行状态和结果的信息反馈,是对质量管理体系的能力和运行效果的评价,为管理者做出处理措施提供决策依据。因此,必须有相关的制度,保证质量信息反馈及时和准确,质量管理者须深入生产第一线、掌握第一手资料,才能形成有效的质量信息反馈机制。

④持续改进机制。在项目实施的各个阶段,不同的层面、不同的范围和不同的质量责任主体之间,应用 PDCA 循环原理,即计划、实施、检查和处理不断循环的方式展开质量管理,同时注重控制点的设置,加强重点控制和例外控制,并不断寻求改进机会、研究改进措施,才能保证质量管理体系不断完善和持续改进,不断提高质量管理能力和水平。

4.2.2　施工企业质量管理体系的建立与认证

施工企业质量管理体系是施工企业为实施质量管理而建立的,通过第三方质量认证机构的认证后,为该施工企业的工程承包经营和质量管理奠定基础的管理体系。施工企业质量管理体系应按照《质量管理体系　基础和术语》(GB/T

19000—2016)标准进行建立和认证。该标准是我国按照等同原则,采用国际标准化组织颁布的《质量管理体系　基础和术语》(ISO9000:2015)制定的。

1. 施工企业质量管理体系文件的构成

质量管理体系应包括《质量管理体系　基础和术语》(GB/T 19000—2016)标准所要求的形成文件的信息以及为确保质量管理体系有效运行所需的形成文件的信息。施工企业质量管理体系文件一般由下列内容构成。

(1)质量手册。

质量手册对施工企业质量体系做系统、完整和概要的描述。其内容一般包括:施工企业的质量方针、质量目标,组织机构及质量职责,质量体系要素,基本控制程序,质量手册的评审、修改和管理办法。

质量方针和质量目标一般都以简明的文字来表述,是施工企业质量管理的方向和目标,反映用户及社会对工程质量的要求,以及施工企业的质量水平、服务承诺和经营理念。

质量手册作为施工企业质量管理体系的纲领性文件,应具备指令性、系统性、协调性、先进性、可行性和可检查性。

(2)程序文件。

生产、工作和管理的程序文件是质量手册的支持性文件。施工企业各职能部门为落实质量手册要求而规定的细则,施工企业为进行质量管理工作而建立的各项管理标准、规章制度都属于程序文件。

施工企业程序文件的内容及详略程度可视施工企业实际情况而定。一般包括以下六个方面的程序文件:①文件控制程序文件;②质量记录管理程序文件;③内部审核程序文件;④不合格品控制程序文件;⑤纠正措施控制程序文件;⑥预防措施控制程序文件。

除以上六个方面的程序文件外,涉及产品质量形成过程各环节的程序文件,如生产过程、服务过程、管理过程、监督过程等的程序文件,可视施工企业质量管理的需要而制定。

(3)作业指导书。

作业指导书用于表述质量管理体系程序文件中每一个步骤更详细的操作方法,指导施工企业员工执行具体的工作任务,如完成或控制加工工序、搬运产品、校准测量设备等。

作业指导书和程序文件的区别在于,一个作业指导书只涉及一项独立的任务,而一个程序文件涉及质量管理体系中某个过程的全部任务。

（4）质量记录。

为了使质量管理体系有效运行,要设计一些实用的表格并给出活动结果报告。这些表格在使用之后连同报告形成了质量记录,作为质量管理体系运行的证据。质量记录客观反映产品质量水平和质量管理体系中各项质量活动结果,可用于证明产品质量达到合同要求。如出现偏差,则质量记录不仅可以反映偏差情况,而且可以为纠正措施的制定提供依据。

质量记录应完整地反映质量活动实施、验证和评审的情况,并有关键活动的过程参数,具有可追溯性的特点。

综上所述,可以将施工企业质量管理体系文件划分为四个层次,如图 4.4 所示。

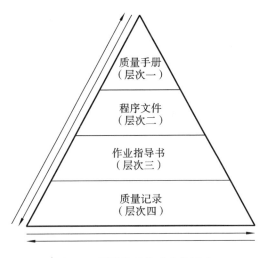

图 4.4　质量管理体系文件层次

各层文件可以合并也可以分开,当各层文件分开时,如有相互引用的内容,可附引用内容的条目。下一层文件必须支持上一层文件,不能违反上一层文件的规定;下一层文件的内容不应与上一层文件的内容矛盾;下一层文件应比上一层文件更具体、详细。

编制质量管理体系文件,是施工企业实行 ISO9000 质量体系标准,并保持其质量管理体系有效运行的重要基础工作;也是施工企业评价质量管理体系、进行质量改进必不可少的依据。

2. 施工企业质量管理体系的建立和运行

（1）施工企业质量管理体系的建立。

施工企业质量管理体系的建立，是在确定市场及顾客需求的前提下，按照质量管理原则制定施工企业的质量手册、程序文件及质量记录等体系文件，并将质量目标分解到相关层次、相关岗位的职责中，形成施工企业质量管理体系的执行系统。

施工企业质量管理体系的建立还包含组织施工企业不同层次的员工进行培训，使员工了解体系的工作内容和执行要求，为形成全员参与的施工企业质量管理体系创造条件。

施工企业质量管理体系的建立过程中，须识别并提供实现质量目标和持续改进所需的资源，包括人员、基础设施、环境、信息等。

（2）施工企业质量管理体系的运行。

施工企业质量管理体系的运行是在生产及服务的全过程中，按质量管理体系文件所制定的程序、标准、工作要求及按质量目标分解的岗位职责进行运作。在施工企业质量管理体系的运行过程中，要做到以下几点。

①按各类体系文件的要求，监视、测量和分析过程的有效性和效率，做好质量记录，持续收集、记录并分析过程的数据和信息，全面反映过程和产品质量。

②按体系文件规定的办法进行质量管理评审和考核。对过程的评审考核工作，应针对发现的主要问题，采取必要的改进措施，使过程达到预期结果并实现对过程的持续改进。

③落实质量管理体系的内部审核程序，有组织、有计划地开展内部审核活动，其主要目的是：评价质量管理程序的执行情况及适用性；揭露过程中存在的问题，为质量改进提供依据；检查质量管理体系运行的信息；向外部审核单位提供有效的证据。为确保内部审核的效果，施工企业领导应发挥决策领导作用，制定审核政策和计划，组织内审人员队伍，落实内审条件，并对审核发现的问题采取纠正措施，提供人、财、物等方面的支持。

3. 施工企业质量管理体系的认证与监督

（1）施工企业质量管理体系认证的意义。

质量管理体系认证是由公正的第三方认证机构对施工企业的产品及质量管理体系做出正确、可靠的评价，使社会对施工企业的产品建立信心。它具有以下重要意义。

①提高供方企业的质量信誉。

②促进施工企业完善质量管理体系。

③增强企业的国际市场竞争能力。

④减少社会重复检验和检查费用。

⑤有利于保护消费者利益。

⑥有利于法规的实施。

（2）施工企业质量管理体系认证的程序。

①申请和受理。

具有法人资格，已按《质量管理体系　基础和术语》（GB/T 19000—2016）标准或其他国际公认的质量管理体系规范建立了文件化的质量管理体系，并在生产经营全过程贯彻执行的施工企业可提出申请。提出申请的企业须按要求填写申请书。认证机构审查确认符合要求后接受申请，如不符合要求则不接受申请，接受或不接受均应发出书面通知书。

②审核。

认证机构派出审核组对提出申请的企业的质量管理体系进行检查和评定，包括文件审查、现场审核，并提出审核报告。

③审批与注册发证。

认证机构对审核组提出的审核报告进行全面审查，如符合标准，则对企业予以批准并注册，发给认证证书（内容包括证书号、企业名称及地址、认证和质量管理体系覆盖产品的范围、评价依据、质量保证模式标准及说明、发证机构、签发人和签发日期）。

（3）获准认证后的维持与监督管理。

施工企业质量管理体系获准认证的有效期为 3 年。获准认证后，施工企业应通过经常性的内部审核，维持质量管理体系的有效性，并接受认证机构对施工企业质量管理体系的监督管理。

维持与监督管理的内容如下。

①企业通报。

认证合格的施工企业质量管理体系在运行中出现较大变化时，须向认证机构通报。认证机构接到通报后，视情况采取必要的监督检查措施。

②监督检查。

认证机构对认证合格的质量管理体系维持情况进行监督检查，包括定期和

不定期的监督检查。定期检查通常每年一次,不定期检查视情况临时安排。

③认证注销。

注销是施工企业的自愿行为。在施工企业质量管理体系发生变化或证书有效期届满未重新申请等情况下,持证者提出注销的,认证机构予以注销,收回该质量管理体系认证证书。

④认证暂停。

认证暂停是认证机构对获证施工企业质量管理体系不符合认证要求时采取的警告措施。认证暂停期间,施工企业不得使用质量管理体系认证证书做宣传。施工企业在规定期限内采取纠正措施使质量管理体系满足认证要求后,认证机构撤销认证暂停;否则将撤销认证注册,收回认证证书。

⑤认证撤销。

当获证施工企业质量管理体系严重不符合规定,或在认证暂停的规定期限内未整改,或发生其他构成撤销认证条件的情况时,认证机构做出撤销认证的决定。施工企业不服可提出申诉。被撤销认证的施工企业一年后可重新提出认证申请。

⑥复评。

认证证书有效期届满前,如施工企业愿继续延长,可向认证机构提出复评申请。

⑦换证。

在认证证书有效期内,如认证标准、范围、证书持有者变更,可按规定换证。

4.3 项目质量控制

4.3.1 项目质量控制概述

质量控制是质量管理的一部分,为了达到质量目标,必须采取一系列的施工技术,执行一定的保障措施。施工技术是保证质量达到要求的专业技术和管理技术,是质量控制的手段及方法的总称。保障措施是相关的技术人员及操作人员通过一定的组织、计划系统地将施工技术应用于施工过程所设定的制度、体系以及组织架构。质量控制的目的在于监视过程并排除质量环中所有阶段可能导致质量问题的原因,以取得经济效益。质量控制首先要同时关注全过程及每个环节,其次要形成早期预防、中期治理以及后期改进的总体思路。

1. 项目质量控制的基本原理

建筑工程项目质量控制的基本原理是以施工技术为基础,构建质量的保障措施,从施工技术与保障措施两个方面在每一阶段对影响项目质量的人、机械、材料、方法、环境因素进行分析、控制,发现问题、解决问题,找到问题的根源,并进行相关的质量改进,防止类似质量问题再次发生。

2. 项目质量控制的步骤、目标和原则

（1）项目质量控制应贯穿项目质量管理的全过程。项目质量控制主要按照以下步骤进行。

①选择控制对象,例如项目生命周期中的某个环节、工作或工序,以及项目的某个里程碑或某阶段成果等一切与项目质量有关的要素。

②度量控制对象质量的实际情况,将对象质量的实际情况与相应的质量标准进行比较。识别项目存在的质量问题和偏差,分析项目质量问题产生的原因,采取纠偏措施消除项目存在的质量问题。

（2）项目质量控制的目标如下。

①项目规模在计划的范围内。

②项目的投入小于产出,具有较为明显的经济效益。

③项目实施期间,无任何重大事故和经济损失。

④项目资源配置合理高效。

⑤项目产品具有市场竞争力。

（3）项目质量控制要遵循以下原则。

①质量第一、用户至上。

②以人为本、全员参与。

③系统的管理方法原则。

④执行质量标准、一切用数据说话。

⑤科学、公正、守法。

3. 项目质量控制的依据

项目质量控制包括项目内部质量控制和外部质量控制,内部质量控制标准是向项目团队提出的,外部质量控制标准是向客户和其他项目关系人提出的。

项目质量控制的依据主要如下。

（1）质量控制计划。

质量控制计划是项目质量计划编制中的工作成果。在编制项目质量计划时，要明确提出项目质量控制计划。

（2）质量工作说明。

在项目质量计划编制过程中，要明确项目质量控制的工作说明。

（3）质量控制标准与要求。

项目质量控制标准与要求是根据项目质量控制计划和项目质量工作说明所制定的具体项目质量控制的标准与要求。

（4）质量实际结果。

项目质量的实际结果包括建筑产品、建筑施工过程以及建筑本身的质量。质量的实际结果是项目质量控制的主要依据，检验人员常常将质量控制目标与质量实际结果进行对比，发现问题时及时纠错，以实现对项目质量的有效控制。

4. 项目质量控制的内容

项目质量控制的内容主要包括监控施工人员是否按照预先规定的质量保障程序执行施工任务；实时监测施工是否符合项目质量控制的要求；及时发现存在的质量问题，并提出改进措施；及时把握项目实施涉及人员的质量控制能力；在收尾阶段做好质量控制检查、验收工作；合理地给予质量评定，对整个项目实施过程进行综合评价，形成质量评估报告；总结、分析项目实施过程中存在的质量问题以及须改进的地方，为后续执行同类项目提供参考。

4.3.2 项目质量控制方法及程序

1. 项目质量控制方法

对项目质量控制的调查、整理资料、统计、分析和最终判断的过程中，自始至终都要以数据为依据，来寻找项目存在的质量问题以及反映项目质量的高低，这是质量管理的基础，是控制项目质量的重要手段。项目质量控制方法如下。

（1）检验清单法。

使用一份列有用于检查项目各个流程、各项活动的各个步骤中所需核对的检查科目与任务清单，对照清单，按照规定的核检时间和频率去检查项目的实施情况，并对照清单中给出的工作质量标准要求，确定项目质量是否失控，是否出现系统误差,是否需要采取措施,最终给出核查结果和应对措施。

（2）质量检验法。

质量检验法主要是指测量、检验和测试等用于保证工作结果与质量要求相一致的质量控制方法。质量检验法可在项目的任何阶段使用,也可以在项目的各个方面使用。对于项目工作和项目产出物的质量检验法又可分为自检、互检和专检三种不同的质量检验法。对一个项目来说,在必需的检验及必要的检验文件未完成,并且项目阶段成果未获得认可、接收或批准之前,后续工作均不能进行。

（3）控制图法。

控制图法是开展质量控制的一种图示方法。控制图给出关于开展界限、实际结果、实施过程的图示描述,可用来确认项目是否处于受控状态,图中上、下控制线表示变化的最终限度,当连续的几个设定间隔内的变化均指向同一方向时,就应分析和确认项目是否处于失控状态。当确认项目处于失控状态时,就必须采取纠偏措施,调整和改进项目,使项目回到受控状态。

（4）帕累托法。

帕累托法以"关键的少数和次要的多数"作为统计思想,从而形成质量控制统计图表,因此它又叫排列图法。其主要将有关质量的要素进行分类,找到"关键的少数"和"次要的多数",完成分类管理。

（5）统计样本法。

选择一定数量的样本进行检验,从而推断总体的质量情况,以获得质量信息并开展质量控制。这种方法适用于大批量生产的质量控制,因为样本比总体少许多,所以可以减少质量控制成本。

（6）流程图法。

流程图法在项目质量管理中是一种非常有用且经常使用的质量控制方法,它可显示系统中各要素之间相互关系。这种方法主要用于项目质量控制中,以分析项目质量问题发生在项目流程的哪个环节,造成这些质量问题的原因,这些质量问题发展和形成的过程。

（7）趋势分析法。

趋势分析法是指使用各种预测分析技术来预测项目质量的未来发展趋势和结果的一种质量控制方法。这种方法中的预测都是基于项目前期的历史数据做出的。趋势分析法常用于项目质量的监控。

2. 项目质量控制程序

建筑工程项目质量控制的程序可以分为八个步骤,如图 4.5 所示。

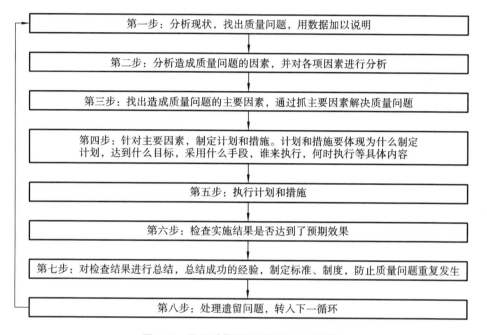

第一步:分析现状,找出质量问题,用数据加以说明

第二步:分析造成质量问题的因素,并对各项因素进行分析

第三步:找出造成质量问题的主要因素,通过抓主要因素解决质量问题

第四步:针对主要因素,制定计划和措施。计划和措施要体现为什么制定计划,达到什么目标,采用什么手段,谁来执行,何时执行等具体内容

第五步:执行计划和措施

第六步:检查实施结果是否达到了预期效果

第七步:对检查结果进行总结,总结成功的经验,制定标准、制度,防止质量问题重复发生

第八步:处理遗留问题,转入下一循环

图 4.5 项目质量控制程序的八个步骤

建筑施工项目质量控制流程运行图如图 4.6 所示。

4.3.3 对影响项目质量的因素的控制

影响建筑工程项目质量的因素主要有五大方面,即 4M1E:人(man)、机械(machine)、材料(material)、方法(method)、环境(environment)。施工前对这五方面的因素严加控制,是保证项目质量的关键。影响项目质量的因素构成如图4.7 所示。

1. 对人的控制

人是指直接参与项目的组织者、指挥者和操作者,项目质量控制的关键就是做好人的管理。人作为控制动力,应充分提高积极性,发挥主导作用;作为控制对象,应避免产生失误。为此,除了加强政治思想、劳动纪律、职业道德教育及专业技术培训外,必须健全岗位责任制,公平合理地激励劳动热情,改善劳动条件。

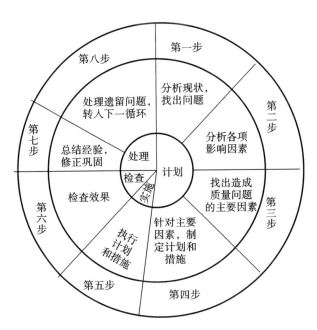

图 4.6　项目质量控制流程运行图

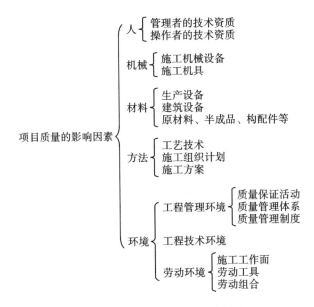

图 4.7　影响项目质量的因素构成

而且要根据施工项目的特点,合理选择人力资源。在项目质量控制中,应重点考虑人的技术水平、心理行为、生理缺陷、错误行为等。

对人的控制,主要措施和途径如下。

(1) 合理组建项目管理机构,因事设岗,配备合适的管理人员。

(2) 加强对现场管理人员和作业人员的质量意识教育。提高全体人员的质量意识,落实质量管理体系各项要求,明确质量责任制。

(3) 做好项目成员的素质培训工作,做好项目质量管理的基础性工作,对全体成员进行质量教育、标准化教育,统一法定计量单位,做好量值传递,保证量值的统一,对质量信息做好记录。

(4) 进场人员必须经过三级教育方可上岗,特种作业人员必须经过专业培训并且考试合格才能上岗。

(5) 制定严格的现场管理制度和生产纪律,规范人的行为。

(6) 建立公平合理的激励机制和良好的沟通交流渠道,充分调动人的积极性。

2. 对机械设备的控制

机械设备是实施建筑工程项目施工的物质基础,在现代化施工中必不可少。机械设备是否适用、先进和合理,将直接影响工程项目的施工进度和质量。施工中,要根据不同工艺特点和技术要求,选用合适的机械设备,正确使用、管理和保养机械设备。为此要健全人机固定、操作证、技术保养、岗位责任、交接班、安全使用和机械设备检查制度,并严格执行。对机械设备的控制要点如下。

(1) 按照技术先进、经济合理、生产适用、性能可靠、使用安全的原则选择施工机械设备。

(2) 从施工需要和保证质量的要求出发,正确确定机械设备的类型和主要性能参数。

(3) 在施工过程中,定期对施工机械设备进行检查和校正。

3. 对材料的控制

材料是工程项目的物质基础,也是工程项目实体的重要组成部分。项目质量控制的基础就是做好对材料的控制。材料质量不合格或选择、使用不当,均会影响工程质量甚至造成事故。因此,加强材料控制,是提高工程质量的重要保证。

材料控制主要是严格检查验收,正确合理使用,建立管理台账,进行收、发、储、运等各环节的技术管理,避免将不合格的材料用于工程。材料控制应抓好以下环节。

（1）材料采购。根据工程特点、施工要求、施工合同及材料的适用范围、性能、价格综合考虑并选购材料。收集和掌握材料的信息，通过分析论证优选供应商。合理组织材料供应，确保工程正常施工。

（2）材料检验。检验方法有书面检验、外观检验、理化检验和无损检验四种，材料的质量检验程序分免检、抽检和全部检查三种。应严格按规范、标准进行材料检验，确保材料质量。

（3）材料的仓储和使用。应重视材料的仓储和使用管理，以避免材料变质或误用材料造成质量问题，应合理调度材料，避免材料大量积压，对材料按不同类别摆放、挂牌，并在使用材料时现场监督。

4. 对施工方法的控制

施工方法主要包括施工方案、施工工艺、施工组织设计、施工技术措施等。施工方法的控制要点如下。

（1）施工方案应随工程进展而不断细化和深化。

（2）应制定几个可行的方案，分析各方案的主要优缺点，经对比、讨论、研究后，选择最佳方案。

（3）对主要项目、关键部位和难度较大的项目，应充分估计可能发生的施工质量问题并制定应急预案。

5. 对施工环境的控制

良好的施工环境，对于保证工程质量和施工安全，实现文明施工，树立企业良好社会形象，都有重要作用。应根据工程特点和具体条件采取有效的措施对影响工程质量的环境因素严加控制。

影响工程质量的环境因素主要包括自然环境和管理环境。

（1）对自然环境的控制。制定主要方案时应充分考虑施工现场水文、地质和气象情况，建立文明施工和生产环境，保持材料、工具堆放有序，道路畅通，工作场所清洁整齐，施工程序井井有条。

（2）对管理环境的控制。根据合同结构，理顺各参建单位之间的管理关系，建立施工组织系统和质量管理综合运行机制。还应创造和谐且有归属感的工作环境，加强项目团队文化建设，创造良好的人文环境。

4.3.4　项目质量控制的统计分析方法

数据是质量控制的基础,质量管理的一条原则是:一切用数据说话。质量数据的统计分析就是将收集的工程质量数据进行整理,经过统计分析,找出规律,发现存在的质量问题,进一步分析影响质量的原因,采取相应的对策与措施,使工程质量处于受控状态。

利用统计分析方法控制项目质量分为以下 3 个步骤。

(1)调查和整理:根据存在的质量问题收集数据,利用一定的统计方法将收集到的数据加以整理和归档。

(2)分析:对经过整理、归档的数据进行统计分析,研究统计规律。

(3)判断:根据统计分析的结果,对总体的现状或发展趋势做出有科学根据的判断。

在项目的质量控制过程中,可应用的统计分析方法很多,常用的主要有 7 种统计分析方法(或称 7 种工具)。

1.　直方图法

直方图又称柱状图、频数分布直方图。它是一种几何图,根据从生产过程中收集的质量数据分布情况,画出以组号为横轴、以频数为纵轴的一系列连接起来的直方图,如图 4.8 所示。

直方图法是将质量数据(或频率)的分布状态用直方图来表示,根据直方图的分布形状和公差界限来观察、分析质量分布规律,判断生产过程是否正常的有效方法。直方图法还可用于估计工序不合格品率,制定质量标准,确定公差范围,评价施工管理水平,等等。

具体来说,直方图法的作用有:判断一批已加工完毕的产品质量;验证工序的稳定性;为计算工序不合格品率搜集数据。

直方图法的缺点是不能反映质量动态变化;而且要求收集的数据较多(50~100 个),否则难以体现质量分布规律。

2.　因果分析图法

因果分析图是逐层深入地分析质量问题产生原因的有效工具,也称特性要因图、鱼刺图等。

因果分析图由质量特征、要因、主干、枝干等组成。其绘制方法为:将要分析

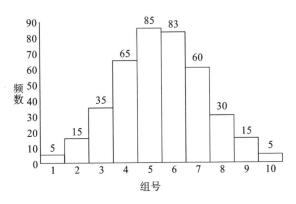

图 4.8　直方图

的质量问题放在右侧,用一条带箭头的主干指向要分析的质量问题。在工程实践中,一般从人、机、料、法、环五方面进行分析,也就是所谓的"大原因",然后对这五方面进一步分解,形成"中原因""小原因",把这些原因依照次序分别用主干、大枝、中枝和小枝图形表示出来,如图 4.9 所示,便可一目了然地观察出质量问题的产生原因。

　　因果分析图法可以帮助制定对策,解决工程质量问题,以达到控制质量的目的。

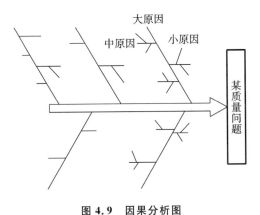

图 4.9　因果分析图

3. 排列图法

　　排列图法又称主次因素分析图法、帕累托(Pareto)图法。它是找出影响产品质量主要因素的一种简单而有效的方法。

　　排列图是根据"关键的少数和次要的多数"的原理制作的,也就是将影响产品质量的众多因素按其对质量影响程度的大小,用直方图形按顺序排列,从而找出主要因素。

排列图由一条曲线、几个长方形、一个横轴和两个纵轴组成。横轴表示影响因素(项目);右侧纵轴表示累计频率,即不合格产品累计百分数;左侧纵轴(长方形的高度)表示频数;按照右侧纵轴画出累计频率曲线,见图 4.10。

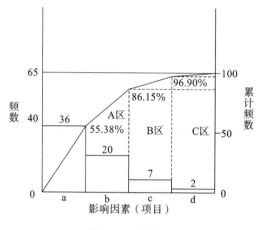

图 4.10　排列图

排列图法通常将影响因素分为 A、B、C 三类,其累计频率分别为 $0\% \sim 80\%$、$80\% \sim 90\%$、$90\% \sim 100\%$。A 类因素是主要影响因素,应作为重点管理;B 类因素为次要因素,应作为次重点管理;C 类因素属一般影响因素,常规或适当加强管理。

4. 分层法

分层法又称分类法,就是将收集到的质量数据,按统计分析的需要,进行分层整理。分层的结果使各层数据间的差异突出地显示出来,层内数据的差异较小。在此基础上进行层间、层内的比较分析,可以更深入地发现和认识质量问题的产生原因,以便采取预防措施。

分层方法有很多,可按施工方法、设备型号、生产组织者、操作者、班次、日期分类,也可按材料成分、规格、供料单位等分类。

分层法的形式和作图方法与排列图法基本一致。

5. 统计表法

在质量管理活动中,统计表是一种很好的收集数据的工具。统计表是为了掌握生产过程或施工现场的情况,根据分层的设想作出的一类记录表。统计表不仅使用方便,而且能够自行整理数据,粗略地分析原因。统计表的形式多种多样,使用场合不同、对象不同、目的不同、范围不同,统计表的表格形式、内容也不相同,可以根据实际情况选择或修改。常用的统计表有如下几种。

（1）分项工程作业质量分布调查表。

（2）不合格项目调查表。

（3）不合格原因调查表。

（4）施工质量检查评定调查表等。

混凝土空心板外观质量缺陷调查表见表4.2。

表 4.2　混凝土空心板外观质量缺陷调查表

产品名称	混凝土空心板		生产班组			
日生产总数	200 块	生产时间	年　月　日		检查时间	年　月　日
检查方式	全数检查	检查员				
项目名称	检查记录			合计		
露筋	正正			10		
蜂窝	正正一			11		
孔洞	正一			6		
裂缝	一			1		
其他	正一			6		
总计	34					

6. 相关图法

产品质量与影响质量的因素(如混凝土强度与水灰比)常常有一定的依存关系,但不是严格的函数关系,这种依存关系称为相关关系。相关图是用来显示两组质量因素之间关系的一个有效工具,它用直角坐标系把两种质量因素间的相关关系及密切程度表示出来,通过控制容易测定的因素达到控制不易测定的因素的目的。相关图法又称散布图法。相关图的形式主要如下。

（1）正相关:当 x 增大时,y 也增大,见图 4.11(a)。

（2）负相关:当 x 增大时,y 减少,见图 4.11(b)。

（3）非线性相关:x 与 y 呈曲线关系,见图 4.11(c)。

（4）无相关:x 与 y 没有特别的关系,见 4.11 图(d)。

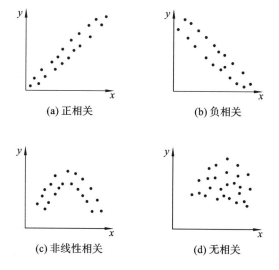

图 4.11　相关图

　　使用相关图法时,除了绘制相关图之外,还必须计算相关系数,以确定两种因素之间关系的密切程度。相关系数 R 的计算公式如下:

$$R = \frac{S(xy)}{\sqrt{S(xx)S(yy)}} \tag{4.1}$$

$$S(xx) = \sum (x-\bar{x})^2 = \sum x^2 - \frac{\left(\sum x\right)^2}{n} \tag{4.2}$$

$$S(yy) = \sum (y-\bar{y})^2 = \sum y^2 - \frac{\left(\sum y\right)^2}{n} \tag{4.3}$$

$$S(xy) = \sum (x-\bar{x})^2 \times (y-\bar{y}) = \sum xy - \frac{\left(\sum x \times \sum y\right)}{n} \tag{4.4}$$

　　相关系数可以为正、也可以为负,正值表示正相关、负值表示负相关。相关系数的绝对值总在 0～1 之间,绝对值越大,表示两种因素之间关系越密切。

7. 管理图法

　　管理图又叫控制图,由美国贝尔实验室的休哈特博士于 1924 年首次提出,它是描述生产过程中产品质量波动状态的图形。

　　质量波动的两种情况中,偶然因素导致的质量波动是随机的、异常的,系统性因素引起的质量波动是有规律的、正常的。管理图法就是通过观察质量波动的特征,查找异常波动,排除偶然因素,使生产过程处于正常的受控状态。

管理图的基本形式如图 4.12 所示。纵轴为受控对象,即质量特性值;横轴为样本序号或抽样时间。管理图上一般有三条线:上限控制线 UCL,下限控制线 LCL,中心线 CL。中心线在质量特性值的平均值位置,上限及下限控制线之间是质量特性值的允许波动范围。

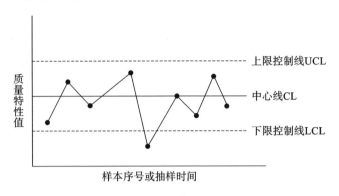

图 4.12　管理图

根据数理统计的原理,考虑经济的原则,一般采用"三倍标准偏差法"来确定控制线,即将中心线定在质量特征值的平均值位置,以中心线为基准分别向上、向下各取三倍质量特征值的标准偏差,得出上限、下限控制线。

管理图分为计量值管理图和计数值管理图两类。其中计量值管理图适用于质量管理中的计量数据,如长度、强度、湿度、温度等;计数值管理图则适用于计数数据,如不合格的点数、件数等。

4.4　项目质量验收

4.4.1　施工过程质量验收

随着社会经济的飞速发展,建筑工程项目出现了大规模化、复杂化、建设周期长的特点,这对项目验收提出了新的要求。施工质量验收分为检验批、分项工程、分部(子分部)工程、单位(子单位)工程的质量验收。检验批和分项工程是质量验收的基本单元,它们在施工过程中随完工随验收,并留下完整的质量验收记录和资料。分部(子分部)工程是在全部分项工程质量验收的基础上进行质量验收的。单位(子单位)工程是具有独立使用功能的完整的建筑产品,要对其进行竣工验收。

1. 施工过程质量验收合格的条件

（1）检验批质量验收。

检验批是指按同样的生产条件或规定的方式汇总起来供检验用的，由一定数量样本组成的检验体。检验批是施工质量验收的最小单位，是分项工程质量验收的基础。检验批可以根据施工及质量控制和专业验收需要，按楼层、施工段、变形缝等划分。例如，建筑工程的地基工程中的分项工程一般划分为一个检验批；单层建筑工程中的分项工程可按变形缝等划分检验批，多层及高层建筑工程主体分部的分项工程可按楼层或施工段等划分检验批。

检验批质量合格应符合下列规定：①主控项目和一般项目的质量经抽样检验合格；②具有完整的施工操作依据、质量检查记录。

主控项目是指建筑工程中对安全、卫生、环境保护和公共利益有决定性作用的检验项目。除主控项目外的其他项目称为一般项目。例如，混凝土结构工程中，安装钢筋时受力钢筋的品种、级别、规格和数量必须符合设计要求，安装现浇结构的上层模板及其支架时下层模板应具有承受上层荷载的承载能力或加设支架，这些都是主控项目。钢筋的接头宜设置在受力较小处，钢筋应平直、无损伤等都是一般项目。

（2）分项工程质量验收。

分项工程由一个或若干个检验批组成，通常按主要工种、材料、施工工艺、设备类别进行划分。分项工程的质量验收在检验批验收的基础上进行，一般情况下，两者具有相同或相近的性质，只是批量的大小不同。通常，只要构成分项工程的各检验批质量验收记录和资料完整，并且均已验收合格，则分项工程质量验收合格。

分项工程质量合格应符合下列规定：①分项工程所含检验批均应符合质量合格的规定；②分项工程所含检验批的质量验收记录应完整。

（3）分部（子分部）工程质量验收。

分部工程的划分按专业性质、建筑部位确定。当分部工程较大或较复杂时，可将分部工程划分为若干子分部工程。

分部（子分部）工程质量合格应符合下列规定：①分部（子分部）工程所含分项工程的质量均已验收合格；②质量控制资料应完整；③地基与基础、主体结构和设备安装等分部工程有关安全及功能的检验和抽样检测结果应符合有关规定；④观感质量验收应符合要求。

观感质量是指通过观察和必要的测量所反映的工程外在质量。通常观感质量验收难以定量,并不能给出"合格"或"不合格"的结论,而是给出"好""一般"和"差"三种结论。对于"差"的分部(子分部)工程,应通过返修处理等措施进行补救。

2. 施工过程质量验收的程序

(1)检验批和分项工程质量验收的程序。

检验批和分项工程质量验收通常由监理工程师(或建设单位项目负责人)负责组织。施工单位先填好检验批和分项工程质量验收记录,项目专业质量(技术)负责人在检验批和分项工程质量检验记录的相关栏目中签字,然后由监理工程师严格按照规定程序进行验收。

(2)分部(子分部)工程质量验收的程序。

分部(子分部)工程应由总监理工程师(或建设单位项目负责人)组织施工单位项目负责人和技术、质量负责人等进行验收。地基基础、主体结构要求严格且技术性强,因此,涉及地基基础、主体结构分部(子分部)工程的质量验收,相关的勘察、设计单位项目负责人和施工单位技术、质量负责人也应参与。

3. 施工过程质量验收不合格的处理

施工过程的质量验收以检验批为基本验收单元。不合格的判定应当以规范标准和设计文件为依据。在具体建筑工程项目中,符合规范标准的检测指标是存在的,具有质量缺陷的检验批也是存在的。实际上,建筑工程施工过程中发现的问题多数可以及时处理,从而达到规范标准的规定。为此,《建筑工程施工质量验收统一标准》(GB 50300—2013)规定对施工质量不符合要求的检验批可以通过返工、鉴定、复核、加固等办法进行处理。经返修或加固处理仍不能满足安全或重要使用要求的分部工程及单位工程,严禁验收。

4.4.2　项目竣工验收

建筑工程项目竣工验收是指施工承包单位将竣工建筑工程以及有关资料移交给业主单位或监理单位,并接受业主单位对建筑工程质量和有关资料的一系列审查验收工作的总称。工程竣工验收是工程项目管理的最终环节,也是建设投资转入生产或使用的标志。单位工程是工程项目竣工验收的基本对象。

建筑工程项目管理

1. 竣工验收的依据和标准

(1) 依据。

①工程项目建设和批复文件。

②工程承包合同、招投标文件、协作配合协议。

③设计文件、工程施工图纸。

④现行施工及验收规程、规范,质量评定标准。

⑤图纸会审记录、设计变更签证、中间验收资料等。

⑥施工单位提供的质量保证文件和技术资料等。

⑦建设法律法规等。

(2) 标准。

国家有关部门针对各类建设项目颁布了相应的竣工验收标准,主要如下。

①《建筑地基基础工程施工质量验收标准》(GB 50202—2018)。

②《砌体结构工程施工质量验收规范》(GB 50203—2011)。

③《混凝土结构工程施工质量验收规范》(GB 50204—2015)。

④《钢结构工程施工质量验收标准》(GB 50205—2020)。

⑤《木结构工程施工质量验收规范》(GB 50206—2012)。

⑥《屋面工程质量验收规范》(GB 50207—2012)。

⑦《地下防水工程质量验收规范》(GB 50208—2011)。

⑧《建筑地面工程施工质量验收规范》(GB 50209—2010)。

⑨《建筑装饰装修工程质量验收标准》(GB 50210—2018)。

⑩《建筑给水排水及采暖工程施工质量验收规范》(GB 50242—2002)。

⑪《通风与空调工程施工质量验收规范》(GB 50243—2016)。

⑫《建筑电气工程施工质量验收规范》(GB 50303—2015)。

⑬《电梯工程施工质量验收规范》(GB 50310—2002)。

具体验收时应严格遵循相关的现行标准。

2. 竣工验收的要求

(1) 竣工验收应在施工单位自行检查评定的基础上进行。

(2) 参加竣工验收的各方人员,应具有规定的资格。

(3) 应符合工程勘察、设计文件的要求。

(4) 隐蔽工程应在隐蔽前由施工单位通知有关单位进行验收,并形成验收

108

文件。

（5）单位工程施工质量应符合相关验收规范。

（6）涉及结构安全的材料及施工内容，应有按照规定对材料及施工内容进行见证取样检测的资料。

（7）对涉及结构安全和使用功能的重要工程，应进行功能性抽样检测。

（8）工程外观质量应由验收人员现场检查后共同确认。

3．项目竣工验收合格的条件

（1）单位（子单位）工程所含分部（子分部）工程的质量均应验收合格。

（2）质量控制资料应完整。

（3）单位（子单位）工程所含分部工程有关安全和功能的检测资料应完整。

（4）主要功能项目的抽查结果应符合相关专业质量验收规范的规定。

（5）观感质量验收应符合要求。

4．竣工验收的程序

建筑工程项目竣工验收，可分为分包工程验收、竣工预验收和正式验收三个环节。整个验收过程涉及建设单位、勘察单位、设计单位、监理单位及施工总分包各方，必须按照项目质量控制系统的职能分工，以建设单位为核心进行竣工验收的组织和协调。

（1）分包工程验收。

单位工程中的分包工程完工后，分包单位应对所承包的工程进行自检，并应按规定的程序进行验收。验收时，总包单位应派人参加。分包单位应将所承包工程的质量控制资料整理完整，并移交给总包单位。

（2）竣工预验收。

当单位工程达到竣工验收条件后，施工单位应在施工队、项目经理部、公司内部三级自查、自评工作完成后，向监理单位提交验收申请报告，申请竣工验收。总监理工程师应组织各专业监理工程师，参照建筑工程合同要求和验收标准，认真审查竣工资料，并对各专业实体工程的质量情况进行全面检查。对检查出的问题，应督促施工单位及时改正。对须进行功能试验的项目（包括单机试车和无负荷试车），监理工程师应督促施工单位及时进行试验，并对重要项目进行监督、检查，必要时请建设单位和设计单位参与检查，监理工程师应认真审查试验报告单并督促施工单位做好成品保护和现场清理工作。

（3）正式验收。

项目监理机构对竣工资料及工程实体全面检查、验收合格后，监理工程师应向建设单位报送施工单位的验收申请报告，同时负责组织使用单位、施工单位、勘察单位、设计单位以及其他方面的专家组成竣工验收组并制定验收方案。

建设单位应在正式验收前 7 个工作日将验收时间、地点、验收组名单通知该工程的工程质量监督机构。在规定的竣工验收日，参与正式验收的人员应到场进行现场检测，并召开现场验收会议。竣工验收签证书必须由业主单位、承建单位和监理单位三方签字方可生效。参加验收各方对竣工验收意见不一致时，可请当地建设行政主管部门或工程质量监督机构协调处理。

5. 竣工验收备案

我国实行建设工程竣工验收备案制度。单位工程质量验收合格后，建设单位应在规定时间内报建设行政主管部门备案。具体要求如下。

（1）凡在中华人民共和国境内新建、扩建和改建的各类房屋建筑工程和市政基础设施工程的竣工验收，均按《建设工程质量管理条例》规定进行备案。

（2）国务院建设行政主管部门和有关专业部门负责全国工程竣工验收的监督管理工作。县级以上地方人民政府建设行政主管部门负责本行政区域内工程的竣工验收备案管理工作。

（3）建设单位应当自工程竣工验收合格之日起 15 日内，将建设工程竣工验收报告和规划、公安、消防、环保等部门出具的认可或准许使用文件，向备案部门（建设行政主管部门或其他相关部门）申请办理工程竣工验收备案手续。

（4）备案部门在收到备案文件资料后的 15 日内，对文件资料进行审查，对符合要求的工程在验收备案表上加盖"竣工验收备案专用"章，并将一份验收备案表退建设单位存档。若审查中发现建设单位在竣工验收过程中有违反国家有关建设工程质量管理规定行为的，责令其重新组织竣工验收。

（5）若建设单位延期办理验收备案手续，备案部门可责令建设单位限期改正，并处 20 万元以上 30 万元以下的罚款；若工程未实施备案擅自交付使用，除责令建设单位停止使用外，应处工程合同价款 2% 以上 4% 以下的罚款；建设单位采用虚假证明文件办理的验收备案手续，视为无效；若重新组织竣工验收及备案造成使用人损失，由建设单位依法承担赔偿责任，构成犯罪的，还应依法追究其刑事责任。

4.5　项目质量改进和质量事故的处理

4.5.1　项目质量改进

对于建筑工程项目,应利用质量方针、质量目标定期分析和评价项目的质量管理状况,识别质量改进区域,确定质量改进目标,实施选定的解决办法,改进质量管理体系的有效性。

1．改进的步骤

(1)分析和评价现状,以识别改进区域。

(2)确定改进目标。

(3)寻找可能的解决办法以实现改进目标。

(4)评价这些解决办法并做出选择。

(5)实施选定的解决办法。

(6)测量、验证、分析和评价实施的结果,以确定改进目标已经实现。

(7)正式采纳更正(即形成正式的规定)。

(8)必要时,对结果进行评审,以寻求进一步改进的机会。

2．改进的方法

(1)通过建立和实施质量目标,营造激励改进的氛围和环境。

(2)确立质量目标以明确改进方向。

(3)通过数据分析、内部审核,不断寻求改进的机会,并做出适当的改进活动安排。

(4)通过纠正和预防措施及其他适用的措施实现改进。

(5)在管理评审中评价改进效果,确定新的改进目标。

3．改进的内容

持续改进的范围包括质量管理体系、过程和产品三个方面,改进的内容涉及产品质量、日常工作和企业长远目标,不仅必须纠正、改正不合格的,目前也要不断改进合格但不符合发展需要的。

4.5.2 项目质量事故的处理

1. 项目质量事故的概念

（1）质量不合格。

根据相关规定,工程没有满足某个规定的要求,称为质量不合格;工程没有满足某个预期使用要求或合理的期望（包括安全性方面）要求,称为质量缺陷。

（2）质量问题。

工程质量不合格,必须进行返修、加固或报废处理,由此造成直接经济损失低于 5000 元的称为质量问题。

（3）质量事故。

工程质量不合格,必须进行返修、加固或报废处理,由此造成直接经济损失在 5000 元（含 5000 元）以上的称为质量事故。

2. 项目质量事故的分类

质量事故具有复杂性、严重性、可变性和多发性的特点,所以,项目质量事故的分类有多种,一般可按以下方法进行分类。

（1）按事故造成损失严重程度分类。

①一般质量事故,指经济损失在 5000 元（含 5000 元）以上,不满 5 万元的;影响使用功能或工程结构安全,造成永久质量缺陷的。

②严重质量事故,指直接经济损失在 5 万元（含 5 万元）以上,不满 10 万元的;严重影响使用功能或工程结构安全,存在重大质量隐患的;事故性质恶劣或造成 2 人以下重伤的。

③重大质量事故,指工程倒塌或报废的;造成人员死亡或重伤 3 人以上的;直接经济损失 10 万元以上的。

④特别重大质量事故,指造成 30 人以上死亡,或直接经济损失达 500 万元及以上,或其他性质特别严重的。

（2）按事故责任分类。

①指导责任事故,指工程实施指导人员或领导失误而造成的质量事故。例如,工程负责人片面追求施工进度,放松或不按质量标准进行质量控制和检验,降低施工质量标准造成的事故等。

②操作责任事故,指在施工过程中,实施操作者不按规程和标准实施操作而

造成的质量事故。例如,浇筑混凝土时随意加水或振捣疏漏造成混凝土质量事故等。

(3)按质量事故产生的原因分类。

①技术原因引发的质量事故,指在工程项目实施中设计、施工在技术上的失误而引起的质量事故。例如结构设计计算错误,地质情况估计错误,采用了不适宜的施工方法或施工工艺等。

②管理原因引发的质量事故,指管理上的不完善或失误引发的质量事故。例如,施工单位或监理单位的质量管理体系不完善,检验制度不严密,质量控制不严格,质量管理措施落实不力,检测仪器设备管理不善而失准,材料检验不严等。

③经济原因引发的质量事故,指经济因素以及社会上存在的弊端和不正之风引起建设中的错误行为而导致的质量事故。例如,某些施工企业盲目追求利润而不顾工程质量,在投标报价中随意压低标价,中标后则依靠违法的手段或修改方案追加工程款或偷工减料等,往往会导致出现重大工程质量事故,必须予以重视。

3. 项目质量事故的处理程序

(1)事故调查。

事故发生后,施工项目负责人应按规定的时间和程序,及时向企业报告事故的状况,积极组织事故调查。事故调查应及时、客观、全面,以便为事故的分析与处理提供正确的依据。要将调查结果整理撰写成事故调查报告,其主要内容包括:工程概况;事故情况;事故发生后所采取的临时防护措施;事故调查中的有关数据、资料;事故原因分析与初步判断;事故处理的建议方案与措施;事故涉及人员与主要责任者的情况;等等。

(2)事故原因分析。

事故的原因分析要建立在事故调查的基础上,避免情况不明就主观推断事故的原因。特别是涉及勘察、设计、施工、材料和管理等方面的质量事故,往往事故的原因错综复杂,因此,必须对调查所得到的数据、资料进行仔细的分析,去伪存真,找出事故的主要原因。

(3)制定事故处理方案。

事故的处理要建立在事故原因分析的基础上,广泛地听取专家及有关方面的意见,经科学论证,决定是否对事故进行处理和怎样处理。在制定质量事故处

理方案时,应做到安全可靠、技术可行、不留隐患、经济合理,具有可操作性,满足建筑功能和使用要求。

(4)事故处理。

根据制定的质量事故处理方案,对质量事故进行认真的处理。处理的内容主要包括:事故的技术处理,以解决施工质量不合格和缺陷问题;事故的责任处罚,根据事故的性质、损失大小、情节轻重对事故的责任单位和责任人做出相应的行政处分直至追究刑事责任。

(5)事故处理的鉴定验收。

质量事故的处理是否达到预期的目的,是否依然存在隐患,应当通过检查鉴定和验收来确认。事故处理的检查鉴定,应严格按施工验收规范和相关的质量标准的规定进行,必要时还应通过实际测量、试验和仪器检测等方法获取必要的数据,以便准确地对事故处理的结果做出鉴定。事故处理后,必须尽快提交完整的事故处理报告,其内容包括:事故调查的原始资料、数据;事故原因分析、论证;事故处理的依据;事故处理的方案及技术措施;实施质量处理中有关的数据、记录、资料;检查验收记录;事故处理的结论等。

4. 项目质量事故的处理方法

(1)修补处理。

当工程的某些部分的质量虽未达到相关规范、标准或设计的要求,存在一定的缺陷,但经过修补后可以达到质量标准,又不影响使用功能或外观时,可采取修补处理的方法。

例如,某些混凝土结构表面出现蜂窝、麻面,经调查分析,该部位经修补处理后,不会影响其使用功能及外观;混凝土结构受撞击、局部未振实、冻害、火灾、酸类腐蚀、碱集料反应等仅仅在结构的表面或局部,不影响其使用功能和外观时,可进行修补处理。混凝土结构出现的裂缝,经分析研究后如果不影响结构的安全和使用时,也可采取修补处理。例如,当裂缝宽度不大于 0.2 mm 时,可采用表面密封法处理;当裂缝宽度大于 0.3 mm 时,采用嵌缝密闭法处理;当裂缝较深时,则应采取灌浆修补的方法处理。

(2)加固处理。

加固处理主要是针对危及承载力的质量缺陷的处理。对缺陷的加固处理可使建筑结构恢复或承载力提高,重新满足结构安全性、可靠性的要求,使结构能继续使用或用于其他用途。例如,对混凝土结构常用的加固处理方法主要有增大截面加固法、外包角钢加固法、粘钢加固法、增设支点加固法、增设剪力墙加固法、预应力加固法等。

（3）返工处理。

当工程质量缺陷经过修补处理后仍不能满足规定的质量标准要求，或不具备补救可能性时，则必须采取返工处理。

例如，某工厂设备基础的混凝土浇筑时，因施工管理不善，木质素磺酸钙减水剂掺量是规定值的 7 倍，导致混凝土坍落度大于 180 mm，石子下沉，混凝土结构不均匀，浇筑后 5 天仍然不凝固硬化，28 d 混凝土实际强度不到规定强度的 32%，不得不返工重浇。

（4）限制使用。

当工程质量缺陷经修补处理后仍无法达到规定的使用要求和安全要求，而又无法返工处理时，不得已时可做出诸如结构卸荷或减荷以及限制使用的决定。

（5）不做处理。

某些工程质量虽然达不到规定的要求或标准，但其质量问题情况不严重，对工程或结构的使用及安全影响很小，经过分析、论证、法定检测单位鉴定和设计单位等认可后，可不做处理。一般可不做处理的情况有以下四种。

①不影响结构安全、生产工艺和使用要求的。例如，有的工业建筑物出现放线定位的偏差，且严重超过规范及标准的规定，若要纠正，会造成重大经济损失，但经过分析、论证，其偏差不影响生产工艺和正常使用，对外观也无明显影响，可不做处理。又如，某些部位的混凝土表面的裂缝，经检查分析，属于表面养护不够的干缩微裂，不影响使用和外观，也可不做处理。

②后续工序可以弥补的。例如，混凝土结构表面的轻微麻面，可通过后续的抹灰、刮涂、喷涂等弥补，也可不做处理。又如，混凝土现浇楼面的平整度偏差达到 10 mm，但后续垫层和面层施工时可以弥补，也可不做处理。

③法定检测单位鉴定合格的。例如，某检验批混凝土试块强度值不满足规范要求，强度不足，但经法定检测单位对混凝土实体强度进行实际检测后，其实际强度达到规范允许和设计要求值时，可不做处理；经检测虽未达到设计强度，但相差不多时，经分析论证，只要使用前经再次检测达到设计强度，也可不做处理，但应严格控制施工荷载。

④出现的质量缺陷，经检测鉴定达不到设计要求，但经原设计单位核算，仍能满足结构安全和使用功能的。例如，某一结构构件截面尺寸不足，或材料强度不足，影响结构承载力，但按实际情况进行复核验算后，仍能满足设计要求的承

载力时,可不做处理。

（6）报废处理。

出现质量事故的工程,通过分析或实践,采取上述处理方法后仍不能满足规定的质量要求或标准,则必须报废处理。

第5章 建筑工程项目职业健康安全管理

5.1 项目职业健康安全管理概述

5.1.1 项目职业健康安全管理的概念和特点

1. 项目职业健康安全管理的概念

项目职业健康安全是指影响特定人员健康和安全因素的总和。特定人员既包括工作场所内的正式员工、临时工、合同方人员,也包括进入工作场所的参观访问人员和其他人员。影响项目职业健康安全的主要因素有:物的不安全状态、人的不安全状态、环境因素和管理缺陷。

项目职业健康安全管理是为了实现项目职业健康安全管理目标,针对危险源和风险的管理活动,涉及组织机构、策划活动、职责、惯例、程序过程和资源等。

2. 项目职业健康安全管理的特点

(1)项目固定,施工流动性大,没有固定的、良好的操作环境和空间,施工作业条件差,不安全因素多,导致施工现场的职业健康安全管理比较复杂。

(2)项目体形庞大,露天作业和高空作业多,因此工程施工要更加注重自然气候条件和高空作业对施工人员的职业健康安全的影响。

(3)项目的单件性,使施工作业形式多样化,工程施工受产品形式、结构类型、地理环境、地区经济条件等影响较大。因此施工现场的职业健康安全管理的实施不能生搬硬套,必须根据项目形式、结构类型、地理环境、地区经济不同而进行调整。

(4)项目生产周期长,消耗的人力、物力和财力大,必然使施工单位考虑降低工程成本,从而影响职业健康安全管理的费用支出,造成施工现场的职业健康

安全问题时有发生。

（5）项目的生产涉及的内部专业多、外界单位广、综合性强，使施工生产的自由性、预见性、可控性及协调性在一定程度上比一般产业困难。这就要求施工方做到各专业之间、单位之间互相配合，要注意施工过程中的材料交接、专业接口部分对职业健康安全管理的影响。

（6）手工作业和湿作业多，机械化水平低，劳动条件差，工作强度大，环境污染因素多，对施工现场的职业健康安全影响较大。

（7）施工作业人员文化素质低，并处在动态调整的不稳定状态中，给施工现场的职业健康安全管理带来不利的影响。

5.1.2　项目职业健康安全管理体系

1. 项目职业健康安全管理体系的概念及运行模式

1993 年，国务院在《关于加强安全生产工作的通知》中提出实行"企业负责、行业管理、国家监察和群众监督"的安全生产管理体制。实践证明，该体制是适应我国市场经济体制要求的，同时也符合国际惯例。企业在其经营活动中必须对本企业的安全生产负全面责任；各级行业主管部门对用人单位的职业健康安全管理工作应充分发挥管理作用；各级政府部门对用人单位遵守职业健康安全法律、法规的情况实施监督检查，并对用人单位违反职业健康安全法律、法规的行为实施行政处罚；工会依法对用人单位的职业健康安全管理工作实行监督；劳动者对用人单位违反职业健康安全法律、法规和危害劳动者生命及身体健康的行为，有权提出批评、检举和控告；全体员工素质的高低，决定劳动者能否自觉履行自己的安全法律责任。

职业健康安全管理体系是全部管理体系中专门管理健康安全工作的部分，它是继 ISO9000 系列质量体系和 ISO14000 系列环境管理体系之后又一个重要的标准化管理体系。实施职业健康安全管理体系的目的是辨别内部存在的危险源，控制其所带来的风险，从而避免或减少事故的发生。

项目职业健康安全管理体系是企业总体管理体系的一部分，《职业健康安全管理体系　要求及使用指南》（GB/T 45001—2020）作为我国推荐性的职业健康安全管理体系标准，目前普遍被企业采用，用于建立项目职业健康安全管理体系。该标准内容覆盖了国际上的 OHSAS18000 体系标准内容。

为适应现代职业健康安全管理的需要，在确定职业健康安全管理体系模式时,要按系统理论管理职业健康安全及相关事务,以达到预防和减少生产事故和劳动疾病的目的。具体做法是采用一个动态循环并螺旋上升的系统化管理模式,即系统化的戴明模型,其运行模式如图5.1所示。

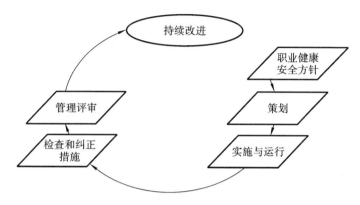

图5.1　项目职业健康安全管理体系运行模式

2. 项目职业健康安全管理体系的作用

(1) 为企业提高职业健康安全绩效提供一个科学、有效的管理手段。

(2) 有助于推动职业健康安全法规和制度的贯彻执行。职业健康安全管理体系要求企业必须对遵守法律、法规做出承诺,并定期进行评审,以判断其遵守的情况。

(3) 能使企业的职业健康安全管理由被动强制行为转变为主动自愿行为,从而促进企业职业健康安全管理水平的提高。

(4) 可以促进我国职业健康安全管理体系标准与国际接轨,有助于消除贸易壁垒。

(5) 不仅可以明显提高企业安全生产的管理水平和管理效益,还可以改善劳动作业条件,有利于劳动者的身心健康,从而明显提高劳动效率。

(6) 职业健康安全管理体系要求企业必须对员工进行系统的安全培训,这将使全民的安全意识得到很大的提高。

(7) 不仅可以强化企业的安全管理;还可以完善企业的安全生产自我约束机制,使企业具有强烈的社会关注力和责任感,对现代企业树立良好形象具有非常重要的促进作用。

119

5.2 项目职业健康安全事故的分类和处理

5.2.1 项目职业健康安全事故的分类

项目职业健康安全事故有两大类型,即职业伤害事故与职业病。职业伤害事故是指生产过程及工作原因或与其相关的其他原因造成的伤亡事故,职业伤害事故可按照事故发生的原因和事故后果的严重程度进行分类。职业病是指经诊断因从事接触有毒有害物质的工作或在不良环境中工作而患的急、慢性疾病。

1. 职业伤害事故分类

(1) 按照事故发生的原因分类。

按照《企业职工伤亡事故分类》(GB 6441—1986)的规定,职业伤害事故分为以下 20 类。

①物体打击,指落物、滚石、锤击、碎裂、崩块、砸伤等造成的人身伤害,不包括爆破引起的物体打击。

②车辆伤害,指被车辆挤、压、撞和车辆倾覆等造成的人身伤害。

③机械伤害,指被机械设备或工具绞、碾、碰、割、戳等造成的人身伤害,不包括车辆、起重设备造成的伤害。

④起重伤害,指从事各种起重作业时发生的机械伤害,不包括上、下驾驶室发生的坠落伤害,起重设备引起的触电及检修时制动失灵造成的伤害。

⑤触电,指电流经过人体导致的生理伤害,包括雷击伤害。

⑥淹溺,指水或其他液体大量从口、鼻进入肺内,导致呼吸道阻塞,发生急性缺氧而窒息死亡。

⑦灼烫,指火焰引起的烧伤、高温物体引起的烫伤、强酸或强碱引起的灼伤、放射线引起的皮肤损伤,不包括电烧伤及火灾事故引起的烧伤。

⑧火灾,指火灾造成的烧伤、窒息、中毒等。

⑨高处坠落,指危险势能差引起的伤害,包括从架子、屋架上坠落以及平地坠入坑内等。

⑩坍塌,指建筑物、堆置物倒塌以及土石塌方等引起的事故。

⑪冒顶片帮,指矿井作业面、巷道侧壁由于支持不当、压力过大造成的坍塌

(片帮)以及顶板垮落(冒顶)事故。

⑫透水,指从事矿山、地下开采或其他坑道作业时,有压地下水意外大量涌入而造成的伤亡事故。

⑬放炮,指放炮作业引起的伤亡事故。

⑭火药爆炸,指火药的生产、运输、储藏过程中发生的爆炸。

⑮瓦斯爆炸,指可燃气体瓦斯、煤粉与空气混合,接触火源时引起的化学爆炸。

⑯锅炉爆炸,指锅炉内部压力超出炉壁的承受能力引起的物理爆炸。

⑰容器爆炸,指压力容器内部压力超出容器壁所能承受的压力引起的物理爆炸,容器内部可燃气体泄漏并与周围空气混合遇火源而发生的化学爆炸。

⑱其他爆炸,包括其他化学爆炸、炉膛爆炸、钢水包爆炸等。

⑲中毒和窒息,指煤气、油气、沥青、化学品、一氧化碳中毒等。

⑳其他伤害,包括扭伤、跌伤、冻伤、野兽咬伤等。

(2) 按事故后果严重程度分类。

①轻伤事故,指造成职工肢体或某些器官功能性或器质性轻度损伤,表现为劳动能力轻度或暂时丧失的伤害事故,一般每个受伤人员休息 1 个工作日以上,105 个工作日以下。

②重伤事故,一般指使受伤人员肢体残缺或视觉、听觉等器官受到严重损伤,使人体长期存在功能障碍或劳动能力有重大损失的伤害事故;或者造成每个受伤人员损失 105 个工作日以上的失能伤害事故。

③死亡事故:

重大伤亡事故,指一次事故死亡 1~2 人的事故。

特大伤亡事故,指一次事故死亡 3 人以上(含 3 人)的事故。

④急性中毒事故,指生产性毒物一次或短期内通过人的呼吸道、皮肤或消化道大量进入人体内,使人体在短时间内发生病变,导致职工必须立即中断工作,并被急救或死亡的事故。急性中毒的特点是发病快,一般不超过 1 个工作日,有的毒物因毒性有一定的潜伏期,可能在下班后数小时发病。

2. 职业病分类

2013 年发布的《职业病分类和目录》将职业病分为以下 10 大类。

(1) 职业性尘肺病及其他呼吸系统疾病。矽肺、石棉肺、滑石尘肺、水泥尘肺、陶工尘肺、电焊工尘肺、棉尘病等。

（2）职业性皮肤病。接触性皮炎、光接触性皮炎、电光性皮炎、黑变病、痤疮、溃疡、化学性皮肤灼伤等。

（3）职业性眼病。化学性眼部灼伤、电光性眼炎、白内障。

（4）职业性耳鼻喉口腔疾病。噪声聋、铬鼻病、牙酸蚀病等。

（5）职业性化学中毒。铅、汞、锰、镉及其化合物中毒，苯、一氧化碳、二硫化碳中毒等。

（6）物理因素所致职业病。中暑、减压病、高原病、手臂振动病等。

（7）职业性放射性疾病。外照射放射病、内照射放射病、放射性皮肤疾病、放射性肿瘤、放射性骨损伤等。

（8）职业性传染病。炭疽、森林脑炎、布鲁氏菌病等。

（9）职业性肿瘤。石棉所致肺癌、间皮瘤，苯所致白血病，砷及其化合物所致肺癌、皮肤癌，氯乙烯所致肝血管肉瘤，等等。

（10）其他职业病。金属烟热、滑囊炎等。

5.2.2　项目职业健康安全事故的处理

1．安全事故处理的原则

安全事故处理坚持"四不放过"原则，即事故原因未查清不放过，责任人员未处理不放过，整改措施未落实不放过，有关人员未受到教育不放过。

2．安全事故处理的程序

（1）报告安全事故。

（2）处理安全事故，抢救伤员，排除险情，防止事故蔓延，做好标识，保护好现场，等等。

（3）调查安全事故。

（4）对事故责任人员进行处理。

（5）编写调查报告并上报。

3．伤亡事故统计报送规定

（1）企业职工伤亡事故统计实行以地区考核为主的制度，各级有隶属关系的企业和企业主管单位要按当地安全生产行政主管部门规定的时间报送。

（2）安全生产行政主管部门对各部门的职工伤亡事故情况实行分级考核。

企业报送主管部门的数字要与报送当地安全生产行政主管部门的数字一致,各级主管部门应如实向同级安全生产行政主管部门报送。

（3）省级安全生产行政主管部门和国务院各有关部门及计划单列的企业集团的职工伤亡事故统计月报表、年报表应按时报送到国家安全生产行政主管部门。

4. 伤亡事故处理规定

（1）事故调查组提出的事故处理意见和防范措施建议,由发生事故的企业及其主管部门负责处理。

（2）忽视安全生产,违章指挥,违章作业,玩忽职守,发现事故隐患、危害情况而不采取有效措施造成伤亡事故的,由企业主管部门或者企业按照国家有关规定,对企业负责人和直接责任人员给予行政处分;构成犯罪的,由司法机关依法追究刑事责任。

（3）在伤亡事故发生后隐瞒不报、谎报、故意延报、故意破坏事故现场,或者以不正当理由拒绝接受调查、拒绝提供有关情况和资料的,由有关部门按照国家有关规定,对企业负责人和直接责任人员给予行政处分;构成犯罪的,由司法机关依法追究刑事责任。

（4）伤亡事故处理工作应当在 90 日内结束,特殊情况下不得超过 180 日。伤亡事故处理结束后,应当公开宣布处理结果。

5. 工伤认定

（1）职工有下列情形之一的,应当认定为工伤:①在工作时间和工作场所内,因工作受到事故伤害的;②工作时间前后在工作场所内,从事与工作有关的预备性或者收尾性工作受到事故伤害的;③在工作时间和工作场所内,因履行工作职责受到暴力等意外伤害的;④患职业病的;⑤因公外出期间,因工作受到伤害或者发生事故下落不明的;⑥法律、行政法规规定应当认定为工伤的其他情形。

（2）职工有下列情形之一的,视同工伤:①在工作时间和工作岗位上,突发疾病死亡或者在 48 h 之内经抢救无效死亡的;②在抢险救灾等维护国家利益、公共利益活动中受到伤害的;③职工原在军队服役,因战、因公负伤致残,已取得革命伤残军人证,到用人单位后旧伤复发的。

（3）职工有下列情形之一的,不得认定为工伤或者视同工伤:①因犯罪或者

违反治安管理条例伤亡的;②醉酒导致伤亡的;③自残或者自杀的。

6. 职业病的处理

（1）职业病报告。

地方各级卫生行政部门指定相应的职业病防治机构或卫生防疫机构负责职业病统计和报告工作。职业病报告实行以地方为主、逐级上报的制度。一切企事业单位发生的职业病,都应按规定要求向当地卫生监督机构报告,由卫生监督机构统一汇总并上报。

（2）职业病处理。

①职工被确诊患有职业病后,其所在单位应根据职业病诊断机构的意见,安排其医治或疗养。

②在医治或疗养后被确认不宜继续从事原有害作业或工作的,应自确认之日起的两个月内将职工调离原工作岗位,另行安排工作;对于因工作需要暂不能调离的骨干职工,调离期限不得超过半年。

③患有职业病的职工变动工作单位时,其职业病待遇应由原单位负责或两个单位协调处理,双方协调妥当后方可办理调转手续,并将职工健康档案、职业病诊断证明及职业病处理情况等材料全部移交给新单位。调出、调入单位都应将相关情况报告给所在地的职业病防治机构备案。

④职工到新单位后,新发生的职业病不论与新工作有无关系,其职业病待遇应由新单位负责。劳动合同制工人、临时工终止或解除劳动合同后,在待业期间新发生的职业病,与上一个劳动合同期有关时,其职业病待遇由原终止或解除劳动合同的单位负责;如原单位已与其他单位合并,由合并后的单位负责;如原单位已经撤销,由原单位的上级主管机关负责。

第6章 建筑工程项目环境管理

6.1 项目环境管理概述

6.1.1 项目环境管理的概念和内容

1. 项目环境管理的概念

环境是指活动场所内部和外部环境的总和。活动场所不仅包括工作场所,也包括与活动有关的临时、流动场所。

项目环境管理是指按照法律法规、各级主管部门和企业环境方针的要求,制定程序、资源、过程和方法,管理项目环境因素的过程。其包括控制现场的粉尘、废水、废气、固体废弃物、噪声、振动等对环境的污染和危害,节约资源,等等。

在确定项目管理目标时,应同时确定项目环境管理目标。在编制工程施工组织设计或项目管理实施规划时,应同时编制项目环境管理计划,可包含在施工组织设计或项目管理实施规划中。文明施工实际是项目环境管理的一部分。

2. 项目环境管理的内容

项目经理部负责现场环境管理工作的总体策划和部署,建立项目环境管理组织机构,制定相应制度和措施,组织培训,使各级人员明确保护环境的意义和自己的责任。项目经理部的工作主要包括以下几个方面。

(1)项目经理部应按照分区划块原则,做好项目的环境管理工作,进行定期检查,加强协调,及时发现并解决问题,实施纠正和预防措施,保持良好的作业环境、卫生条件和工作秩序,做好预防污染工作。

(2)项目经理部应对环境因素进行控制,制定应急准备措施和相应措施,并保证信息畅通,预防非预期的损害。在发生环境事故时,应消除污染,并制定相应措施,防止二次污染。

（3）项目经理部应保存有关环境管理的工作记录。

（4）项目经理部应进行现场节能管理，有条件时应规定能源使用指标。

6.1.2 项目环境管理体系

1. 项目环境管理体系的概念及运行模式

ISO14000 环境管理体系标准是 ISO（国际标准化组织）在总结了世界各国的环境管理标准化成果，并参考了英国的 BS7750 标准后，推出的一整套环境系列标准。它由环境管理体系、环境审核、环境标志、环境行为评价、生命周期评价、术语和定义、产品标准中的环境指标等系列标准构成。此标准的目的是支持环境保护和污染预防，协调环境与社会需求和经济需求的关系，指导各类组织表现出良好的环境行为。

我国采用 ISO14000 环境管理体系标准后，制定了《环境管理体系 要求及使用指南》（GB/T 24001—2016）、《环境管理体系 通用实施指南》（GB/T 24004—2017）。《环境管理体系 要求及使用指南》（GB/T 24001—2016）认为环境是指"组织运行活动的外部存在，包括空气、水、土地、自然资源、植物、动物、人，以及它（他）们之间的相互关系"。这个定义以组织运行活动为主体，外部存在主要是指人类认识到的、直接或间接影响人类生存的各种自然因素及它（他）们之间的相互关系。项目环境管理体系的运行模式是由策划、实施、检查、评审和改进构成的动态过程（见图 6.1），该模式为环境管理体系提供了一套系统化的方法，指导组织合理有效地进行环境管理工作。

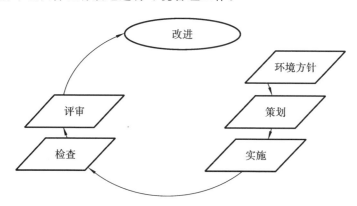

图 6.1 项目环境管理体系运行模式

2. 项目环境管理体系的作用

（1）在全球范围内实施环境管理体系标准，可以规范所有组织的环境行为，降低环境风险和法律风险，最大限度地节约能源和资源消耗，从而减少人类活动对环境造成的不利影响，保护和改善人类生存和发展的环境。

（2）实施环境管理体系，是实现经济可持续发展的需要。

（3）实施环境管理体系，是实现环境管理现代化的途径。

6.2　绿色施工管理

6.2.1　绿色施工管理概述

1. 绿色施工的基本概念

绿色施工是指工程建设中，通过施工策划、材料采购，在保证质量、安全等基本要求的前提下，结合科学管理和技术进步，最大限度地节约资源并减少对环境负面影响的施工活动。绿色施工强调从施工到工程竣工验收全过程的节能、节地、节水、节材和环境保护（"四节一环保"）的绿色建筑核心理念。

实施绿色施工，应依据因地制宜的原则，贯彻执行国家、行业和地方相关的政策。绿色施工应是可持续发展理念在工程施工中全面应用的体现。绿色施工并不仅仅是指在工程施工中实施封闭施工，没有尘土飞扬，没有噪声扰民，在工地四周栽花、种草，定时洒水等内容；它涉及可持续发展的各个方面，如生态与环境保护、资源与能源利用、社会与经济发展等内容。

2. 绿色施工管理的意义

建筑工程项目绿色施工管理作为一种新型的管理方式，相较于传统的建筑工程项目施工管理，具有节约成本、提升工程施工质量的积极作用。工程施工时的建筑材料、建设资金投入的数额都被控制在合理的范围内，工程管理人员根据施工环节存在的问题进行调整，环境污染、噪声污染等能得到及时的制止。绿色施工符合绿色发展理念，是建筑行业发展的新趋势。

3. 绿色施工管理的原则

（1）绿色施工应符合国家的法律、法规及相关标准规范,实现经济效益、社会效益和环境效益的统一。

（2）实施绿色施工,应依据因地制宜的原则,贯彻执行国家、行业和地方相关的政策。

（3）运用 ISO14000 环境管理体系标准等,将绿色施工有关内容分解到管理体系目标中,使绿色施工规范化、标准化。

（4）绿色施工贯穿工程项目建设全过程,应对项目立项、规划、拆迁、设计、施工策划、材料采购、现场施工、工程验收等各阶段进行控制,加强对项目建设全过程的管理和监督。

（5）鼓励各地区开展绿色施工的政策与技术研究,发展绿色施工的新技术、新设备、新材料与新工艺,推广示范工程。

4. 绿色施工管理的措施

绿色施工管理主要包括组织管理、规划管理、实施管理、评价管理和人员安全与健康管理五个方面的措施。

（1）组织管理措施。

①建立绿色施工管理体系,并制定相应的管理制度与目标。

②项目经理为绿色施工第一责任人,负责绿色施工的实施及目标实现,并指定绿色施工管理人员和监督人员。

（2）规划管理措施。

编制绿色施工方案。该方案应在施工组织设计中独立成章,并按有关规定进行审批。绿色施工方案应包括以下内容。

①环境保护措施:制定环境管理计划及应急救援预案,采取有效措施,降低环境负荷,保护地下设施和文物等资源。

②节材措施:在保证工程安全与质量的前提下,制定节材措施。如进行施工方案的节材优化,建筑垃圾减量化,尽量利用可循环材料,等等。

③节水措施:根据工程所在地的水资源状况,制定节水措施。

④节能措施:进行施工节能策划,确定目标,制定节能措施。

⑤节地与施工用地保护措施:制定临时用地指标、施工总平面布置规划及临时用地节地措施等。

（3）实施管理措施。

①绿色施工应对整个施工过程实施动态管理，加强对施工策划、施工准备、材料采购、现场施工、工程验收等各阶段的管理和监督。

②应结合工程项目的特点，有针对性地对绿色施工进行相应的宣传，通过宣传营造绿色施工的氛围。

③定期对职工进行绿色施工知识培训，增强职工的绿色施工意识。

（4）评价管理措施。

①对照相关指标体系，结合工程特点，对绿色施工的效果及采用的新技术、新设备、新材料与新工艺，进行自评估。

②成立专家评估小组，对绿色施工方案、实施过程，进行综合评估。

（5）人员安全与健康管理措施。

①制定施工防尘、防毒、防辐射等措施，保障施工人员的长期职业健康。

②合理布置施工场地，保护生活及办公区不受施工活动的有害影响。对施工现场建立卫生急救、保健防疫制度，在安全事故和疾病、灾害出现时提供及时救助。

③提供卫生、健康的工作与生活环境，加强对施工人员住宿、膳食、饮用水等生活环境卫生的管理，改善施工人员的生活条件。

6.2.2 绿色施工管理内容

1. 建设单位

（1）向施工单位提供建筑工程项目绿色施工的相关资料，并保证资料的真实性和完整性。

（2）在编制工程概算和招标文件时，明确建筑工程项目绿色施工的要求，并提供场地、环境、工期、资金等方面的保障。

（3）会同工程参建各方接受工程建设主管部门对建筑工程项目实施绿色施工的监督、检查工作。

（4）组织并协调工程参建各方的绿色施工管理工作。

2. 监理单位

（1）对建筑工程项目的绿色施工承担监理责任。

（2）审查施工组织设计中的绿色施工技术措施或专项绿色施工方案，并在

实施过程中做好监督检查工作。

3．施工单位

（1）施工单位是建筑工程项目绿色施工的责任主体，全面负责绿色施工的实施。

（2）实行施工总承包管理的建筑工程，总承包单位对绿色施工负总责，专业承包单位应服从总承包单位的管理并对所承包工程的绿色施工负责。

（3）施工项目部建立以项目经理为第一责任人的绿色施工管理体系，负责绿色施工的实施及目标实现，制定绿色施工管理责任制度，组织绿色施工教育培训，定期开展自检、考核和评比工作，并指定绿色施工管理人员和监督人员。

（4）在施工现场的办公区和生活区设置明显的节水、节能等标识。

（5）对施工现场的生产、生活、办公设施和主要耗能施工设备制定节能措施和管理办法。对主要耗能施工设备，定期进行耗能计量检查和核算。

（6）建立施工现场可回收再利用物资清单，制定并实施可回收废料的管理办法，提高材料利用率。

（7）建立机械保养、限额领料、废弃物再利用等管理与检查制度。

（8）建立施工技术、设备、材料、工艺的推广、限制以及淘汰制度和管理方法。

6.2.3　实例

1．项目概况

龙奥金座项目位于济南市经十路与奥体东路交叉口东南角，建筑面积约为 1×10^5 m²，其中地上建筑面积 72870 m²，地下建筑面积 27724 m²。

项目按照《民用建筑绿色设计规范》（JGJ/T 229—2010）设计，经过建筑能耗模拟试验、建筑采光模拟试验、建筑通风模拟试验、日照模拟试验、声环境模拟试验、氡气检测、室外风环境模拟试验，达到了《绿色建筑评价标准》（GB/T 50378—2019）规定的三星级绿色建筑标准，取得了住房和城乡建设部颁发的三星级绿色建筑设计标识证书。项目自开工以来，工程项目部积极响应国家可持续发展战略，遵守绿色施工相关标准，以各项措施确保了绿色施工各项指标的实现，真正意义上创造绿色施工效益、节约资源并减少工程施工对环境的负面影响。

2. 绿色施工管理措施

本项目是绿色设计和绿色施工集合的体现,最大化地节约综合能耗,并且根据《绿色施工导则》、《建筑工程绿色施工评价标准》(GB/T 50640—2010)、《全国建筑业绿色施工示范工程管理办法》、《全国建筑业绿色施工示范工程验收评价主要指标》等的要求,制定绿色施工管理目标,充分运用新技术、新设备、新材料、新工艺及各种措施,使节能降耗的目标得以实现,达到绿色环保的目的。

1) 组织管理措施。

(1) 工程项目部设立明确的绿色施工管理体系,责任人定期召开会议、进行培训,以实现绿色施工管理的目标。组织管理措施见表6.1。

表 6.1　组织管理措施

时间	负　责　人	会 议 名 称	内　　　容
7 天	项目经理	绿色施工专题例会	各专业组汇报一周以来的工作,下周的工作安排以及需要解决的问题
15 天	项目技术负责人	工作检查会	点评各专业组存在的问题和需要改进的突出问题
30 天	项目副经理	绿色施工培训	绿色施工相关知识培训
90 天	集团公司技术中心	现场观摩会	观摩集团公司或兄弟单位绿色施工项目

(2) 项目部对专业组和劳务作业组分别设立明确的奖惩措施。

2) 规划管理措施。

(1) 环境保护措施。

① 施工防尘措施。

工程初期对施工现场主要道路实施路面硬化,对于不能硬化区域使用防尘密目网对裸露土进行覆盖;在工地大门处设置清洗池及沉淀池,方便冲洗进出车辆;自制专用洒水车,利用循环水进行喷洒;作业面外部在施工期间满挂密目网;对易扬尘车辆采取封闭措施;在空闲场地种植应季蔬菜,既利用空地又提高绿化率;对木工加工房采取封闭布置,解决操作棚木屑及扬尘问题;布置扬尘监测系统,当超过报警值时,就启动喷淋设备;对模板空隙中难以清理的灰尘使用吸尘器及时清扫,确保工程质量;在运送易产生扬尘的工程材料时,制定相应的防污染措施。

②噪声控制措施。

依据国家标准《建筑施工场界环境噪声排放标准》(GB 12523—2011)的规定,现场噪声排放须采取严格有效的控制措施。

③水污染控制措施。

项目经理部组织员工学习国家标准《污水综合排放标准》(GB 8978—1996),并以该标准为依据制定适应本工程的水污染控制措施。

④光污染控制措施。

考虑夜间施工对周边的影响,对工地大型照明灯具安装灯罩且背向住宅区,以防强光影响住宅区。对 LED 灯配备高功率因数恒流电源和 LED 光源(长寿命,无光衰,无色差,无频闪,节能环保)。在塔式起重机上配备 LED 大灯,满足塔式起重机附近区域施工照明要求。

⑤废气排放控制措施。

使用符合国家车检要求的车辆。采用无压力锅炉(燃烧生物燃料)为办公区、生活区供能。使用电焊条焊接时,烟气排放经检测符合国家标准。

⑥建筑垃圾控制措施。

根据垃圾类型设置不同的垃圾站,对不可回收垃圾与可回收垃圾分开布置垃圾堆放场,并设有生活办公区垃圾分类箱。专人定期清理垃圾站,保证垃圾站整洁。因场地和人员限制,垃圾回收时暂时使用人工方法进行分拣。设置专用废电池、废墨盒回收盒,定期运送至专门的回收点。不可回收垃圾封闭运往垃圾消纳场。做屋面找坡层时,利用碾碎的废碎料,以及二次结构施工产生的加气混凝土砌块。临时道路基础或回填土可采用土石方类建筑垃圾,以减少运送量。

(2)节材措施。

①模板拼接、钢筋下料、块材施工等充分利用 CAD、BIM 技术画大样,电脑计算,精准下料,减少损耗。

②以互联网为基础,依托公司信息共享平台,充分利用广联达、CAD、筑业等软件,向无纸化办公发展,节约资源。

③合理搭配钢筋,尽量减少产生钢筋废料。直径大于 16 mm 的钢筋采用机械连接。

④对于木方、板材等木工材料,从源头控制材料,精确进场。施工中根据配料单统一分配多层板和木方。

⑤采用预拌砂浆,既能减少水泥用量,又能避免现场扬尘。砌筑前预先排好砌体,合理使用砌块。优化混凝土和砌体抹灰施工工艺,节约水泥用量,减少现

场湿作业,节约水资源。

⑥对于施工过程中不可避免产生的建筑废料,项目部安排专人进行处理,以期二次甚至多次利用:混凝土渣用来加固地基;木材的边角料用来制作模板、模板之间的连接板;部分不能重复使用的模板处理成碎片,用于压制颗粒密度板。剩余不能重复利用的建筑垃圾,清理干净后运至施工现场指定地点,由专人及时处置。

(3)节水措施。

①施工现场使用节水器具,节水器配置率达到100%。

②水表按照生活区、办公区以及施工现场分开设置,设总水表、分水表,每月统一记录、分析,加强耗水量大的区域的节水措施。

③定期检查用水管网及器具,防止其损坏。

④在基坑施工阶段,用于绿化、灌溉或降尘的水源可以使用基坑积水,先将其抽取至基坑顶周边排水沟,经三级沉淀池沉淀后使用。

⑤施工现场洗车用水全部采用循环水,在主入口处设置沉淀池,洗车时采用高压喷雾洗车器,以减少用水量。现场洒水车均采用沉淀池内水。

⑥混凝土浇筑后,采用不同方法养护平立面混凝土,采用麻袋覆盖喷水养护平面混凝土,采用塑料薄膜包裹保水养护墙柱等立面混凝土。

⑦在用水区张贴宣传标语,增强员工节约用水意识。

(4)节能措施。

①为确保施工现场临时用电安全,严格遵守《施工现场临时用电安全技术规范》(JGJ 46—2005)的规定。

②当施工现场需要临时用电时,采用带有国家能源效率标识的中小型产品。

③为减少能耗,将木工加工区和钢筋加工区设在一处,共享钢筋加工机具和木工机具。

④会议室、办公室采用百叶窗帘,采光方便、通风合理。

⑤办公室和生活区采用热工性能达标的防火型板房,会议室顶棚采用PVC吊顶。

⑥在生活区安装太阳能,配合电热水器,供生活区洗浴,节约用电量。根据现场不同区域的用电量需求和能耗指标编制临时用电方案。办公区与施工区用电分开计量。

⑦办公区照明设备采用新型节能荧光灯,楼梯间采用声控LED节能灯。

⑧临时照明设备采用自动控制(时控)装置。

（5）节地与施工用地保护措施。

①本工程的施工周期较长，因此对未使用的土地采取绿化措施。对基坑护坡方案进行优化，减少土方开挖和回填量。

②临时设施平面布置合理，有效利用有限空间，占地面积小。项目部临时办公区和生活用房是可重复使用的装配式结构多层轻钢活动房，减少了临时用地面积。出于减少建筑垃圾、保护土地的目的，对现场围墙采用连续封闭的轻钢板材料进行装配式安装。

③充分利用竖向空间，施工现场临时设施采用双层活动板房，减少占地面积。

3）实施管理措施。

工程项目部执行有效的标准化管理办法，合理利用资源，采用绿色施工方法达到保护环境目的，淘汰落后的施工方案。结合工程实际情况，工程项目部在施工过程中采取以下工艺。

（1）墙体用砂加气自保温砌块，实际已达到保温节能的标准。在原有外墙保温板的基础上加一层标准 5.5 cm 厚岩棉保温板。内墙无采暖房间的墙体采用玻化微珠保温施工工艺。

（2）普通中空玻璃保温效果差，因此本项目采用 6＋12A＋6 温屏玻璃。经国家建筑工程质量监督检验中心检测，该温屏玻璃传热系数仅为 1.4，传热、隔声性能均优于低辐射玻璃。

（3）增加太阳光导管设备。

（4）增加即开即热的太阳热水系统。

（5）使用直流变频多联机空调，内外机配备齐全，单层单户单独计量，员工休班、下班空调各自关闭。变频空调是随着温度变化自动调节用电量的节能设备。单层单户单独计量并自行掌握开关，促使用户节约能源。

（6）对于中水，增加冲厕和绿化浇灌功能，增加上水管路和打压设备。

（7）电梯增加到 18 部（一般按面积设计 12 部电梯）。

（8）采用节能灯具，采用品牌插座及开关。

（9）楼体结构采用高强度钢材及高性能混凝土，节约钢材用量，抗震性能强，延长建筑寿命。

（10）净化空气中的有害物质。再加上高效智能新风系统，形成健康安全的绿色环境。

（11）庭院绿化面积和地面渗透率在普通建筑 30％的基础上提高到 40％。

（12）配电、消防、监控、安防联动智能化系统，增加水电分户控制、远程监测装置，增加地下车库一氧化碳监测装置。

4）评价管理措施。

（1）绿色施工评价内容。

评价按照不同的分部工程进行，根据"四节一环保"五个要素进行评价，评价指标分为控制项、一般项、优选项三类，评价等级分为不合格、合格和优良三级，评价依据为《建筑工程绿色施工评价标准》（GB/T 50640—2010）和山东省工程建设标准《建筑与市政工程绿色施工评价标准》（DB37/T 5087—2016）。

（2）评价方法。

工程中常用的评价方法见表6.2。

表6.2　评价方法

名　　称	时间（阶段）	内　　容
企业自评	每月不低于1次，每阶段不低于1次	控制项、一般项、优选项
阶段评价	地基与基础结构，装饰装修与机电安装	当地行业主管部门考评
单位工程评价	工程竣工后	省建筑业协会组织专家评价

5）人员安全与健康管理措施。

（1）职业危害防护及施工现场安全管理措施。

①防尘措施。

a. 水泥除尘：流动搅拌机除尘、水泥制品厂搅拌站除尘、高压静电除尘等。

b. 木屑除尘：在每台加工机械尘源上方或侧面安装吸尘罩，通过风机作用，将粉尘吸入输送管道，再送到蓄料仓内。

c. 金属除尘：钢、铝门窗的抛光（砂轮打磨）作业中，一般采用局部通风除尘系统，或在打磨台工人的侧面安装吸尘罩，通过支管道、主管道，将含金属粉尘的空气输送到室外。

②控制噪声措施。

a. 控制和减弱噪声源：从改革工艺入手，以无声的工具代替有声的工具。

b. 控制噪声的传播：合理布局，从消声方面采取措施（消声、吸声、隔声、隔振、阻尼）。

c. 做好个人防护：如戴耳塞、耳罩、头盔等防噪声用品。

d. 定期进行预防性体检。

③防毒措施。

a. 施工作业涉及有毒有害物质时,工人佩戴专用手套和口罩,以及其他个人防护用品。

b. 工人认真执行操作规程,熟练掌握操作方法,严防错误操作。

c. 加强管理,做好防毒工作。

d. 严格执行劳动保护法规和卫生标准。

e. 对于新建、改建、扩建的工程,严格做到主体工程和防毒设施同时设计、施工及投产。

f. 依靠科学技术,提高预防中毒的技术水平。

④危险品、危险设备、有毒物品安全存放措施。

按照安全要求设置危险品仓库,如氧气仓库、乙炔仓库、化学品仓库等,且根据类别分开存放危险品。施工现场危险设备、有毒物品存放地配置醒目的安全标志。在厨房、卫生间内存放的水泥基防水涂料隔离放置并配置有毒有害警示标志。

⑤安全通道、设备、地段管理措施。

施工现场的安全通道采取封闭式通道;现场配电箱有醒目的危险警示标志,日常封闭管理。对于危险地段,如电梯井口、基坑边坡,均采取围护措施。

(2)改善施工人员生活条件的措施。

①施工现场食堂具备当地卫生部门颁发的餐饮服务许可证。食堂卫生、规范,厨师等从业人员持证上岗(健康证)。

②生活区、办公区体现人性化,保证员工生产、生活安全;办公区有空调用于防暑降温;生活区有防护遮阳设施,在高温期洒水降温。

③一般工序均为8小时工作制。在混凝土浇筑期间(除地下室地板),实行12小时一班的轮班制,节假日轮休。

④工地设置有医务室,医务室常驻医务人员,并存放有应急药品。开工前施工单位组织应急救援演练,使工人具备基本的应急能力。

⑤定期对卫生间设施、明沟及阴暗潮湿地段进行消毒。卫生间小便斗为节水型小便斗。

综上所述,通过绿色施工管理,项目实现了节能、节地、节水、节材的目标。投入运营后,也要在运营管理等方面,通过各种手段和措施,降低建筑能耗,合理使用和分配能源,合理利用可再生能源,从而提高建筑能源利用率,真正达到比普通建筑节能60%的目的。

第7章　建筑工程项目资源管理

7.1　项目资源管理概述

7.1.1　项目资源管理的含义及作用

1. 项目资源的含义

就建筑工程项目而言,项目资源是指人力资源、材料、机械设备、技术、资金等形成生产力的各种生产要素。其中,人力是主导要素,技术是手段,当技术为劳动者所掌握,便能形成先进的生产力。项目资源管理就是对以上各种生产要素的管理,因此,加强项目资源管理显得尤为重要。

2. 项目资源管理的含义

在项目管理中,资源管理是一个专门的术语,也是完成项目的一项重要管理任务。建筑工程项目管理中的资源管理和企业管理中的资源管理是两个不同的概念。后者指的是企业的人事管理、材料管理、设备管理和财务管理,它将企业作为一个系统,针对企业的生产或经营所涉及的资源进行管理,它属于企业管理的范畴。而建筑工程项目管理中的资源管理内容如下:确定资源的选择,包括资源的类型、品种、标准的选择以及资源的数量;确定资源的分配计划,包括资源在时间和项目组成部分方面的分配;编制资源的进度计划,在考虑每一个工序所需要的资源、资源供应的可能性和资源需求的均衡性等前提下,编制进度计划。

总体来说,建筑工程项目资源管理就是对人力资源、材料、机械设备、技术和资金五项资源的配置和使用进行恰当的计划和控制,其根本目的是实现项目管理的目标。

3. 项目资源管理的作用

建筑工程项目资源管理的内容应包括人力资源管理、材料管理、机械设备管理、技术管理和资金管理。项目资源管理应以实现生产要素的优化配置、动态控制和节约成本为目的，其最根本的意义在于节约活劳动和物化劳动。建筑工程项目资源管理的作用如下。

（1）将项目的资源进行优化配置，适时、适量、按照合理的比例、在适宜的位置配置资源并投入施工生产，以满足项目开展和实施的需要。

（2）进行资源的优化组合，使各种资源在施工项目实施的全过程中搭配适当、协同作用，使资源更有效地形成生产力，生产出合格的、满足用户需求的建筑产品。

（3）在项目运行过程中，对资源进行动态管理。工程项目的实施是一个不断变化的过程，项目资源管理也是一个长期且需要进行调整的过程。在调整的过程中，平衡是相对的，不平衡是绝对的。因此，要树立动态管理的思想，按照项目的内在规律，有效地计划、配置、控制、处理项目资源，使其在工程项目中合理流动，在动态中寻求平衡。

（4）在项目运行过程中，合理地节约资源，达到控制工程造价、降低项目费用的目的。

7.1.2　项目资源管理的内容及原则

1. 项目资源管理的主要内容

资源作为工程项目实施的基本要素，主要内容包括人力资源、材料、机械设备、技术、资金五项。建筑工程项目资源管理的主要内容就是对这五项内容进行管理，为建筑工程项目管理提供保障。

（1）人力资源管理。

建筑工程项目的用工形式有多种（如固定工、合同工和临时工），而且已经形成了社会普遍认可的弹性结构。在施工任务量大时，可以引入农民合同工或者劳务分包工；在施工任务量小时，可以通过逐渐遣返部分合同工和劳务分包工来避免产生窝工的现象。在人力资源管理中，要利用行为科学，从劳动者个人的需求与行为的关系角度出发，充分激发劳动者的生产积极性。

（2）材料管理。

从广义上讲，建筑材料不仅包括构成建筑物或构筑物本身的材料，还包括水、电、天然气等，以及脚手架、组合钢模板、安全防护网等在施工中使用和消耗的材料。通常所说的建筑材料，主要是指构成建筑物或构筑物本身的材料，即狭义的建筑材料。

建筑材料的种类很多,通常按化学成分分类或按使用功能分类。按照化学成分不同,建筑材料分为无机材料、有机材料和复合材料三大类;按使用功能不同,建筑材料分为结构材料、围护材料和功能材料三大类。

建筑工程项目材料管理是指在施工过程中对各种材料的计划、订购、运输、发放和使用所进行的一系列管理工作。它的特点是受材料供应的多样性和多变性、材料消耗的不均衡性、运输方式和环节的影响。建筑工程项目材料管理的重点体现在现场管理、使用过程管理、节约措施和成本核算四个方面。

(3)机械设备管理。

建筑工程项目的机械设备主要是指大、中、小型机械,如空压机、挖掘机、注浆机、风动凿岩机、小型运输车、铲车、通风机等。

机械设备管理是以机械设备施工代替繁重的体力劳动,最大限度地发挥机械设备在施工中的作用为主要内容的管理工作。它的特点是机械设备管理体制必须以建筑企业组织体系为依托,实行集中管理为主、集中管理与分散管理相结合的办法,提高施工机械化水平,提高机械设备完好率、利用率和工作效率。

(4)技术管理。

技术的最原始概念是熟练。所谓熟能生巧,"巧"就是技术。广义地讲,技术是人类为实现社会需要而创造和发展起来的手段、方法和技能的总和。作为社会生产力的社会总体力量,技术包括工艺技巧、劳动经验、信息知识和实体工具装备,也就是整个社会的技术人才、技术设备和技术资料。由于建筑工程项目具有单件性、露天性、固定性、复杂性等特点,技术的作用显得更加重要。

建筑工程项目技术管理,就是对各项技术工作要素和技术活动过程进行的管理。技术工作要素包括技术人才、技术装备、技术规程、技术资料等;技术活动过程包括技术计划、技术运用、技术评价等。技术作用的发挥,除取决于技术本身的水平外,很大程度上还依赖于技术管理水平。如果没有完善的技术管理,先进的技术也难以发挥作用。

(5)资金管理。

当前建筑工程项目资金的来源主要有财政预算投资、自筹资金投资、银行贷款投资、利用外资、利用有价证券市场筹措资金等。现代化建筑工程项目对资金的需求量日益增大,资金结构日益复杂,因此,资金管理对于建筑工程项目尤为重要。资金管理对资金进行预测和对比,并制定项目资金计划等,不断地进行分析、对比、调整和考核,以达到降低成本的目的。

2. 项目资源管理的主要原则

（1）编制项目资源管理计划的原则。

编制项目资源管理计划的目的，是对资源投入量、投入时间和投入步骤做出合理的安排，以满足项目实施的需要。对施工过程涉及的资源，都必须按照施工准备计划、施工进度总计划和主要分项工程进度计划，根据工程量，编制出详尽的资源管理计划表。

（2）资源供应的原则。

将编制的各种资源管理计划，进行优化组合，实施到项目中，保证项目的需求。

（3）节约使用的原则。

这是资源管理中最重要的环节，其根本意义在于节约活劳动及物化劳动，根据每种资源的特性，制定科学的措施，进行动态配置和组合，不断地纠正偏差，以尽可能少的资源满足项目的需求。

（4）适用核算的原则。

进行资源投入、使用与产出的核算，是资源管理的一个重要环节。对资源使用效果的分析，一方面是对管理效果的总结；另一方面为管理提供储备与反馈信息，以指导后续的管理工作。

7.2　人力资源管理

7.2.1　工程项目人力资源管理基本知识

1. 人力资源的定义及特征

人力资源是存在于人的体能、知识、技能、能力、个性、行为特征与倾向等载体中的经济资源。人力资源有以下四个特征。

（1）人力资源是"活"的资源，其具有能动性、周期性、磨损性。物质资源只有通过人力资源的加工创造才会产生价值。

（2）人力资源是创造社会财富的主要源泉，尤其是在新经济形态中，人力资源的创新能力是企业的最大财富和主要盈利手段。

（3）人力资源是一种战略性资源，对于项目、企业和社会的持续性发展发挥长远作用。

（4）人力资源是可以无限开发的资源。目前，人们的潜能开发程度与人力资源的实际潜能是很不相称的。

2. 工程项目人力资源管理的定义

工程项目人力资源管理是指工程项目有关参与方为提高工作效率，高质量地完成客户委托的任务，科学合理地分配人力资源，实现人力资源与工作任务之间的优化配置，调动员工积极性，更好地完成客户委托的任务，对工程项目人力资源进行计划、获取和发展过程的管理。

3. 工程项目人力资源管理的特点

工程项目人力资源管理与一般人力资源管理有所不同，它有自己的特点。认识这些特点，对于更好地开展工程项目人力资源管理具有重要的意义。工程项目人力资源管理的特点如下。

（1）管理对象相对集中于工程项目所涉及的有关专业。工程项目人力资源管理对象与一般人力资源管理对象相比较，专业相对集中于工程技术、工程经济、工程施工、项目管理等。每一类专业又可以细分成很多专业，例如，工程技术专业可分为工艺技术、工艺装备、公用工程、管道工程、土建工程等专业，这些都是与工程项目密切相关的专业。

（2）工程项目人力资源管理有时只是企业人力资源管理的一部分。由于工程项目有时是在既有法人中开展的，一部分人力资源管理工作已由承担项目的法人的相关部门负责。在这种情况下，工程项目人力资源管理只进行一般人力资源管理的工作内容中的一部分就可以了，具体内容需视项目与承担项目的法人的有关情况而定。

（3）工作内容根据工程项目组织结构形式不同而有所不同。工程项目人力资源管理受项目组织结构形式的影响较大。例如，在职能式组织结构形式下，人力资源管理的主要工作可能以人员的分工与协调为主；在项目式组织结构形式下，人力资源管理还包括人员的获取等工作。

（4）管理内容与工程项目的规模和工作周期密切相关。一个规模小、周期短的工程项目，其人力资源管理的内容可能不会考虑团队发展；而一个规模较大、工作周期较长的项目，团队发展与调整则是人力资源管理必须进行的工作内

容之一。

（5）管理重点与工程项目的内容密切相关。例如，工程施工的人力资源管理，其管理对象除技术人员外，还有大量的建筑工人，人员的日常管理、工资、安全保障以及团队发展等可能成为管理工作的重点；而工程设计或其他工程内容的人力资源管理，人员的获取、分工和协调等可能成为管理工作的重点。

7.2.2 工程项目人力资源管理的内容和程序

1. 工程项目人力资源管理的内容

（1）管理规划，包括确定项目的书面计划，分配项目任务、职责，确定报告关系。

（2）人力资源规划，包括对项目角色、责任以及报告关系进行识别、分配和归档。

（3）获取项目团队，包括获取项目所需的并被指派到项目工作的人员。

（4）建设项目团队，包括为提高项目绩效而对个人技能和项目团队技能的建设。建设团队技能对项目经理来说通常是一个挑战。

（5）管理项目团队，包括跟踪人员绩效、激励人员、提供实时反馈、解决问题和冲突，以及协调、变更来提高项目绩效。

2. 工程项目人力资源管理的程序

工程项目人力资源管理要充分发挥参与项目的人员的作用，包括项目负责人、客户、为项目做出贡献的个人，以及与项目相关的所有人员。工程项目人力资源管理程序如图 7.1 所示。

这些程序之间互相影响，并且与其他领域中的程序相互配合、相互影响。依据项目的需要，每道程序可能都包含一个或更多的个人或团队的努力。虽然图 7.1 列出的程序看起来如同界限分明的一个个独立要素，但实际上它们可能以某些方式相互重合或相互影响。在实际的工程项目人力资源管理中，要充分认识各程序之间的关系，用整体的观念来解决人力资源管理中出现的各种问题，才能充分发挥人力资源管理对项目开展的积极作用和重要价值。

图 7.1　工程项目人力资源管理程序

7.2.3　工程项目人力资源的特点和管理措施

1. 工程项目人力资源的特点

（1）人力资源组成复杂。

大多数工程项目人力资源的组成是比较复杂的,既有学历低但实践经验丰富的技术工人,也有知识水平较高的大中专毕业生;另外,还有专门引进的专家型的管理人员和技术人员。这些知识水平不同的人才有着各自的特点和价值目标,对于自身价值的要求也有所不同。因此,由他们组成的工程项目人力资源系统具有复杂性。

（2）人力资源布局分散。

工程项目的一个显著特点就是流动性强,它不像一般的生产型企业具有固定的生产场地和生产部门。因此,工程项目人力资源布局分散,一般随着工程项目的变化而变化。

（3）人力资源评价信息的收集相对困难。

分散的人力资源的评价信息往往难以及时汇总并传输到人力资源管理部门,且信息具有明显的滞后性。这给全面分析、评价工程项目人力资源系统的状况以及高效管理人力资源带来很大的挑战。

143

2. 工程项目人力资源的管理措施

（1）加强对建筑工程项目人力资源管理的重视，建立科学系统的人力资源管理制度。

企业应充分利用网络管理信息系统，对企业人力资源的组成、分布等信息进行全面且综合的收集和整理，对企业的人力资源进行分类，确定待开发、培养的以及急需引进的人才，并制定企业人力资源评价标准体系，注意及时收集分散于各工程项目部的人员的评价信息，建立流畅的企业人力资源管理信息网络，使人力资源管理制度为企业选择、培养、使用人才提供依据。

（2）建立新型人才激励机制。

首先，企业应建立以目标实现为导向的激励机制，加强对员工的精神激励，具体可采取参与激励、关心激励、认同激励等方式来调动员工的积极性。其次，企业应借鉴先进激励模式，制定具有长期性的激励机制。企业若想得到稳步的发展，就必然需要一支相对稳定的人才队伍。因此，企业必须建立高效的长期激励机制，减少离职率，稳定人才队伍。

（3）树立"以人为本"的管理理念，加强员工培训。

企业应树立"以人为本"的管理理念，以"人"为中心，促进管理者和员工的双向沟通，把做好"人"的工作视为人力资源管理的根本。要加强员工培训，为员工进行职业生涯设计，以建立稳定的人才队伍，提高内部凝聚力和对外竞争力。

7.3 材 料 管 理

7.3.1 工程项目材料管理的含义及内容

工程项目材料管理是对各种施工材料在项目建设的过程中进行计划、供应、保管和合理使用的总称，主要包括编制材料计划、采购、组织运输、保管、合理供应、领发、回收等，可概括为供应、管理、使用三个方面。做好材料管理对于加快施工进度、保证工程质量、降低工程成本、提高经济效益具有十分重要的意义。

近年来，材料管理工作的重心已从以企业管理为主转移到以项目部管理为主，项目施工任务确定后，迅速组织材料资源，保质保量供应材料，是施工任务完成的条件之一。因此，在工程项目施工中，既要及时供应材料，确保材料质量，又要节约使用材料,控制材料库存,合理使用资金,密切配合项目管理工作。材料管理是围绕项目的施工管理和经营管理开展的。

7.3.2　工程项目材料的采购管理和现场管理

1. 工程项目材料的采购管理

从实物形态来看,材料在企业中的运动过程是从采购开始的,采购是项目活动的重要内容,在项目施工成本管理中处于重要地位。材料采购管理要注意以下问题。

(1)确定采购计划。

按照工程施工图纸及施工组织设计方案,材料部门应编制好项目材料采购计划,并根据施工进度及耗材量及时对采购计划做出变更,保证工程施工用材需求。在材料采购管理过程中,材料部门应及时建立材料台账和仓库管理制度,做好材料的验收、保管、领发等工作。对于主要材料的采购,应把施工预算用量和施工实际用量结合起来,合理采购,防止多购,造成材料的积压和资金的占用,增加工程成本。采购人员还应严把材料质量关,必须对材料进行抽样检验,对检验不合格或劣质材料及时予以处理,杜绝劣质材料进入施工现场。同时,还要健全和完善物料凭证、物料统计、购销合同、台账等管理工作。

(2)进行市场调研,做出合理选择。

一是审核材料生产经营单位的各类生产经营手续是否完备、齐全;二是实地考察企业的生产规模、诚信记录、销售业绩、售后服务等情况;三是重点考察企业的质量控制体系是否具有国家及行业的产品质量认证,以及材料质量在同类产品中的地位;四是从建筑业同行中获得更准确、更细致、更全面的信息;五是对材料报价进行有关技术和商务的综合评审,并制定选择、评审和重新评审的准则。

(3)材料价格的控制。

企业应通过市场调研或者咨询机构了解材料的市场价格,在保证质量的前提下,货比三家,选择较低的材料采购价格。同时,对材料运费进行控制,要合理地组织运输,在对材料进行价格比较时要把运输费用考虑在内。在材料价格相同时,就近购料,选用最经济的运输方法,以降低运输成本。要合理地确定进货的批次和批量,还要应用技术经济学相关知识考虑资金的时间价值,确定经济采购批量。

（4）材料的进场检验。

材料验收入库时必须向供应商索要国家规定的质量合格及生产许可证明。项目采用的材料应经检验合格，并符合设计及现行标准要求。材料检验单位必须具备相应的检测条件和能力，经省级以上质量技术监督部门或者其授权的部门考核合格后，方可承担检验工作。材料在检验、运输、移交和保管等过程中，应按照职业健康安全和环境管理要求，避免对职业健康安全、环境造成影响。

2. 工程项目材料的现场管理

材料的现场管理是材料管理的关键，尤其是对钢材、水泥、木材等主要施工用材的管理。在材料现场管理中，应依照 ISO9001 质量管理体系的要求，对进入施工现场的材料进行严格监测，做到勤检查、严把关，杜绝劣质材料进入施工现场。对客户提供的材料，要认真核对其品种、规格、质量和数量是否与合同相符，按照验收标准规定进行验收。

（1）材料储存与保管。

应根据材料的不同性质将材料储存于符合要求的专门材料库房或简易设施，避免潮湿、雨淋，注意防爆、防腐蚀。建筑工地所用材料较多，同一种材料有诸多规格，如钢材从直径几毫米到几十毫米有几十个品种，水泥有标号高低之分，各种水电配件品种繁多，所以，各种材料应标识清楚、分类存放。加强材料保管人员的责任心，防止偷盗现象。要定期进行账实核对，材料账与财务账要账账核对，按月及时进行对账、对物。

（2）材料发放与使用管理。

建立限额领料制度（又称定额领料制度，即在一定条件下按照材料消耗定额或规定限额领发生产经营所需材料的一种管理制度），严格根据材料消耗定额使用材料。对于材料的发放，无论是项目经理部、分公司还是项目部仓库，都要实行"先进先出，推陈储新"的原则，项目部的物资耗用应结合分部、分项工程的核算，严格实行限额领料制度，在施工前必须由项目施工人员签限额领料单，限额领料单必须按要求填写，不可缺项。对贵重和用量较大的物品，可以根据使用情况，凭领料小票多次发放。对易破损的物品，材料员在发放时要做较详细的验交，并由领用双方在凭证上签字认可。

材料消耗定额的编制步骤如下。

①确定材料净用量。材料净用量是加工到实物产品上的实际用量，可用计算法确定。一种情况是，一个分部分项工程只采用一种主要材料时，既可按工程

设计要求测算一个单一产品或一个计量单位的材料净用量,也可以计算一平方米的材料净用量;另一种情况是,一个分部分项工程混合使用多种主要材料,则要求得这几种混合材料的配合比,作为计算材料净用量的依据。

②确定材料损耗率。确定材料损耗率时,除了认真测量施工现场所发生的各种损耗,去掉可避免部分,保留不可避免部分之外,还应考虑责任成本管理。

③计算材料耗用量。计算公式如下:

$$材料耗用量 = 材料净用量 + 材料损耗量 = 材料总耗用量 × 材料损耗率$$

(7.1)

④编制材料消耗定额。一要定质,即对建筑工程或产品所需的材料品种、规格、质量做出正确的选择;二要定量,即通过对材料耗用量的正确计算,确定材料消耗标准。

材料消耗定额的编制方法主要有以下四种。

①技术分析法。根据图纸、施工方案及施工工艺要求,剔除不合理因素,编制材料消耗定额。运用这种方法编制出来的定额,一般比较准确,但工作量较大,技术性较强,并不适用于每一个企业。随着技术管理水平的不断提高,这一方法的使用范围将不断扩大。

②经验估算法。根据图纸、施工工艺要求,组织有经验的人员参照有关资料,经过对比、分析和计算,编制材料消耗定额。

③现场测定法。在施工现场按照规定的施工工艺,对材料耗用量进行实际测定,编制材料消耗定额。

④统计分析法。根据相关统计资料,分析现有的各种影响因素来编制材料消耗定额。

一般来说,有设计图纸和工艺文件的产品,其主要原材料的消耗定额可以用技术分析法计算,同时参照必要的统计资料和职工在生产实践中的工作经验来编制。辅助材料、燃料等的消耗定额,大多可采用经验估算法或统计分析法来编制。但是,无论采用哪种方法,在编制材料消耗定额时,都必须"走群众路线",让管理人员、技术人员、工人共同审查和确定各种材料的消耗定额。

(3)施工中的组织管理。

①进行现场材料平面布置规划,做好场地、仓库、道路等的准备工作。

②履行供应合同,保证施工需要,合理安排材料进场,对现场材料进行验收。

③掌握施工进度变化,及时调整材料配套供应计划。

④加强现场材料保管措施,减少材料损失和浪费,防止材料丢失。

⑤在施工收尾阶段,将多余材料退库,做好废旧材料的回收和利用工作。

从实践来看,提高材料利用效率的关键在于管理,施工现场要合理堆置材料,避免和减少二次搬运,严格执行材料进场验收和领料制度,减少各个环节的损耗,节约采购费用,合理使用材料,以期对提高工程质量、降低材料损耗和节约工程成本起到事半功倍的作用。

7.3.3 工程项目材料节约管理的新途径及具体措施

1. 工程项目材料节约管理的新途径

(1) 加强材料管理。

采用行政、制度、经济方面的管理措施和手段,调动使用者的积极性和主动性,规范使用者的行为,改变使用者的消极心态,达到合理使用材料的目的。例如,建立和执行限额领料责任制度、节约和浪费材料的监督考核办法和奖励机制。同时,重视材料的存储问题,即确定经济存储量、经济采购批量、安全存储量、合理订购点等。

(2) 改进材料的组织方式。

改进材料的组织方式,如进行集中加工、修旧利废、集中配料等。组织方式比技术方式见效快、效果大。因此,要特别注意施工组织设计中对材料节约措施的设计和月度组织措施计划的编制和贯彻。

(3) 采用 ABC 分类法找出材料管理的重点。

ABC 分类法是一种常用的材料分类管理法,将库存材料按一定标准分为 A、B、C 三类,对重要材料进行重点管理。其分类方法如下。

A 类物料占物料种类的 10% 左右,金额占总金额的 65% 左右。对于 A 类物料应重点管理,严格控制库存,定期盘点,严加记录,加强进货、发货、运货管理。

B 类物料占物料种类的 25% 左右,金额占总金额的 25% 左右。B 类物料主要为专用零部件和少数通用零部件,因此可以按常规方式管理。

C 类物料占物料种类的 65% 左右,金额占总金额的 10% 左右。对于 C 类物料应实行宽松管理,大量采购、入库,简单计算、控制。

材料管理中 ABC 分类法的实施过程如下。

①计算各种材料占用资金量。

②根据各种材料的占用资金量,按照从大到小的顺序进行排列,并计算各种

148

材料占用资金量占材料总费用的百分数。

③计算不同时期各种材料占用资金的累计金额占总金额的百分比,即累计资金占用额百分数。

④计算不同时期各种材料使用数量的累计数及其累计百分数。

⑤绘制 ABC 曲线图。以材料数量累计百分数为横轴,以累计资金占用额百分数为纵轴,按上述分析得出的数据,在坐标图上取点,并连接各点,即绘出 ABC 曲线。A 类材料是管理的重点,最具有节约的潜力。

ABC 分类法是十分重要且有效的材料分类管理方法,适用于材料部门的几乎所有工作,包括材料的计划、控制、采购、收货、仓储和库存控制等,也适用于来料质量控制。

(4)应用价值分析理论进行管理优化。

价值分析理论中的"价值",是指某种产品的功能与成本的关系,即价值＝功能/成本。

价值分析的目的是以尽可能少的费用,可靠地实现必要的功能。材料成本所占比重较大,其降低的潜力最大,故有必要认真研究价值分析理论在材料管理中的应用。

(5)改进设计及使用代用材料。

按价值分析理论,提高价值的有效途径之一就是改进设计和使用代用材料,它比改进工艺的效果好得多。因此,在项目实施过程中应大力进行科学研究,开发新技术,以改进设计及寻找代用材料,从而实现大幅度降低成本的目标。

2. 工程项目材料节约管理的具体措施

为了厉行节约,反对浪费,实行生产和节约并重,达到减少材料消耗、降低工程成本、提高企业经济效益及管理水平的目的,可采取以下几种措施。

(1)综合节约措施。

①加强材料计划管理。坚持勤俭节约、反对浪费的原则,挖掘企业内部潜力;坚持计划的严肃性与方法的灵活性相结合的原则,计划一经订立或批准,就必须严格执行。

②加强材料现场管理。加强对计量工作和计量器具的管理,对进入现场的各种材料要加强验收、保管工作,减少材料的缺方亏吨,最大限度地减少材料的人为和自然损耗;做好材料的平面布置及合理码放工作,防止堆放不合理造成的材料损坏和浪费。搅拌站严格实行配比的过磅计量,且计量准确,杜绝配比不准

造成的水泥、砂石料的浪费。施工现场设立垃圾分拣站,并及时分拣、回收、利用。

③做好材料限额领料工作,签订材料承包经济合同,严格执行材料节奖超罚制度。

(2)主要材料节约措施。

①钢材节约措施。

a. 增加钢材综合利用效果,钢筋加工向集中加工方向发展,尽量利用集中加工后的剩余短料,如制造钢钎、穿墙螺栓、预埋件、U 形卡等。

b. 施工单位加强钢筋翻样配料工作,提高钢筋加工配料单的准确性,减少漏项,消灭重项、错项。

c. 加强对钢模板、钢跳板、钢脚手架等周转材料的管理,使用后要及时维修保养,不得乱截、垫道、车轧、土埋。

d. 做好修旧利废工作,对各种铁制工具及时保养维修,延长使用期限,节约钢材和资金。

②木材节约措施。

a. 有条件时可以以钢代木。

b. 改进支模办法,采用无底模、砖胎模、活络模等支模办法。

c. 优材不劣用,长料不短用;以旧代新,综合利用。

③水泥节约措施。

a. 优化混凝土配合比。

b. 合理选用水泥强度等级。

c. 充分利用水泥活性及富余系数。

d. 选用良好的骨料颗粒级配。

e. 严格控制水灰比。

f. 合理使用外加剂。

g. 掺加适量的混合材料,如粉煤灰等。

(3)技术节约措施。

充分采用新工艺、新技术和新材料,实施技术节约措施,达到节约材料、降低成本的目的。在实施技术节约措施前确定工艺做法、所用设备、质量要求、节约指标计划及预期经济效果。在技术节约措施实施过程中填写效果台账。

7.4　机械设备管理

7.4.1　工程项目机械设备管理的含义及特征

1. 工程项目机械设备管理的含义

工程项目机械设备管理就是对机械设备的全过程管理,其中包括机械设备的选择、使用、维修、保养、检查和报废处理。工程项目机械设备管理的主要任务是根据机械设备运行的特点,通过一些技术、经济、组织措施,对机械设备实行全过程的综合管理,以达到机械设备寿命周期费用最经济、综合效能最高的目标。

2. 工程项目机械设备管理的特征

(1) 技术结构复杂。

一方面,工程很复杂,工程项目机械设备更为复杂,其复杂性主要表现为规格大小不一、种类较多、技术结构涉及多个知识领域;另一方面,机械的选择、使用、维修以及保养等各方面都有很强的经济性和技术性。

(2) 前期投资较大。

工程项目机械设备一般都是吨位大、工作能力强的机械设备,而这类机械设备普遍具有造价高、使用经费投入高和维护保养费用高的特点,因此前期投资较大。施工单位购买后要按时提取折旧,其未来工程的不确定性很大程度地增加了企业潜在的负债压力。

(3) 具有较大流动性。

机械设备转移是一件极其麻烦而又无法避免的事。诸如搅拌设备等大型机械设备转移非常困难,费用也非常高。一些机械设备不具备行走功能,必须通过拖车转移,而在转移过程中极易损坏。此外,施工的流动性决定了机械设备的频繁转移和拆装,导致机械设备有效作业时间减少、利用率降低,每拆装一次都会使设备精度降低、磨损加速、使用寿命缩短。

(4) 露天作业加速损耗。

在建筑工程施工过程中,机械设备多在露天作业,因而易受自然条件等各种因素的影响,加速机械设备的损耗,甚至对机械设备造成很大的伤害,导致须维

修或者更换机械设备。

7.4.2 工程项目机械设备的获取及租赁管理

1. 工程项目机械设备的获取

企业可以将自有或购买、租赁的机械设备,提供给施工方使用。远离企业本部的施工方,可由企业法定代表人授权,就地采取措施获取机械设备。工程项目机械设备的获取主要有以下四种方式。

(1)从设备租赁市场上租赁。

(2)从本企业设备租赁公司租用。

(3)分包工程的施工队伍自带。

(4)企业为工程项目专购。

2. 工程项目机械设备租赁原则

目前,机械设备租赁服务范围广泛,涉及公路、铁路、隧道、桥梁、水利、工厂、商场、房地产工程、市政工程、野外作业等。机械设备租赁大多属于一次性投资,既不占现金流,也无须投入大量人力、物力进行维护,并且在项目完工后即可退租,不必考虑设备存放问题,也没有设备故障维修成本风险,因此受到很多施工方的青睐。

在计划租赁机械设备之前,施工方要深入调研工程情况和设备生产效率,同时考虑其他人为和客观因素,选择适当的机械设备租赁期限,控制租赁费用。机械设备租赁原则是降低成本、经济适用。在进行机械设备租赁时,要与机械设备公司签订合同。合同应以国家法律法规为基础,在签订时要提高警惕,防范欺诈行为,防止纠纷,力图降低各种风险,保证租赁双方的合法利益。合同规定要清晰、严密,如对设备返还状态、租赁方式及期限的规定等。完成机械设备租赁后,在施工现场要科学管理及使用机械设备,合理制定施工方案,最大限度地降低施工事故发生概率,保证机械设备的高利用率。

3. 工程项目机械设备租赁的优点和缺点

(1)优点。

在资金短缺的情况下,可以用较少资金获得生产急需的设备;可以引进先进设备,加快技术进步;可以享受设备试用的优惠,加快设备更新,减少或避免设备陈旧、技术落后造成的风险;可以保持资金处于流动状态,防止资金呆滞,使企业资产状况不至于恶化;可以使资金保值,既不受通货膨胀的影响,也不受利率波动的影响;设备租金可在所得税前扣除,能享受税收利益;等等。

(2)缺点。

在租赁期间承租人对租用设备无所有权,只有使用权。因此,承租人无权随意对设备进行改造,更不能处置设备,也不能将设备用于担保、抵押贷款;承租人在租赁期间所交的租金总额一般比直接购置设备的费用要高,即资金成本较高;长期支付租金,会形成长期负债;租赁合同规定严格,毁约要赔偿损失;等等。

虽然机械设备租赁有上述缺点,但总体上它的优点更加突出,对建筑工程项目的管理和成本控制有很好的作用。

7.4.3　工程项目机械设备的使用管理

1. 工程项目机械设备安全管理

(1)要建立并健全设备安全检查、监督制度,要定期和不定期地进行设备安全检查,及时消除隐患,确保设备和人身安全。

(2)对于起重设备的安全管理,要认真执行当地政府的有关规定。要由经过培训、考核,具有相应资质的专业施工单位承担设备的拆装、移位、顶升、锚固、基础处理、轨道铺设、移场运输等工作。

(3)对于各种机械设备,必须按照国家标准安装安全保险装置。机械设备转移并重新安装后,必须重新调试安全保险装置,并试运转,确认各种安全保险装置符合标准要求,方可交付使用。任何单位和个人都不得私自拆除机械设备出厂时所配置的安全保险装置而操作设备。

(4)机械设备操作和维护人员,要严格遵守安全技术规程。对于违章指挥,机械设备操作者有权拒绝执行;对违章操作,施工现场管理人员和设备管理人员应坚决制止。

(5)项目应建立健全机械设备安全使用岗位责任制,从选型、购置、租赁、安装、调试、验收、使用、操作、检查、维护、保养、修理直至拆除退场等各个环节,都要严格管理。

2. 工程项目机械设备制度管理

(1)实行机械设备使用中的交接班制度。

153

（2）实行机械设备使用中的"三定"制度，即定人、定机、定岗位责任的制度。

（3）健全机械设备管理的奖励与惩罚制度。

3. 工程项目机械设备技术文件管理

进入施工现场的机械设备应具有如下技术文件。

（1）设备安装、调试、使用、拆除、试验程序和详细文字说明书。

（2）各种安全保险装置及行程限位装置调试和使用说明书。

（3）维护保养及运输说明书。

（4）配件及配套工具目录。

（5）安全操作规程。

（6）产品鉴定证书、合格证书。

（7）其他重要的注意事项等。

7.4.4 工程项目机械设备的维修

1. 工程项目机械设备的磨损

机械设备的磨损可分为以下三个阶段。

（1）磨合磨损阶段。磨合磨损包括制造或大修理中的磨损和使用初期的磨损，这个阶段时间较短，只要按磨合期使用规定使用就可降低磨合磨损，延长机械设备寿命。

（2）正常工作磨损阶段。在这个阶段，零件经过磨合磨损，表面粗糙度降低了，在较长时间内基本处于稳定的均匀磨损状态。这个阶段后期，磨损逐渐加快。

（3）事故性磨损阶段。在这个阶段，零件的间隙扩展导致负荷加大，磨损程度激增。如果磨损程度超过了极限而不及时修理，就会引起事故性损坏，造成修理困难和经济损失。

2. 工程项目机械设备的保养

保养机械设备的目的是使机械设备保持良好技术状态，提高运转的可靠性和安全性，减少零件的磨损，延长机械设备使用寿命，降低消耗，提高经济效益。操作人员应严格遵守操作规程，负责机械设备的日常保养，做好清洁、润滑、调整、紧固、防腐工作，填写机械设备运转和交接班记录。

机械设备的保养分为例行保养和强制保养。例行保养属于正常使用管理工作,不占用机械设备的运转时间,由操作人员在机械运转间隙进行;强制保养是间隔一定周期,须占用机械设备运转时间而进行的保养。

3. 工程项目机械设备的修理

机械设备的修理是指对机械设备的自然损耗进行修复,排除运行故障,对损坏的零部件进行更换、修复。机械设备的预检和修理可以保证机械设备的使用效率,延长其使用寿命。机械设备的修理可分为大修、中修和零星小修。

4. 工程项目机械设备的检查控制

机械设备在使用中要尽量避免发生故障,尤其是预防事故损坏(非正常损坏),即人为的损坏。造成事故损坏的主要原因:操作人员违反安全操作规程和保养规程操作;操作人员技术不熟练或麻痹大意;机械设备保养、维修不当;机械设备运输和保管不当;施工方法不合理或指挥错误;气候和作业条件恶劣;等等。必须采取措施,严加防范,随时以“五好”标准对机械设备进行检查控制,“五好”标准内容如下。

(1) 完成任务好:要做到高效、优质、低耗和服务好。

(2) 技术状况好:要使机械设备经常处于完好状态,工作性能达到规定要求,整洁,工具部件及附属装置等完整齐全。

(3) 使用好:要认真执行以岗位责任制为主的各项制度,合理、正确使用机械设备,原始记录应齐全、准确。

(4) 保养好:要认真执行保养规程,做到精心保养,随时做好清洁、润滑、调整、紧固、防腐等工作。

(5) 安全好:要认真遵守安全操作规程和有关安全制度,做到安全生产、无机械事故。

7.5　技　术　管　理

7.5.1　工程项目技术管理指导思想及制度

1. 工程项目技术管理指导思想

(1) 科学技术是第一生产力思想。

项目管理是一门科学,因为它反映了项目运动和项目管理的客观规律,是在

实践的基础上总结、研究出来的，又可用来指导实践。项目技术管理自然必须遵从科学技术是第一生产力的思想，应在项目中把各种生产要素合理组织起来，不断研究、实践、创新，加强项目实施过程中的目标控制、协调和动态管理，形成强大的生产力。

（2）系统管理思想。

建立系统管理思想就是要真正认识到项目技术管理是系统性的管理，必须重视它与相关管理的关系，重视相关管理，尤其要重视技术管理与进度管理、质量管理、安全管理、经济效益管理、劳力与机械管理等的关联性与综合性。利用系统管理的方法，可以提高绩效，能更加有针对性地、科学地、合理地发挥整体功能。

（3）现代化管理思想。

市场是项目管理的载体与环境。项目管理要取得成果，就必须充分依靠市场经济下的建筑市场。在飞速发展的时代，现代化管理即科学化管理，一是要管理观念现代化，二是要管理原则科学化。只有具备现代化管理思想，才能规范市场，促进科学技术的发展。只有不断创新，广泛采用新工艺，新技术，新材料，新设备，新的管理组织、方法和手段，才能赢得技术管理水平的胜利。

2. 工程项目技术管理制度

工程项目技术管理制度贯彻国家法律、法规、方针、政策，规范企业及职工的行为，使企业及职工按规定的方法、程序、标准进行施工和管理活动，从而保证项目组织秩序正常运转，保证项目的质量和效率。

（1）图纸会审制度。

制定、执行图纸会审制度的目的是领会设计意图，明确技术要求，发现设计文件中的差错与问题，提出修改意见，避免技术事故或经济、质量问题。

（2）施工组织设计管理制度。

按企业的施工组织设计管理制度制定项目的实施细则，着重于单位工程施工组织设计及分部分项工程施工方案的编制与实施。

（3）技术交底制度。

保证技术责任制落实，技术管理体系正常运转，技术工作按标准和要求进行。

（4）项目材料、设备检验制度。

保证项目所用材料、构件、零配件和设备的质量，进而保证项目质量。

（5）工程质量检查及验收制度。

加强对工程质量的控制，避免质量差错造成永久隐患，并为质量等级评定提供数据和信息，为企业积累技术资料和档案。

（6）工程技术资料管理制度。

工程技术资料是根据有关管理规定，在施工过程中形成的应归档保存的各种图纸、表格、文字、音像材料的总称，其是工程施工及竣工交付使用的必备条件，也是对工程进行检查、维护、管理、使用、改建和扩建的依据。

（7）其他技术管理制度。

为保证有关技术工作正常进行，可制定其他技术管理制度，如土建与水电专业施工协作技术规定、工程测量管理办法、计量管理办法、环境保护办法、工程质量奖罚办法等。

7.5.2　工程项目的主要技术管理工作

1. 设计文件的学习和图纸会审

图纸会审是施工单位领会设计意图、熟悉设计图纸的内容、明确技术要求、尽早发现并消除图纸中的技术错误和不当之处的重要手段，它是在学习和审查图纸的基础上进行质量控制的一种重要而有效的方法。图纸会审由三方代表进行，即建设单位或其委托的监理单位、设计单位和施工单位。可由建设单位（或监理单位）主持，先由设计单位介绍设计意图和图纸、设计特点、对施工的要求，再由施工单位提出图纸中存在的问题和对设计单位的要求，通过三方讨论与协商，解决存在的问题，撰写会议纪要，交给设计人员。设计人员将纪要中提出的问题通过书面的形式进行解释或提交设计变更通知书。

图纸会审具体内容如下。

（1）地质勘察资料、设计图纸资料是否正式签署，是否齐全、完善。

（2）总平面图与施工图的几何尺寸、平面位置、标高是否一致；结构图与建筑图的平面尺寸和标高是否一致，表示方法是否清楚；构造要求说明是否清楚，是否与规范矛盾。

（3）施工安全是否有保证；地基处理方法是否合理；建筑与结构构造是否存在不能施工、不便于施工的问题，是否容易导致质量、安全或经费等方面的问题；建筑材料来源是否有保证。

（4）安装工艺管道、电气线路、运输道路与建筑物之间有无矛盾，管道之间

的关系是否合理。

2. 技术交底

技术交底是一项技术性很强的工作,对保证质量至关重要,不但要领会设计意图,还要贯彻上一级技术领导的意图和要求,必须满足施工规范、质量评定标准和建设单位的合理要求。要建立交底制度,并加强施工质量检验、监督和管理,从而提高质量。技术交底内容包括以下几项。

(1)设计交底。

由设计人员向施工单位交底。设计交底的内容包括:设计文件依据;项目所在地的位置、地形、水文地质条件、地震烈度;设计意图及施工时应注意的事项,如施工要求,建筑材料方面的特殊要求,采用的新结构、新工艺对施工提出的要求。

(2)施工单位技术负责人向下级技术负责人的交底。

其内容包括:工程概况一般性交底,施工方案、工程特点和设计意图,施工准备要求,分部分项工程的注意事项及工期、质量、安全要求等。

(3)施工单位技术负责人向工长、班组长进行的技术交底。

按分部分项工程进行交底,其内容包括:设计图纸的具体要求;施工方案实施的具体技术措施及施工方法;土建与其他专业的协作关系及注意事项;各工种之间与各工序之间交接质量检查方法;设计要求、工艺标准、验收标准及检验方法;隐蔽验收标准及记录;成品保护办法与制度;施工安全技术措施。

(4)工长向班组长的交底。

主要利用下达施工任务书的时间进行分项工程操作交底,包括操作要领、材料使用要求、质量标准、工序交接安全措施、成品保护等,必要时用图表、样板、示范操作等方法进行。

3. 检查及隐蔽验收

(1)检查。

建筑工程检查内容:建筑物位置线,现场标准水准点、坐标点;轴线、标高、断面尺寸、坡度、节点构造做法、预埋件及预留洞尺寸和位置;施工缝留置方法和位置;接槎的细部做法。

(2)隐蔽验收。

隐蔽工程是指地基、电气管线、供水管线、供热管线等须覆盖、掩盖的工程。

隐蔽工程在隐蔽后如果发生质量问题,必须重新覆盖和掩盖,会造成返工等非常大的损失,为了避免资源的浪费和承包人、发包人双方的损失,保证工程的质量和进度,承包人在隐蔽工程隐蔽以前,应通知发包人检查,发包人检查合格后,方可进行隐蔽工程施工。建筑工程隐蔽验收的内容:地基验槽,包括土质情况、标高、地基处理;基础、主体结构各部位的钢筋;现场结构焊接;屋面、厕浴间防水层下的各层细部做法,地下室施工缝、止水带、过墙管做法;等等。

7.6　资 金 管 理

7.6.1　工程项目资金运用的影响因素

工程项目的资金是工程项目经理部占用和支配物资及财产的货币表现,是进行生产经营活动的必要条件和物质基础。因此,资金管理水平直接影响工程项目进度和工程项目经济效益水平。

工程项目资金运用的主要影响因素如下。

(1) 工程项目的投标报价和合同规定的付款方式,包括工期、预付备料款的比例和金额、工程款的结算方式和期限等。

(2) 市场上各种材料和机械设备的价格,包括租赁费用等变动因素。

(3) 市场条件下量价分离后的企业内部定额。

(4) 国家银行的贷款、存款利率等。

(5) 工程项目施工方案、技术组织措施等。

7.6.2　工程项目的资金收入与支出的预测与对比

1. 资金收入预测

工程项目的资金收入预测,应从按合同规定收取工程预付款(预付款要在施工后以冲抵工程价款方式逐步扣还给业主)开始,每月按进度收取工程进度款,直到竣工验收合格后办理竣工结算。按时测算出价款数额,做好工程项目的收入预测表,绘制出资金按月收入图及项目资金按月累计收入图。项目资金收入预测程序如图 7.2 所示。

资金收入预测应注意以下问题。

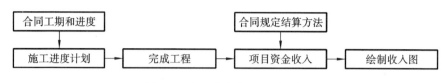

图 7.2　项目资金收入预测程序

（1）在项目经理主持下，由职能部门人员参加，分工完成。

（2）加强施工的控制与管理，确保按期实现目标，避免违约罚款，造成经济损失。

（3）按合同规定的结算办法测算每月实际应收入的工程进度款额。另外，按每月完成的工程量计算应收取的工程进度款不一定能按时全额收取，但应尽力缩短滞后时间。

（4）如收取的价款由多种币种组成，在测算每月的收入时要按货币种类分别进行计算，收入曲线也应按货币种类分别绘制。

2. 资金支出预测

项目资金的支出主要用于劳动对象和劳动资料的购买或租赁，劳动者工资的支付，施工现场的管理费用，等等。资金支出预测的主要依据：施工项目的成本控制计划、物资供应计划、施工组织计划，项目资金支出预测程序如图 7.3 所示。

图 7.3　项目资金支出预测程序

按程序测算出工程实施中每月预计的人工费、材料费、机械设备使用费、物资储运费、临时设施费、其他直接费和施工管理费等各项支出。资金支出预测可以使项目经理部了解整体施工项目的支出在时间和数量上的总概念，以满足资金管理的需要。

资金支出预测应注意以下问题。

（1）从工程项目实际出发，使资金支出预测更接近实际情况。资金支出预测在招投标过程中就开始了，但是不够具体。因此，在预测过程中要根据项目的实际情况和不确定性因素的具体情况对原来做出的预测进行调整,使资金支出预测更加符合实际情况。

（2）应考虑资金支出的时间价值,资金支出预测是站在筹措资金和合理安排资金的角度考虑的,故应从动态角度考虑资金的时间价值,同时考虑实施合同过程不同阶段的资金需要。

3. 项目资金收支对比

图 7.4 为工程项目资金收支预测的对比图。其横轴既可以是项目合同总工期为 100% 的进度百分比,也可以是月度（旬、周）;其纵轴既可以是项目合同价款为 100% 的合同金额百分比,也可以是绝对资金数额。分别将收支预测的累计数值绘于图中,便得到 A、B 两条曲线。在同一进度时 A、B 曲线上两点距离即该进度时收入资金与支出资金的预计差额,也就是应筹措的资金数量。图 7.4 中 a、b 的距离是该项目应筹措资金最大值。

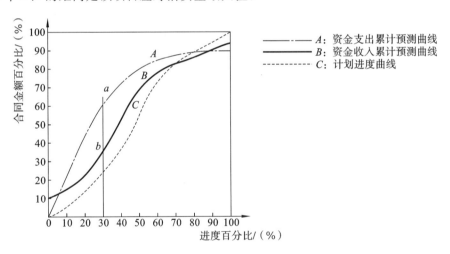

图 7.4　工程项目资金收支预测对比

7.6.3　工程项目资金的筹措及管理措施

1. 工程项目资金的筹措

（1）工程项目资金的主要筹措渠道如下。

①财政预算投资。

由国家预算安排且列入年度基本建设计划的建设项目投资为财政预算投

资,也称为国家投资。

②自筹资金投资。

自筹资金是指各地区、各部门、各单位按照财政制度提留、管理和自行分配的用于固定资产再生产的资金。自筹资金主要有地方自筹资金,部门自筹资金,企业、事业单位自筹资金,集体、城乡个人筹集资金等。自筹资金必须纳入国家计划,并控制在国家确定的自筹资金投资规模以内。地方和企业的自筹资金应由建设银行统一管理,其投资与预算内投资一样,事先要进行可行性研究和技术经济论证,严格按基本建设程序办事,以保障自筹资金有较好的投资效益。

③银行贷款投资。

银行利用信贷资金发放的基本建设贷款为银行贷款投资。

④利用外资。

利用多种形式的外资,是我国实行改革开放政策、引进外国先进技术的一个重要措施,也是我国建设项目投资不可缺少的重要资金来源。其主要形式有:外国政府贷款;国际金融组织贷款;国外商业银行贷款;在国外金融市场上发行债券;吸收外国银行、企业和私人存款;利用出口信贷;吸收国外资本直接投资,包括与外商合资经营、合作经营、合作开发以及外商独资等形式;补偿贸易;对外加工装配;国际租赁;引进外资的建设—运营—移交方式;等等。

⑤ 利用有价证券市场筹措建设资金。

买卖公债、公司债券和股票等有价证券,在不增加社会资金总量和资金所有权的前提下,通过融资方式,将分散的资金累积起来,从而有效地改变社会资金总量的结构。

(2) 筹措资金的原则。

①按照收支预测数值的差额筹措资金。

②尽量利用自有资金。因为自有资金调度灵活,比贷款更有保证性。

③努力争取低息贷款,资金成本应作为资金来源的选择依据。

2. 工程项目资金的管理措施

工程项目资金管理应以保证收入、节约支出、防范风险和提高经济效益为目的,应在财务部门设立项目专用账号进行资金收支预测,统一对外收支与结算。项目资金管理措施包括资金收入与支出管理、资金使用成本管理、资金风险管理。

（1）资金收入与支出管理。

①资金收入与支出管理原则。

项目资金收入与支出管理原则主要涉及资金的回收和分配两个方面。为了保证项目资金的合理使用，应遵循以收入确定支出和制定资金使用计划两个原则。

②资金收入与支出管理要求。

在项目资金收入与支出管理过程中，应以项目经理为中心，制定资金管理办法，按月编制资金收支计划，由公司财务部门及总会计师批准，内部银行监督执行，每月都要进行分析总结；项目经理部可在企业内部银行开设独立账户，由内部银行办理项目资金的收、支、划、转，并由项目经理签字确认。项目经理部按用款计划控制项目资金的使用，并按规定设立财务台账记录资金支付情况，加强财务核算，及时盘点盈亏，及时向发包方收取工程款，做好分期结算、增减结算、竣工结算等工作。坚持做好项目资金分析、"三材"及设备的收入与耗用动态分析，进行计划收支与实际收支对比，为做好各项结算创造条件。

③项目资金的收取。

项目经理部除应负责编制年、季、月度资金收支计划，上报给业主管理部门审批实施，以及对资金的收入与支出情况进行管理外，还应按企业的授权，配合企业财务部门进行资金收取。资金收取主要有以下几种情况。

a. 对于新开工项目，应按工程施工合同收取工程预付款或开办费。

b. 当工程发生变更或违约时，应根据工程变更记录和证明发包人违约的资料，及时计算索赔金额，列入工程进度款结算中。

c. 对于发包人委托代购工程设备或材料的情况，必须签订代购合同，并收取设备订货预付款或代购款。如工程材料出现价差，应按规定计算，并及时请发包人确认，以便与工程进度款一起收取。

d. 按月度统计报表编制工程进度款结算单，在规定日期报送监理工程师审批结算。如发包人不能按期支付工程进度款并超过合同支付的最后限期，项目经理部应向发包人出具付款违约通知书，并按银行的同期贷款利率计息。

e. 工程尾款应按发包人认可的工程结算全额及时收取。对于工程的工期奖、质量奖、不可预见费及索赔款，应按施工合同规定，与工程进度款同时收取。

（2）资金使用成本管理。

建立健全项目资金管理责任制，明确项目资金由项目经理负责管理，项目经理部财务人员负责协调组织日常工作，做到统一管理、归口负责、业务对口，建立

责任制,明确项目预算员、计划员、统计员、材料员、劳动定额员等有关职能人员的资金管理职责和权限。

①按用款计划控制资金使用,项目经理部各部门每次领用支票或现金时,都要填写用款申请表(见表7.1),由项目经理部各部门负责人具体控制该部门支出;但额度不大的零星采购费用支出,也可在月度用款计划范围内由经办人申请,部门负责人审批。各项支出的有关发票和结算验收单据,由各用款部门领导签字,并经审批人签证后,方可向财务报账。

表 7.1 用款申请表

用款部门:	年　　月　　日
申请人:	
用途:	
预计金额/元:	
审批人:	

财务部门要根据实际用款做好记录,每周末编制银行存款情况快报,反映当期银行存款收入、支出和报告日结存数。各部门对原计划支出数不足部分,应书面报项目经理审批追加,将审批单交给财务部门,做到支出有计划、追加按程序。

②设立财务台账,记录资金支出。为控制资金,项目经理部要设立财务台账(见表7.2),做好会计核算的补充记录,进行债权、债务的明细核算。

表 7.2 财务台账

供货单位名称:

年	月	日	凭证号	摘要	应付款 (货方)	已贷款 (借方)	借或贷	金额/元

项目经理部的财务情况可由财务人员或有关业务部门登账,对于明细台账要定期与财务账核对,做到账账相符,还要与仓库保管员的收发存实物账及其他业务结算账核对,做到账实相符,总体控制资金收支,发挥资金管理作用。

③加强财务核算,及时盘点盈亏。

(3)资金风险管理。

项目经理部应注意发包方资金到位情况,签好施工合同,明确工程款支付办法和发包方供料范围。在发包方资金不足的情况下,尽量要求发包方供应部分材料,要防止发包方把属于甲方供料、甲方分包范围的资金支出转给承包方支付。同时,要关注发包方资金动态,在已经发生垫资施工的情况下,要适当掌握施工进度,以利于回收资金;如果垫资超出原计划幅度,要考虑调整施工方案,压缩工程规模,甚至暂缓工程施工,并积极与发包方协调,保证项目进度,以利于回收资金。

第8章　建筑工程项目合同管理

8.1　项目合同管理概述

8.1.1　项目合同管理的定义

1. 合同的定义

合同有广义与狭义之分。广义的合同是指以确定权利、义务为内容的协议，除《中华人民共和国民法典》中的合同之外，还包括行政合同、劳动合同、国际法上的国家合同。狭义的合同将合同视为民事合同，即设立、变更、终止民事权利义务关系的协议。

2. 建筑工程项目合同的定义

建筑工程项目合同是承包人进行工程建设，发包人支付工程价款的契约（合同）。合同双方当事人应在合同中明确各自的权利和义务，以及违约时应承担的责任。建筑工程项目合同是一种承诺合同，合同订立并生效后双方应当严格履行。建筑工程项目合同是一种双务合同，也是一种有偿合同，当事人双方在合同中都有各自的权利和义务，在享有权利的同时必须履行义务。从合同理论上说，建筑工程项目合同是一种广义的承揽合同，是承包人按照发包人的要求完成工程建设并交付工作成果（竣工工程），发包人支付报酬的合同。由于建筑工程项目合同在经济活动、社会生活中的重要作用，以及在国家管理、合同标的等方面均有别于一般的承揽合同，我国一直将建筑工程项目合同列为单独的一类重要合同。

3. 建筑工程项目合同管理的定义

建筑工程项目合同管理是指各级工商行政管理机关、建设行政主管机关，以及建设单位、监理单位、承包单位依据法律法规,采取法律的、行政的手段,对项目合同关系进行组织、指导、协调及监督,保护项目合同当事人的合法权益,处理项目合同纠纷,防止和制裁违法行为,保证项目合同贯彻实施的一系列活动。各级工商行政管理机关、建设行政主管机关对项目合同进行宏观管理,建设单位、监理单位、承包单位对项目合同进行微观管理。项目合同管理贯穿招标投标、合同谈判与签约、工程实施、竣工验收及保修的全过程。

8.1.2　项目合同管理的任务、特点及原则

1. 项目合同管理的任务

项目合同管理的主要任务是促进项目法人责任制、招标投标制、工程监理制和合同管理制等制度的实行,并协调好这四个制度的关系;规范各种合同的文体和格式,使建筑市场交易活动中各主体的行为被合同约束。

2. 项目合同管理的特点

项目合同管理的特点由项目的特点、环境和合同的性质、作用、地位决定,具体如下。

(1)项目合同管理周期长。

因为建筑体积大、结构复杂、技术和质量标准高、施工周期长,合同管理不仅包括施工阶段,而且包括招标投标阶段和保修期。所以,建筑工程项目合同管理是一项长期的、循序渐进的工作。

(2)项目合同管理与效益、风险密切相关。

在工程实际中,由于工程价值量大,合同价格高、实施时间长、涉及面广,受政治、经济、社会、法律和自然条件等的影响较大,合同管理水平直接影响双方当事人的经济效益。另外,合同本身常常隐藏着许多难以预测的风险。

(3)项目合同管理变量多。

在工程实施过程中内外干扰事件多,且具有不可预见性,使合同变更非常频繁。一个稍大的工程,合同实施中的变更可能有几百项。

(4)项目合同管理是综合性的、全面的、高层次的管理工作。

项目合同管理是建设单位、承包商项目管理的核心,在现代建筑工程项目管理中已成为与项目进度控制、质量控制、投资控制和信息管理并列的一大管理职能,并有总控制和总协调作用,是一项综合性的、全面的、高层次的管理活动。

3. 项目合同管理的原则

（1）遵守国家法律法规，平等互利、协商一致、等价有偿原则。

合同当事人在法律上地位平等，而且双方自愿，成功的合同最终应该是双赢的，当事人双方具有对等的权利和义务，一方的权利便是对方的义务。只有坚持以上原则才能达到合同目的，否则必将出现纠纷、合同执行不力等诸多问题。

（2）调查权、洽谈权、批准权、执行权、监督权、考核权相互独立、相互制约原则。

合同管理的全过程工作要做到有岗位就要监督，有权利就要制衡，有利益就要约束，有责任就要考核。在机构设置上要杜绝一个部门或个人权力高度集中的情况发生。问题的产生原因往往是部门或个人权力高度集中，因此合同管理的权力要相对独立、互相制约，如调查权以工程部为主，洽谈权以法务部为主，批准权按合同额大小分级执行，计划、工程、安全、财务部门共同参与合同的执行，纪检、审计、监察等部门联合进行监督和考核。

（3）合同分类归口管理原则。

建筑工程项目涉及设计咨询、施工调试、工程监理、采购加工、借贷租赁、财产保险等各类性质的合同，建设单位必须将合同按合同性质分类归口到一个责任部门统一管理，防止多头管理、权责不清现象发生，如设计咨询、施工等合同归口到工程部门管理，设备采购、加工、运输等合同归口到供应部门管理，贷款、财产保险等合同归口到财务部门管理。

（4）审查会签及法律顾问咨询原则。

项目合同的确立、签订、变更都要实施承办部门为主、相关部门及领导逐级审查会签的程序，同时尽可能设置内部法律机构或聘请法律顾问对合同管理进行全过程的咨询、监督，保证合同执行全过程的合法性和严谨性。

（5）合同至上原则。

在建筑工程项目管理中，项目内部各种关系错综复杂，受外部环境的影响较大，不确定因素较多，要约束承包商和建设单位的行为，保证工程项目建设的顺利进行，当事人双方必须订立合同，严格按照合同规定办事，奉行合同至上原则。

8.1.3　项目合同管理面临的问题

建筑工程项目合同即建筑安装工程承包合同，是发包人与承包人之间为完成商定的建筑工程项目，确定双方权利和义务的协议。在市场经济条件下，建筑市场主体之间相互的权利义务关系主要是通过合同确立的,因此,加强对项目合同的管理具有十分重要的意义。建筑工程项目合同是建筑工程的主要合同,是工程建设质量控制、进度控制、投资控制的主要依据;明确了施工阶段承包人和发包人的权利和义务,是施工阶段实行监理的依据。国家立法机关、国务院、建设行政管理部门都十分重视项目合同的规范工作,专门制定了示范文本、法律、法规等,用于规范建筑工程项目合同的签订和履行。但是由于目前我国建筑法规的起步较晚,建筑市场不健全以及建筑管理认知上存在偏差,项目合同管理还普遍存在着一些待解决的问题。

(1) 合同意识淡薄,有些建设单位甚至无合同管理。我国的建设单位大多由计划经济体制转轨而来。在计划经济时代,建设单位的业务由政府指定,建设单位缺乏市场竞争意识。而在目前的市场经济条件下,建设单位的生存取决于自由竞争,市场是社会资源配置的主要形式。我国建设单位多处于转型时期,还不习惯依靠合同维护自身利益。

(2) 合同管理人才缺乏,无正规的合同管理机构。合同管理和合同索赔是高智力型、涉及全局,且专业性、技术性和法律性很强的工作。管理人才的缺乏,极大地影响了我国合同管理水平的提高。项目管理方法从鲁布革工程开始推行至今已有三十余年,但有些项目管理机构仍然缺少合同管理部门。最近几年,一些建设单位为了适应市场经济,开始逐渐在项目部设置合同管理部门,但大多数建设单位仍缺乏正规的合同管理机构与行之有效的合同管理操作流程,无法对工程实施及时、规范、有效、动态的合同管理。

(3) 市场运行过程中的不规范行为使合同管理工作发展滞后。目前建筑市场竞争激烈,许多施工单位负债经营,加上存在各种遗留问题,给施工单位带来了沉重负担,许多施工单位迫于生计甚至向建设单位提出了签订"阴阳合同"的要求。"阴阳合同"就是桌上桌下两份合同:"桌上合同"是建设单位与承包商签订并在合同管理机关备案的形式正规、内容合法但并不真正执行的合同,这份合同的作用主要是应付各种检查;"桌下合同"是建设单位与承包商签订的形式不正规、内容不合法的"垫资、割肉、让利"合同,这份合同才是双方真正履行的合同。"桌下合同"的存在,很大程度上破坏了招投标及项目合同的严肃性,严重干扰了建筑市场的秩序,并给双方履约留下了隐患。建筑领域的几大通病——质量问题、竣工结算纠纷、三角债问题,都与前期合同的签订不合法、不规范有直接关系,更与"阴阳合同"有直接关系。

(4) 存在钻法律条款漏洞的现象。虽然《中华人民共和国建筑法》《中华人民共和国招标投标法》《中华人民共和国民法典》已出台,但仍存在钻法律条款漏洞的现象。

(5)应当变更的合同没有变更。在合同履约过程中,合同变更是正常的事情,但在实际管理过程中许多负责合同履约管理的人员缺乏及时变更的意识,从而导致纠纷。

(6)应当发出的书、函、会议纪要没有及时发。如果没有将合同双方有关工程的洽商、变更等书面协议或文件及时发出,会给日后的管理造成麻烦。

(7)应当签证确认的合同没有及时办理签证。有些管理人员对签证缺乏重视,当发生纠纷时,往往因无法举证而败诉。

(8)不重视诉讼时效。有些建设单位缺乏法治意识,往往起诉时,才发现已过了两年起诉时效,无法挽回损失。

(9)应当行使的权利没有行使。有些建设单位缺乏对自身权利的认识,在实际管理过程中未充分行使自己的权利。

(10)不重视证据的法律效力。有法律效力的证据应当是原件、与事实有关、有盖章和签名且内容和时限明确的书面文件。有些建设单位缺乏重视证据的法律效力的意识。

8.1.4　项目合同管理理论

1. 项目合同动态管理

动态管理是建筑工程项目合同管理的重要方法,按照计划、执行、检查、处理四个步骤循环进行。在合同管理过程中,项目管理人员通过设定合同管理目标,并结合工程实际制定计划方案、组织管理办法、监督协调办法等,为工程实施提供保障。随着工程建设的逐步推进,在各个阶段对工程任务进行细化,根据不同施工阶段的联系,结合工程进度,围绕项目建设总目标进行施工检查和问题处理。在合同实施过程中,及时对合同的履行情况进行跟踪检查,对出现的问题进行协商处理,以文字的形式明确问题处理情况,动态地跟踪合同实施进度,保证项目合同按照计划顺利履行。

2. 系统理论

(1)系统的特点。
①整体性。
整体性是系统的基本特征,主要表现在两个方面:一是从构成上来看,系统

是由若干既相互联系又相互区别的要素(子系统)构成的整体;二是从功能上来看,系统的整体功能依赖于要素的相互作用。系统的功能是指系统在存在和运动过程中所表现出的功效、作用和能力。表现并继续表现出某种功能,是系统存在的社会理由。系统的整体功能依靠各构成要素的相互作用来完成。各要素相互作用的形式(即要素功能)必须服从整体功能的要求,但整体功能并不是各要素功能的简单相加。

②相关性。

相关性是指系统各要素之间相互制约、相互影响、相互依存的关系。构成系统的各个要素虽然是相互区别、相互独立的,但它们并不是孤立地存在于系统中的,而是在运动过程中相互联系、相互依存的。

(2)系统的原理。

①系统的整体性原理。

系统构建起完整合同管理体系。系统理论的核心思想是系统的整体观念。任何系统都是一个有机整体,其并不是各要素的机械组合或简单相加,相反,系统各要素之间相互联系、相互制约,构成一个不可分割的整体。

②系统的开放性原理。

系统构建起完善的多方联动机制。必须打破目前项目合同管理只是孤立地进行合同管理的现状,要站在工程建设全过程监管的角度来推进项目合同管理工作,积极融入全过程监管的系统中,从而全面提高项目合同管理水平。

(3)系统理论在合同管理工作中的应用。

建设单位全过程合同管理工作应当从项目前期准备阶段开始,经过策划、订立、施工、验收等阶段,构成一个合同管理系统。合同管理系统应当既有相关性又有层次性(有序性),还应当具备开放性,以便后续合同的加入。管理过程是各个环节相互联系、相互影响、相互作用、相互制约、相互补充,从而形成一个全过程合同管理系统的过程。一个合同管理系统的形成过程是一个由浅到深、由局部到整体、由孤立到融合的过程。

3. 三全管理方法

合同管理是工程项目管理的重要组成部分。项目合同管理必须依附于总体的工程项目管理。要实现项目合同管理的目标,就必须对全项目、项目的全过程和过程的各个阶段实施行之有效的合同管理。将合同管理系统与其他管理系统紧密结合,从而构建整体的工程项目管理系统。进行项目合同管理,要做到"三全"，即全项目、全过程、全员合同管理。以合同作为项目管理的纽带，将项目管理的方方面面联系起来，从而动态地实现整体目标，确保建设单位经营目标实现。因此，要将合同作为基本的行为准则。在合同允许的范围内实现整体项目的最优化处理，以及项目质量、安全、进度、投资四大控制目标的最佳结合。从确保合同顺利履行的角度分析，投资、进度、质量、安全这四大目标之间既对立又统一，这就要求从整体的角度（即合同的角度）制定项目的实施规划，使工程的各部分具有持续性、均衡性、衔接性，以缩短工期、降低成本、提高质量。在一个工程中，建设单位常常面对数以百计的施工单位与供货商，签订大量的合同。大量的合同之间其实存在着复杂的内在逻辑联系，它们相互关联、相互制约、相互平衡。所以，必须对整个项目的合同进行全面的管理。

（1）全项目合同管理。

全项目合同管理可以从以下角度理解：从组织的管理角度来看，项目合同的总目标实现依赖于建设单位全体员工的共同努力，特别是高层管理者的通力支持与积极参与对项目的成功管理起着决定性的作用；从项目各部门职能的配合角度来看，合同目标的实现要求建设单位各级合同管理部门通力协作。广义地说，管理方向的协调配合涉及建设、勘察、设计、施工及分包、材料设备供应、监理等各级合同管理部门，因此合同管理要从整体利益出发，通过各部门内部以及部门之间的组织与协调，使项目的各阶段以合同为纽带形成一个系统。

（2）全过程合同管理。

全过程合同管理是指建设单位从策划开始，就对项目的招标，合同谈判、签订、履行，竣工验收等进行全过程管理与监督，建设单位不仅要重视工程实践阶段的合同管理，也要重视项目决策和竣工阶段的合同管理。项目的合同管理贯穿建设单位项目管理的全过程，并且与项目的其他管理职能相互协调。

从工程项目的开始阶段，建设单位就应当对工程的合同体系进行总体策划，确定基本的、方向性的、决定性的问题，针对项目的特点和本公司的实际情况，对整个项目合同的主要内容进行前期策划和控制。在进行招投标前，建设单位就应组织高水平的专业人员审核图纸，明晰设计意图，拟定相关条款，最大程度预测和消除不利因素。在合同实施过程中，进行跟踪管理，不断根据偏差进行合同的调整。在合同的收尾阶段，更要重视合同执行情况的评估总结，对成功经验进行推广，对错误加以改正。工程竣工验收后，应尽快收集与工程有关的合同资料，为保修期提供查阅依据。

（3）全员合同管理。

项目合同涉及总包、分包、协作单位以及企业管理人员，在项目实施的任意一环节对合同履行不严格，都可能造成经济损失。合同谈判过程中，合同主管人员和项目主要负责人员要对合同条款进行仔细研究。在项目开工前，要对各管理部门进行合同知识培训，项目经理、财务、预算等部门的管理人员也要熟悉合同内容，及时收集合同资料，保证项目合同的执行。项目的计划、技术、预算、供应部门要根据项目合同进行资源供应与索赔管理。施工总包合同要由双方单位分别审批，施工单位要通过项目部合约谈判人员或经营人员与甲方进行沟通洽谈，形成书面的记录，并报生产单位各科室进行审核，在网络办公自动化系统中走合同审批流程，生产单位领导审核后报总公司合同管理人员审核，再由管理部办公室主任审核，最后由公司主管副总经理审批，方可签订合同。另外，合同要在公司合同管理部门进行盖章，双方盖章签订后及时在专门的合同管理人员处备案。对于分包合同的签订，可以由公司开具法定代表人授权委托书，委托项目部人员（一般为项目经理）签订相关的分包合同，制式合同可以由生产单位领导审批，非制式合同还要经过总公司主管副总经理审批，也要及时备案合同，作为后期内部结算的依据。

8.2　项目合同的内容及管理体系

8.2.1　项目合同的内容

1. 项目合同的组成

目前我国的《建设工程施工合同（示范文本）》（GF—2017—0201）借鉴了国际上广泛使用的 FIDIC 土木工程施工合同条款，由中华人民共和国住房和城乡建设部、国家市场监督管理总局联合发布，主要由合同协议书、通用合同条款、专用合同条款三部分组成，并附有承包人承揽工程项目一览表、发包人供应材料设备一览表、工程质量保修书等附件。

（1）合同协议书。

合同协议书共计 13 个，主要包括工程概况、合同工期、质量标准、签约合同价格和合同价格形式、项目经理、合同文件构成及承诺，以及合同生效条件等重

要内容。合同协议书集中约定了合同当事人基本的合同权利和义务。

（2）通用合同条款。

通用合同条款是合同当事人根据《中华人民共和国建筑法》《中华人民共和国民法典》等法律、法规的规定，就工程建设的实施及相关事项，对合同当事人的权利和义务做出的原则性约定。

通用合同条款共计20条，包括一般约定、发包人、承包人、监理人、工程质量、安全文明施工与环境保护、工期和进度、材料与设备、试验与检验、变更、价格调整、合同价格、计量与支付、验收和工程试车、竣工结算、缺陷责任与保修、违约、不可抗力、保险、索赔和争议解决。通用合同条款既考虑了现行法律、法规对工程建设的有关要求，又考虑了建筑工程管理的特殊需要。

（3）专用合同条款。

专用合同条款是对通用合同条款原则性约定进行细化、完善、补充、修改或另行约定的条款，合同当事人可以根据不同建筑工程的特点及具体情况，通过双方的谈判、协商，对相应的专用合同条款进行修改、补充。对于专用合同条款，应注意以下事项。

①专用合同条款的编号应与相应的通用合同条款的编号一致。

②合同当事人可以通过对专用合同条款的修改来满足具体建筑工程的特殊要求，避免直接修改通用合同条款。

③在专用合同条款中有横线的地方，合同当事人可针对相应的通用合同条款进行细化、完善、补充、修改或另行约定；如无细化、完善、补充、修改或另行约定的内容，则填写"无"或"/"。

2. 项目合同的内容

建筑工程项目合同的主要内容如下。

（1）工程范围。

（2）建设工期。

（3）中间工程的开工和竣工时间。一个工程往往由许多中间工程组成，中间工程的完工时间影响着后续工程的开工时间，从而影响整个工程的进度，合同要对中间工程的开工、竣工时间做出明确的约定。

（4）工程质量。

（5）工程造价。工程造价如采用不同的定额计算方法，会产生较大的工程价款差额。在以招投标方式签订的合同中，应以中标时确定的工程价款为准；按初步设计总概算投资包干时,应以经审批的概算投资中与承包内容相应的投资(包括相应的不可预见费)为准;按施工图预算包干时,则应以审查后的施工图总预算或综合预算为准。在建筑、安装合同中,如能准确确定工程价款,应予以明确规定。如在合同签订时尚不能准确计算出工程价款,尤其是按施工图预算、现场签证、按时结算的工程,合同中应明确规定工程价款的计算原则,具体约定执行的定额、计算标准,以及工程价款的审定方式,等等。

(6)技术资料交付时间。工程的技术资料,如勘察、设计资料等,是进行施工的依据和基础,发包方必须将工程的技术资料客观、全面、及时地交给施工方,才能保证工程的顺利进行。

(7)材料和设备的供应责任。

(8)拨款和结算。项目合同中,工程价款的结算方式和付款方式因采用不同的合同形式而有所不同。采用哪种方式进行结算,应由签订双方根据具体情况协商,并在合同中明确约定。对于工程款的拨付,应由签订双方根据付款内容确定,具体有四项:预付款、工程进度款、竣工结算款、质量保修金。

(9)竣工验收。对工程的验收方法、程序和标准,国家制定了相应的法律法规予以规范。

(10)质量保修范围和质量保证期。在办理工程移交验收手续后规定的期限内,施工、材料等因素造成的工程质量缺陷,由施工单位负责维修、更换。国家对建筑工程的质量保证期一般都有明确要求。

(11)相互协作条款。项目合同不仅需要双方积极履行各自的义务,还需要双方相互协作,协助对方履行义务,如在施工过程中及时提交相关资料、汇报工程进度,在完工时及时检查验收等。

8.2.2　项目合同管理体系

1. 项目合同管理阶段的划分

项目生命周期包括可行性研究阶段、决策阶段、招标阶段、施工阶段、运行维护阶段等,以合同的方式统领各个阶段的工作,各个阶段的工作也要对合同负责。合同生命周期从合同签订开始,到双方责任履行完毕结束。合同生命周期和项目生命周期有关,主要分为策划阶段合同管理、订立阶段合同管理、施工阶段合同管理和竣工阶段合同管理。

（1）策划阶段合同管理。

①建立项目合同管理组织结构，即根据合同目标进行职能任务分工，由不同部门分工进行管理。

②建立项目合同管理制度，落实合同管理目标制、责任制、单位内部合同审批制度、单位内部合同会签和印章管理制度、合同管理检查奖惩制度、合同效能考核制度、合同管理评审制度，保障合同管理有章可循。

③对项目合同结构进行策划，包括分解、归类并进行分包、规划与协调。

④对项目合同内容进行策划，主要包括制定合同条件、制定合同条款和选择标准合同条件等。

（2）订立阶段合同管理。

订立阶段的合同管理主要包括招标文件编制、投标文件编制、主合同管理、合同评审、合同签订、合同风险管理等内容。

（3）施工阶段合同管理。

施工阶段要严格按照施工组织设计进行施工，按照合同的要求动态管理工作，保证质量、进度、造价、安全、节约等目标的实现，管理好施工现场，文明施工，做好合同变更及索赔工作，做好记录、检查、协调、分析等工作。

（4）竣工阶段合同管理。

竣工阶段要严格按照合同条款及时对工程进行竣工验收，竣工文件移交，竣工结算，质保金预留与返还，以及后期的服务、回访与保修等工作，并对工程成本进行分析，对项目进行总结，编制项目效能考核报告。

2. 项目合同管理体系构建

项目合同管理体系构建是全过程合同管理的基础，是保证合同目标实现的条件。建设单位要运用全过程合同管理思想和方法，将各部门、各层次的合同管理职能进行纵向组织，明确责权划分，保证合同管理的常态化、系统化、科学化。

（1）项目合同管理体系构建原则。

项目合同管理体系要具有可操作性，对施工项目具有适用性、经济性、可靠性，满足项目建设的需要。可以根据项目的实际情况，对项目合同管理体系进行调整，满足项目的特殊需要。

（2）项目合同管理体系构建前提。

构建项目合同管理体系的目的是保证工程项目建设目标的实现，提高工程建设质量，把各个部门和环节组织起来，形成一个有机的整体。构建项目合同管理体系要具有相应的组织和人员保障,通过培训体系持续提高合同管理人员专业水平,通过监督体系保证合同的各项内容得到落实。

(3)项目合同管理体系构建流程。

项目合同管理体系要对合同管理方式、合同管理思路、分包合同数量等进行分析,通过项目合同管理体系构建流程(图8.1)进行合同管理。

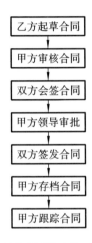

图8.1 项目合同管理体系构建流程

8.3 策划阶段和订立阶段的项目合同管理

8.3.1 策划阶段的项目合同管理

施工单位要不断提高企业的合同管理能力,定期组织培训和考核,保证合同管理人员持续学习,通过专门的合同管理部门,在合同管理制度的约束下,遵循合同管理的相关流程进行合同管理。在项目建设前期,要经过合同谈判,明确双方的权责,从而为项目后期建设提供保障。施工过程是合同执行的过程,施工过程合同管理直接影响合同执行效率,在施工过程中,合同管理人员要对质量、进度、成本、安全等进行重点控制。在项目竣工阶段,要根据合同和项目实施过程中产生的协议等进行科学严密的结算,保证项目利润。

1. 项目合同管理组织结构

项目合同管理组织要根据合同目标进行职能分工,设置相应的合同管理部

门,以工程为中心,建立起完整的总承包、监理、分包、材料、设备、劳务等合同管理体系,在进行任务分解之后,由不同部门进行管理。施工单位按职能分工设置不同的职能部门,可以根据实际情况设立工程合同管理部门,对所有合同进行管理;也可以将项目合同分解后,由不同部门进行管理。对企业员工定期进行培训,可以组织员工根据企业的实际情况进行案例分析,组织员工参加讲座,参加国家相关考试,定期进行职业道德教育等,形成一支高素质的合同管理团队。

2. 项目合同管理制度

项目合同管理制度主要包括:合同管理责任制、合同管理目标制、单位内部合同审批制度、单位内部合同会签和印章管理制度、合同管理奖惩制度、合同效能考核制度、合同管理评审制度。项目合同管理机制是建设单位运行秩序的保障,使合同管理有章可循。

项目合同管理目标是通过周密的计划、组织、监督、指挥等,在各个部门和环节相互配合下,利用人、材料、机械、施工方案、环境等因素,实现工程建设合同目标。

3. 项目合同结构策划

(1)合同分解。

项目合同分解是指将合同目标分解成不同层级的合同包,在考虑工程实际的情况下进行合同分解。

(2)合同归类与发包。

为了对合同进行统一、规范的管理,对合同进行归类和发包,以减少合同包的数量,减轻合同管理的负担。建设单位可以按照一定的方法将合同进行归类,再按照不同的类别进行发包。对合同进行发包可以减少建设单位的工作量,促进分包商之间竞争,保证工程质量和效益。

(3)合同规划与协调。

由于合同之间界限模糊,在合同执行过程中可能会发生争执和纠纷,从而影响工程进度,建设单位要做好合同规划与协调。在进行合同规划与协调时,要做好内容界定、总分协调和时空协调。内容界定可以减少项目合同履行过程中发生的争执,合同规划完成之后,要对合同进行仔细的检查,观察合同中是否存在遗漏。各专业人员要对分包合同与总包合同之间的关系进行检查,确保总包合同与分包合同连贯、统一。

4. 项目合同内容策划

项目合同内容策划是指确定项目合同的内容,主要包括制定合同条件、制定合同条款和选择标准合同条件等。在制定合同条款时,通常选择标准合同条件作为基本合同条款。在制定合同条件时,根据双方的实际需要,可以委托相应的机构订立合同条件。制定合同条件之后,专业人员要对合同条款进行整体分析,保证合同内容与意思表达相符。合同内容基本制定之后,组织专家进行评审,避免给后期施工带来麻烦。

5. 项目合同结构策划的作用

对项目进度管理的作用:可以在明确合同结构之后,整理出详细的合同列表,对合同的承包范围、要约方式等进行筹划,并根据项目的总进度计划,对每个部门的任务进行细化,再根据不同部门的计划进行分工准备,将被动的工作变为主动的工作。

对项目成本管理的作用:可以在项目成本表编制完成之后,确定每个合同的成本,所有合同成本目标之和即为项目总成本目标,项目总成本目标为项目目标成本控制的基础。

工程项目管理的三大任务是进度管理、成本管理和质量管理,而这些管理的依据便是合同。对项目合同结构进行策划,是项目进度管理和成本管理的基础,并影响项目质量管理。

8.3.2　订立阶段的项目合同管理

订立阶段的项目合同管理主要包括招标文件编制、投标文件编制、主合同管理、合同评审、合同签订、合同风险管理等内容。合同的订立经过要约和承诺两个阶段,符合相关要求的项目要经过招投标程序进行合同订立。在合同订立过程中,要提前进行各项准备。

项目合同管理是提高合同执行效率,明确双方责任与权利的重要手段,合同管理贯穿项目建设全周期,是项目管理的重要内容。

1. 招标文件编制

招标文件中工程量清单的编制要方便投标人报价,为投标人提供公平的竞争平台,方便索赔时选用明确的索赔单价。招标文件的编制要符合国家相关法律法规的规定，根据设计文件、技术说明进行交底。编制标底时要统一计量单位、统一结算方法，一个工程要编制一个标底，在完成标底编制后要进行密封并送给招标管理机构。招标文件中要包括这些内容：投标须知前附表、投标须知、合同条件、合同格式、合同协议条款、技术规范、图纸、投标文件参考格式、采用工程量清单招标提供的工程量清单、要求投标人提供的其他资料。

项目招标程序主要包括：项目报建、审查建设单位资质、招标申请、资格预审文件编制、工程标的价格编制、发布资审通告、发放招标文件、现场勘查、召开投标预备会、投标文件编制和递交、工程标的价格报审、开标、评标定标、签订合同。

2. 投标文件编制

投标文件编制过程中，要对招标条件进行分析，确定合适的工程技术，对项目周围环境进行全面调查，对合同风险进行科学管理，做好文件包装密封、文件签字，避免出现废标。

投标程序主要程序包括：招标信息跟踪、报名参加资格审查、领取招标文件、研究招标文件、调查投标环境、编制投标文件、专家分析决策、报送投标文件。

3. 主合同管理

主合同不以其他合同的成立为前提，能够独立存在，工程建设主合同管理是工程合同管理的重点。在工程施工中，建设单位可以选择不同的合同方式，将项目分包或者全包通常是主要的方式。建设单位在将一个项目分成几个包时，可以采用平行施工等方式，不同专业由不同的承包商进行施工，建设单位要对各个承包商进行协调，这对建设单位的项目管理能力是较大的挑战。建设单位也可以选择全包的模式，将整个工程项目发包给一个承包商，从而减少不同承包商之间的协调工作，减少推诿扯皮现象，减少承包商的数量，减少项目管理难度。

4. 合同评审

在合同订立过程中有专门的合同管理部门，应对各个部门的职责进行明确，采用合同审核审批制度、授权委托制度、合同专用章制度、合同备案制度等，做到部门、制度和人员的统一。

合同管理部门主要负责合同的审核、签订、执行和管理，对合同管理制度进行完善，确定合同管理奖惩办法，等等。企业的合同管理部门要建立健全内部合同管理制度，对不同部门、不同级别的合同管理工作进行监督考核，以纠正不符合要求的合同管理工作,组织各部门参加重要合同的评审,按照规定进行合同备案。

财务部主要负责合同的审查和会签,对合同财务事项的合法性进行检查,审查各项担保,以及合同收付。

法律顾问主要对合同会签进行审查,判断合同的合法性,对合同中的违法现象提出意见,协助公司处理争议。

5. 合同签订

招标人在确定中标单位之后应及时发出中标通知书,中标通知书发出之日起 30 天内,招标人要按照招标文件和中标文件的要求签订合同,合同中不得出现违背合同实质内容的条款。若中标人不与招标人签订合同,则没收中标人的投标保证金;给招标人造成损失的,还须给予赔偿。招标人无正当理由不得拒绝与中标人签订合同。合同签订之后,7 日之内要将合同送至工程所在地县级以上地方人民政府建设行政主管部门备案。

6. 合同风险管理

风险是指不确定因素可能给项目带来损失,主要受到风险概率和风险损失大小两个因素影响。进行风险管理时,首先要进行风险识别,对可能存在的各种风险进行分类,给项目管理者提供清晰的风险分析依据。

项目合同建设周期长,占用资金量大,涉及参与者众多,合同实施过程中受到内外部环境的不确定因素影响比较大,风险比较高,因此很有必要对合同风险进行管理。项目合同风险主要由以下因素造成。

(1) 建设单位不重视合同管理,对风险管理缺乏足够的认识,导致合同风险增加。

(2) 合同管理人员专业素质较低,缺少管理经验。

(3) 工作人员责任心不强,缺少责权意识;对工作人员没有激励和约束措施。

(4) 合同风险管理控制环节比较多,使控制体系存在漏洞、合同风险增加。

进行风险识别可以为减少合同风险损失打下基础,通过风险识别、评价,可以确定风险种类以及可能带来的损失。对风险的防范要按照风险识别、风险分析、风险评价、风险规避的顺序进行。

项目合同风险的种类主要有政治风险、经济风险、金融风险、管理风险、自然

风险、社会风险、人员风险、技术风险、设备风险、材料风险、安全风险等。

对合同风险进行管理可以提高项目决策的科学性、及时性,减少项目运行中的不确定因素,将事后风险补救变为事前风险防范,为工程项目风险分析和管理提供资料。

8.4 施工阶段和竣工阶段的项目合同管理

8.4.1 施工阶段的项目合同管理

施工阶段合同管理主要涉及履约管理、变更管理、争议管理等。

1. 履约管理

合同执行过程中内部、外部环境的干扰,会给项目实施带来较大的风险。因此,在项目实施过程中,要建立完善的项目合同实施保障体系,监督承包商的施工队按照合同执行任务,对合同实施情况进行跟踪检查,收集项目实施进展资料。在合同执行过程中,要设立专门的合同管理机构,对合同条件进行分析,指导项目的实施。

2. 变更管理

在建筑工程项目施工过程中,以下情况都会造成工程变更:①业主对工程有新的要求;②设计方、监理方和承包方未充分理解业主的意图;③设计出错导致图纸修改;④工程环境发生了变化,当前环境已无法满足施工需求,必须改变原有设计、施工方案、施工计划等;⑤政府对建筑工程项目提出新的要求。

为了控制好工程变更,要提前搜集资料,包括产品形成过程中的招投标文件、合同文件、施工图预算文件、工程变更签证、工程验收记录等,并在图纸会审时积极提出修改意见,尽量避免工程变更,使未尽事宜尽可能提前解决。

3. 争议管理

在合同执行过程中,如果双方对合同条款的理解存在偏差,可能造成工程变更和索赔等事件,使建设单位与施工单位发生争议并产生经济纠纷。可以采用和解、调解、仲裁或诉讼等途径来解决争议。

4. 价格管理

合同中往往规定采用固定单价还是固定总价,以及价格是否随市场变化而调整。一般规定采用可以调整的价格,但有时甲方可能要求价格固定、不可调整,这就要考虑好施工中可能出现的问题,如材料价格波动导致的风险、劳务费用变更导致的风险等,尽可能地跟甲方协商好如果出现问题应如何理赔,尤其是对于工期较长的项目。

5. 工期管理

签订合同时一般会填写工程的开工、竣工时间,但是很多时候工程不会在合同规定的时间正常开工,因为前期处理场地,设备、人员进场等准备工作可能导致开工日期延后,所以合同规定开工、竣工时间的同时,一定要增加例如"以实际开工日期为准"等文字。

6. 进度款管理

应明确付款节点,按月付款的一般要明确下个月的几号之前支付上个月的工程进度款,按实际工程量和合同中规定的单价核算月结算工程款,一般规定付全部或结算金额的 90%~95%,在施工过程中须严格按照合同规定的付款节点及时与甲方进行签证、结算,如甲方不及时付款,应进行提醒、催要。有些工程合同可能规定按工程的节点按比例支付工程进度款,应注意一定严格按照合同规定的时间及比例及时催要。应在施工过程中严格控制,掌握一定的主动权,以免造成竣工后的工程欠款。

7. 风险管理

在施工过程中合同还存在许多其他的风险,主要分为内部风险和外部风险。

(1)外界环境风险。

项目建设周期长,受到外部影响因素多,建设过程中不确定因素多,通货膨胀、汇率浮动、物价变化等会直接影响工程建设效益。合同依据的法律环境、国家税种的调整,以及新的汇率管理制度,对国际项目的影响特别大,承包商风险较高。

(2)内部环境风险。

①业主方的资信和能力风险。包括在工程建设过程中,业主方经营状况恶

化,濒临倒闭,没有能力支付工程款,恶意拖欠工资;业主方在工程建设过程中,刻意刁难,滥用权力,恶意进行罚款、扣款,对承包商的合理索赔要求不予答复;业主方在工程建设过程中改变施工设计,打乱工程施工正常秩序,发出错误指令,对承包商施工造成干扰且不愿意对承包商进行补偿;业主方提供的材料存在质量问题,不符合相关质量标准;业主方工作人员的不正之风影响工程的正常进行。

②承包商资信和能力风险。主要包括施工方施工能力、技术力量、技术装备、施工管理水平等;施工方在施工过程中财务状况恶化,处于濒临倒闭状态,无力采购和支付工资,导致施工停止;承包商由于资信差,不讲信誉,在投标报价和材料采购过程中,存在欺诈行为;设计单位由于设计错误,设计图纸未及时交付或交付缓慢导致工期延误;在国外工程中,由于承包商不懂当地的法律、语言和风俗,在施工过程中对技术文件、工程说明的理解存在偏差;承包商在合同履行过程中推脱责任。

③其他方面的风险。主要包括项目周边居民或者单位的投诉、干预,政府公共供应部门的干预,等等。

(3)风险分配。

建设方起草招标文件和合同文本,对风险的分配起主导作用,有更大的主动权和责任。建设方不能不顾主观、客观条件,随意在合同中增加对承包方的单方面约束性条款和对自己的免责条款,把风险全部推给承包方,一定要合理分配风险,否则可能造成如下后果。

①建设单位由于缺乏对工程进行控制与管理的积极性,同时不愿承担合同风险,使工程施工受到内外部风险因素的影响,导致工程停工。

②工程合同不平等,承包方无法获得合理的预期利润,或者未来不可预见风险过大,造成工程施工过程中承包方对工程缺乏信心和履约积极性,一旦发生风险事件,不可预见风险费不足以弥补承包方的损失,此时承包方可能会采取偷工减料、减少工作量、降低质量标准等方式来弥补损失、降低开支,最终导致工程整体质量降低。

③建设单位支付了不可预见风险费,但是风险事件并未发生,承包商获得了超额利润。

合理分配风险的优点如下。

①招投标过程中,建设单位可以获得合理的报价,承包方在工程报价中不可预见风险费较低。

②可以减少合同的不确定性,可以合理转移承包方的风险,从而使承包方可以准确计划和安排施工。

③可以提高整个项目的效益,提高承包商和建设单位的履约积极性。

8. 索赔

在合同执行过程中,要重视合同的索赔,加强对合同索赔资料的整理,对工作日志、来往信件、气象资料、备忘录等资料进行收集。工程日常资料是进行索赔的重要证据,出现索赔事件之后,要及时编制索赔报告,将其作为合同的一部分。工程建设过程中,要养成按合同办事的习惯,避免违约,减少对方提出索赔的机会,同时要针对对方违约事件进行资料收集,找出索赔和反索赔的理由,利用法律武器维护自身利益。对出现的违约事件,可以申请仲裁或者诉讼,要避免合同欺诈行为,减少损失,充分利用法律来规避运营风险,维护企业的正当利益。

从合同签订之日起,建设方和承包方就建立了权利和义务关系,这种关系受到法律的保护。索赔可以保证合同执行的公正性,从而使双方更加团结,实现共同的目标;还可以平衡双方的责权关系,维护双方的权益。

当发生索赔时,要根据法律要求在规定的时限内进行索赔。承包方要在 28 天内向监理方递交索赔意向书,监理工程师对索赔进行审定之后,要求施工单位提交具体证明材料,施工单位会递交与索赔事件相关的详细证据资料,这些资料通常有招标文件、来往信件、工程变更通知单、会议记录、使用进度计划、施工现场工程文件、气候报告、检查验收资料、工序交接记录、材料设备采购与运输凭证。承包商可以要求经济或者工期补偿,建设单位要考察索赔事实的合理性,对索赔计算、价款等进行分析,进行合理补偿。

8.4.2 竣工阶段的项目合同管理

1. 竣工结算

施工过程中,要按月及时进行签证、结算,必须保留好甲方确认签字的纸质工作量签证、结算单。严格按照合同规定的进度支付比例进行支付,不拖延付款时间。一旦拖延一次,后续可能很难补上,就会造成后期欠款越来越多,直至完工后仍催要不回,最终导致坏账。

2. 质保金的预留与返还

预留的质保金通常为结算价款的 5%,一般不超过 10%。必须规定好质保

金的返还时间,一般规定质量保修期或者缺陷责任期为工程竣工验收合格后一年。不仅要规定质保期或者缺陷责任期,还要明确质保期或者缺陷责任期满后多长时间内支付质保金,否则可能造成损失。

3. 档案资料收集整理

档案资料的收集整理即指派专人对实时收集的原始档案资料进行整理分类。档案资料应具备原始性、完整性、准确性、有效性等。在工程施工过程中,要注意同步收集档案资料。

在对档案资料进行收集整理之后,进行移交、存档。所有城建档案馆接收范围内的档案资料,都应经过城建档案管理机构的验收,验收合格之后,才能组织竣工验收。档案资料要在工程竣工验收 3 个月内主动向城建档案馆移交,并经过双方签字、盖章之后进行交接。

建筑工程项目施工周期长、工作量比较大、工作内容比较烦琐,工程从立项到建设、竣工,会产生大量档案资料,档案资料如归档不及时,会给建设单位档案管理带来不便。因此,要对档案资料进行统一管理、分级管理,做好档案资料的收集和整理工作。

档案资料管理人员要定期将合同资料和合同台账移交给公司进行备份,逐一核对合同台账和合同编号,保证档案资料的完整性。合同档案资料管理可以为合同制定、分析、跟踪、变更、索赔等提供依据,为企业决策提供参考。合同档案资料管理是一项烦琐又至关重要的工作。建设单位要重视合同档案资料管理,提高合同管理水平。

为了提高项目合同档案资料的可靠性、安全性,要通过提高内部网络服务质量来提高合同档案资料管理水平。因此,要完善网络基础设施,为合同档案资料信息共享创造良好的网络环境。把合同档案资料制作成电子信息文件,将电子信息文件传输到网上,可以提高信息的可靠性和通用性。信息化管理条件下,档案管理人员要对电子信息文件有较深入的认识。

合同档案资料信息化建设的重要任务是信息资源的开发,合同档案资料管理者要重视合同档案资料信息资源的开发,不断完善数据库,利用网络进行信息资源共享。此外,还可以利用计算机技术进行合同档案资料信息电子化处理。

在进行合同档案资料信息化管理时,要根据合同档案资料的重要程度进行分类管理。档案资料管理水平受到档案资料管理人员素质的影响。为了保证合同档案资料信息化管理的顺利进行,要提高合同档案资料管理人员的技术水平,拓展其知识层面,全面提升其专业素质。还要重视现代化设备的投入,对管理人员进行技能培训,保证管理人员能熟练操作设备。

虽然合同档案资料信息化管理任务繁重,但是传统的合同档案资料管理模式效率低下,难以将档案资料的价值最大化。所以,合同档案资料信息化管理是合同档案资料管理工作现代化发展的需要,可以提高档案资料管理效率,更好地挖掘合同档案资料价值。

4. 合同管理水平评价

项目竣工后,要对合同管理水平进行评价,利用相关的数学方法对合同管理各阶段的管理水平进行量化分析、构建模型,从而分析合同管理水平,找出企业在合同管理中的薄弱环节,以提高企业的合同管理水平,从而提高企业效益。可以采用模糊综合评价法和层次分析法相结合的方式来分析、评价合同管理水平,具体如下。

(1) 根据日常工作经验,并查阅相关资料,选取项目合同管理全过程中的关键步骤作为指标进行评价,通常选取业主信息评审、项目合同审批与签订、项目合同谈判、投标报价、项目合同管理制度制定、项目合同管理人才培养、项目合同管理控制、项目合同交底管理、施工进度管理、施工质量管理、施工成本管理、项目合同变更管理、项目合同索赔管理等评价指标。

(2) 专家对评价指标进行打分,并汇总、构建模型,计算确定层次总排序权值分配、单因素综合指标权重和单因素评价矩阵。

(3) 根据隶属度函数计算原则,得出最终的评价结论,即为合同管理水平。

第9章　建筑工程项目信息管理

9.1　项目信息管理概述

9.1.1　项目信息

1. 项目信息的主要分类

项目信息的主要分类见表9.1。

表 9.1　项目信息的主要分类

依据	信息分类	主要内容
管理目标	成本控制信息	项目施工成本计划、施工任务单、限额领料单、施工定额、成本统计报表、对外分包经济合同、原材料价格、机械设备台班费、人工费、运杂费等
	质量控制信息	国家或地方政府部门颁布的有关质量政策、法令、法规和标准等,质量目标的分解图表、质量控制的工作流程和工作制度、质量管理体系构成、质量抽样检查数据、各种材料和设备的合格证、质量证明书、检测报告等
	进度控制信息	项目进度计划、施工定额、进度目标分解图表、进度控制工作流程和工作制度、材料和设备到货计划、各分部分项工程进度计划、进度记录等
	安全控制信息	施工项目安全目标、安全控制体系、安全控制组织和技术措施、安全教育制度、安全检查制度、伤亡事故统计、伤亡事故调查与分析处理等
生产要素	劳动力管理信息	劳动力需用量计划、劳动力流动与调配情况等
	材料管理信息	材料供应计划、材料库存情况、材料储备与消耗情况、材料定额、材料领发及回收台账等

续表

依　据	信 息 分 类	主　要　内　容
生产要素	机械设备管理信息	机械设备需求计划、机械设备合理使用情况、保养与维修记录等
	技术管理信息	技术管理组织体系与制度、技术交底、技术复核、已完工程的检查验收记录等
	资金管理信息	资金收入与支出金额及其对比分析、资金来源渠道和筹措方式等
管理工作流程	计划信息	计划指标、工程施工预测指标等
	执行信息	项目施工过程中下达的各项计划、指示、命令等
	检查信息	工程的实际进度、成本、质量的实施状况等
	反馈信息	调整措施、意见、改进的办法和方案等
信息来源	内部信息	工程项目的信息,如工程概况、成本目标、质量目标、进度目标、施工方案、施工进度、技术经济指标、项目经理部组织与管理制度等
	外部信息	外部环境的信息,如监理通知、设计变更、国家有关的政策及法规、国内外市场的有关价格信息、竞争对手信息等
信息稳定程度	固定信息	在较长时期内,相对稳定,变化不大,可以查询得到的信息,定额、规范、标准、条例、制度等,如施工定额、材料消耗定额、施工质量验收统一标准、施工质量验收规范、生产作业计划标准、施工现场管理制度、政府部门颁布的技术标准、不变价格等
	流动信息	随施工生产和管理活动不断变化的信息,如施工项目质量、成本、进度的统计信息,计划完成情况,原材料消耗量、库存量,人工工日数,机械台班数等
信息性质	生产信息	有关施工生产的信息,如施工进度计划、材料消耗等
	技术信息	技术部门提供的信息,如技术规范、施工方案、技术交底等
	经济信息	如项目施工成本计划、成本统计报表、资金耗用情况等
	资源信息	如资金来源、劳动力供应、材料供应等

续表

依　据	信息分类	主　要　内　容
信息层次	战略信息	提供给上级领导的重大决策性信息
	策略信息	提供给中层领导部门的管理信息
	业务信息	基层部门例行工作产生或需用的日常信息

2. 项目信息的表现形式

项目信息的表现形式见表9.2。

表 9.2　项目信息的表现形式

表现形式	示　　例
书面形式	设计图纸、说明书、任务书、施工组织设计、合同文本、概预算书、会计、统计等各类报表、工作条例、规章、制度等
	会议纪要、谈判记录、技术交底记录、工作研讨记录等
	个别谈话记录：如监理工程师口头或电话提出的工程变更要求，在事后应及时追补的工程变更文件记录、电话记录等
技术形式	由电报、录像、录音、磁盘、光盘、图片、照片等记载储存的信息
电子形式	电子邮件、web网页

3. 项目信息的流动形式

项目信息的流动形式见表9.3。

表 9.3　项目信息的流动形式

流动形式	内　　容
自上而下流动	①信息源在上，接受信息者为其直接下属。②信息流一般逐级向下，即决策层→管理层→作业层，项目经理部→项目各管理部门（人员）→施工队、班组。③信息内容主要是项目的控制目标、指令、工作条例、办法、规章制度、业务指导意见、通知、奖励和处罚

续表

流 动 形 式	内　　　容
自下而上 流动	①信息源在下,接受信息者在其上一层次。 ②信息流一般逐级向上,即作业层→管理层→决策层,施工队、班组→项目各管理部门(人员)→项目经理部。 ③信息内容主要是项目施工过程中,完成的工程量、进度、质量、成本、资金、安全、消耗、效率等原始数据或报表,工作人员工作情况,下级为上级提供的资料、情报以及提出的合理化建议等
横向流动	①信息源与接受信息者在同一层次。在项目管理过程中,各管理部门因分工不同形成了各专业信息源,同时彼此之间根据需要相互接受信息。 ②信息流在同一层次横向流动,互相补充。 ③信息内容根据需要互通有无,如财会部门进行成本核算时需要其他部门提供施工进度、人工材料消耗、能源利用、机械使用等信息
内外交流	①项目经理部与外部环境单位互为信息源和接受信息者,主要的外部环境单位有公司领导及有关职能部门、建设单位(业主)、监理单位、设计单位、物资供应单位、银行、保险公司、质量监督部门、有关管理部门、业务部门、城市规划部门、城市交通部门、消防部门、环保部门、供水部门、供电部门、通信部门、公安部门、工地所在街道居民委员会、新闻单位。 ②信息流:项目经理部与外部环境部门之间进行内外交流。 ③信息内容:本项目管理需要的信息,与环境单位协作需要的信息,按国家规定的要求相互提供的信息,项目经理部为宣传自己、提高信誉及竞争力向外界主动发布的信息
信息中心 辐射流动	基于项目专业信息多,信息流动路线复杂、环节多,项目经理部应设立项目信息管理中心。信息中心收集、汇总、加工、分析信息,具备分发信息的集散中心职能及管理信息职能。信息中心既是施工项目内部、外部所有信息源发出信息的接受者,又是负责向各信息需求者提供信息的信息源。信息中心以辐射状流动路线集散并沟通信息。信息中心可将一种信息向多位需求者提供,也可为一项决策提供多渠道来源的信息,减少信息传递障碍,提高信息流速,实现信息共享、综合运用

4. 项目信息的结构及内容

项目信息的结构及内容见图 9.1。

9.1.2 项目信息管理

1. 项目信息管理的概念

项目信息管理是指项目经理部以项目管理为目标，以施工项目信息为管理对象，所进行的有计划地收集、处理、储存、传递、应用各类信息等一系列工作的总和。

项目经理部为实现项目管理目标，提高管理水平，应建立项目信息管理系统，优化信息结构，动态、高速度、高质量地处理项目信息，使信息流通，实现项目管理信息化，为做出最优决策、取得良好经济效益和预测未来经济效益提供科学依据。

2. 项目信息管理的基本要求

（1）项目经理部应建立项目信息管理系统，对项目实施全方位、全过程信息化管理。

（2）项目经理部可以在各部门中设信息管理人员或兼职信息管理人员，也可以单设信息管理人员或信息管理部门。信息管理人员须经有资质的单位培训后，才能承担项目信息管理工作。

（3）项目经理部应负责收集、整理、管理本项目范围内的信息。实行总分包的项目，项目分包人应负责分包范围的信息收集、整理工作，承包人负责汇总、整理发包人的全部信息。

（4）项目经理部应及时收集信息，并将信息准确、完整、及时地传达给使用单位和人员。

（5）项目信息收集应随工程的进展进行，保证信息真实、准确、具有时效性，信息经有关负责人审核签字，及时存入计算机中，纳入项目管理信息系统。

3. 项目信息管理的原则

为了提高信息的真实度和决策的可靠度，项目信息管理应遵循以下原则。

（1）及时、准确和全面地提供信息，以提高决策的可靠性；规格化、规范化编

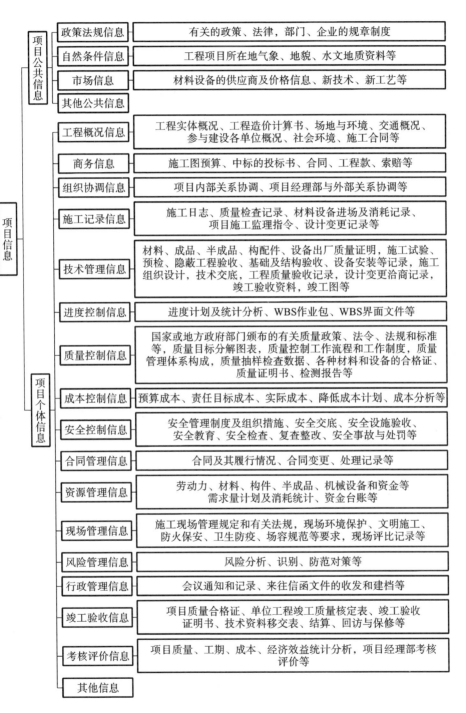

图 9.1　项目信息的结构及内容

码信息,以简化信息的表达和综合工作。

(2)用定量的方法分析数据和定性的方法归纳知识,以实施控制、优化方案和预测未来等。

(3)适用不同管理层的不同要求。高层领导制定战略性决策,需要战略级信息;中层领导制定已定战略下的策略性决策,需要策略级信息;基层人员处理执行中的问题,需要执行级信息。信息应自上而下逐渐浓缩。

(4)尽可能高效、低耗地处理信息,以提高信息的利用率和效益。

4. 项目信息管理的环节

信息管理的主要环节是信息的获取、传递、处理和贮存。

(1)信息获取,应明确信息的收集部门、收集人,收集规格、时间和方式等,信息收集的重要标准是及时、准确和全面。

(2)信息传递,要保证畅通无阻和快速准确,应建立具有一定流量的通道,明确规定合理的信息流程,尽量减少信息传递的层次。

(3)信息处理,即对原始信息"去粗取精、去伪存真",其目的是使信息真实、有效。

(4)信息贮存,要做到贮存量大、便于查阅,因此要建立贮存量大的数据库和知识库。另外,完善信息库是发挥信息效应的重要保证,因此应合理建立信息收集制度,合理规定信息传递渠道,提高信息的吸收能力和利用率,建立灵敏的信息反馈系统,使信息充分发挥作用。

5. 项目信息管理的内容

(1)收集整理相关公共信息。

①法律、法规和部门规章信息。

②市场信息。

市场信息包括材料价格表,材料供应商表,机械设备供应商表,机械设备价格表,新材料、新技术、新工艺、新管理方法信息表。应通过每一表格及时反映市场动态。

③自然条件信息。

应建立自然条件表,包括地区、场地土类别,年平均气温,年最高气温,年最低气温,冬、雨、风季时间,年最大风力,地下水位高度,交通运输条件,环保要求等。

（2）收集整理工程总体信息。

工程总体信息包括：工程名称、工程编号、建筑面积、总造价，建设单位、设计单位、施工单位、监理单位和参与建设其他各单位基本信息，基础工程、主体工程、设备安装工程、装饰装修工程、建筑造型等，工程实体信息、场地与环境信息、施工合同信息等。

（3）收集整理相关施工信息。

①施工记录信息。

施工记录信息包括施工日志、质量检查记录、材料设备进场记录、用工记录等。

②施工技术资料信息。

施工技术资料信息包括主要原材料、成品、半成品、构配件、设备出厂质量证明和试（检）验报告，施工试验记录，预检记录，隐蔽工程、基础、主体结构验收记录，设备安装工程记录，施工组织设计，技术交底资料，工程质量检验评定资料，竣工验收资料，设计变更洽商资料，竣工图等。

（4）收集整理项目管理信息。

项目管理信息包括项目管理规划信息，项目成本控制信息，项目质量控制信息，项目进度控制信息，项目安全控制信息，项目现场管理信息，项目合同管理信息，项目人力资源管理信息，项目材料管理信息，项目机械设备管理信息，项目技术管理信息，项目资金管理信息，项目竣工验收信息，项目考核评价信息等。

6. 项目信息管理的任务

（1）建筑工程项目参与方的项目信息管理任务。

目前，信息管理手册是信息管理的核心指导文件。我国施工企业必须对此有足够的重视，并要在工程实践中有效地应用。

业主方和项目参与方都有各自的信息管理任务，为充分利用和发挥信息资源的价值，提高信息管理的效率，实现有序和科学的信息管理，各方都应编制各自的信息管理手册，以规范信息管理工作。信息管理手册描述和定义信息管理的任务（做什么）、执行者（谁做）、每项信息管理任务执行的时间（什么时候做）和工作成果（结果是什么）等，它的主要内容如下。

①确定信息管理的任务（信息管理任务目录）。

②确定信息管理的任务分工表和管理职能分工表。

③确定信息的分类。

④确定信息的编码体系和编码。

⑤绘制信息输入输出模型(反映每一项信息处理过程的信息提供者、整理加工者、整理加工的要求和内容,以及经整理加工后的信息的接收者,并用框图的形式表示)。

⑥绘制信息管理工作流程图(如信息管理手册编制和修订的工作流程,为形成各类报表和报告而收集、审核、录入、加工、传输和发布信息的工作流程,以及工程档案管理的工作流程等)。

⑦绘制信息处理流程图(如施工安全管理信息、施工成本控制信息、施工进度信息、施工质量信息、合同管理信息等的处理流程图)。

⑧确定信息处理工作平台(如局域网、门户网站)并明确其使用规定。

⑨确定各种报表和报告的格式,以及报告周期。

⑩确定项目进展的月度报告、季度报告、年度报告和工程总报告的内容及其编制原则和方法。

⑪确定工程档案管理制度。

⑫确定信息管理保密制度,以及与信息管理有关的制度。

(2)信息管理部门的项目信息管理任务。

项目管理班子中各个部门的管理工作都与信息处理有关,而且都承担一定的信息管理任务,信息管理部门是专门进行信息管理的工作部门,其主要工作任务如下。

①负责主持编制信息管理手册,在项目实施过程中进行信息管理手册的必要修改和补充,并检查和督促信息管理手册的执行。

②负责协调和组织项目管理班子中各个部门的信息处理工作。

③负责信息处理工作平台的建立、运行和维护。

④与其他工作部门协同组织收集信息、处理信息,形成反映项目进展和项目目标控制情况的报表和报告。

⑤负责工程档案管理等。

由于建筑工程项目有大量数据需要处理,应重视利用信息技术的手段(主要指数据处理设备和网络)进行信息管理,其核心的技术是基于网络的信息处理平台,即在网络平台上(如局域网或互联网)进行信息管理。

许多建筑工程项目都专门设立信息管理部门(或称信息中心),以确保信息管理工作的顺利进行;也有一些大型建筑工程项目专门委托咨询公司进行项目信息动态跟踪和分析,以信息流指导物质流,从宏观上和总体上对项目的实施进行控制。

9.2　项目信息管理系统

9.2.1　项目信息管理系统的结构

项目信息管理系统的结构如图 9.2 所示。

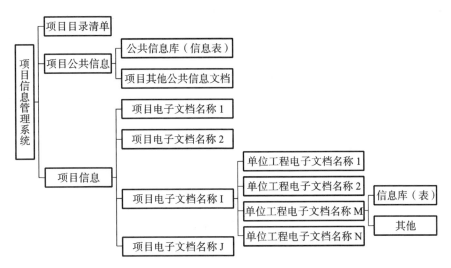

图 9.2　项目信息管理系统的结构

图 9.2 中,"公共信息库"中应包括的信息表有法规和部门规章表、材料价格表、材料供应商表、机械设备供应商表、机械设备价格表、新技术表、自然条件表等。

"项目其他公共信息文档"是指除"公共信息库"中文档以外的项目公共文档。

"项目电子文档名称 I"一般是具有指代意义的项目名称(目录名称)。

"单位工程电子文档名称 M"一般是具有指代意义的单位工程名称(目录名称)。

"单位工程电子文档名称 M"的信息库应包括工程概况信息、施工记录信息、施工技术资料信息、工程协调信息、工程进度及资源计划信息、成本信息、资源需要量计划信息、商务信息、安全文明施工及行政管理信息、竣工验收信息等。

这些信息所包含的表即"单位工程电子文档名称 M"的"信息库"中的表,其他的反映单位工程信息的文档列入"其他"。

9.2.2 项目信息管理系统的内容及基本要求

1. 项目信息管理系统的内容

(1)建立信息代码系统。

将各类信息按信息管理的要求分门别类,并赋予能反映其主要特征的代码,一般有顺序码、数字码、字符码和混合码等,用以表征信息的实体或属性;代码应符合唯一化、规范化、系统化、标准化的要求,以便使用计算机进行管理;代码体系应科学合理、结构清晰、层次分明,具有足够的容量、弹性和兼容性,能满足施工项目管理需要。

单位工程成本信息编码示意图如图 9.3 所示。

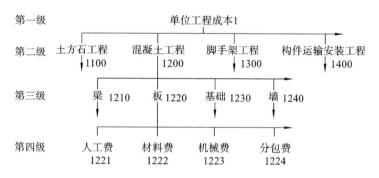

图 9.3 单位工程成本信息编码示意图

(2)明确项目管理中的信息流程。

根据项目管理工作的要求和对项目组织结构、业务功能及流程的分析,建立各单位及人员之间、上下级之间、内外之间的信息连接,并要保持内外信息流动渠道畅通有序,否则施工项目管理人员无法及时得到必要的信息,就会失去控制的基础、决策的依据和协调的媒介,将影响施工项目管理工作的顺利进行。

(3)建立项目管理中的信息收集制度。

对项目的各种原始信息来源、内容、标准、时间要求、传递途径、反馈范围、责任人员的工作职责与工作程序等有关问题做出具体规定,形成制度,认真执行,以保证原始信息的全面性、及时性、准确性和可靠性。为了便于信息的查询和使用,一般将收集的信息填写在项目目录清单中,再输入计算机,项目目录清单格式见表9.4。

表 9.4　项目目录清单格式

序号	项目名称	项目电子文档名称	内存/盘号	单位工程名称	单位工程电子文档名称	负责单位	负责人	日期	附注
1									
2									
3									
4									
…									

（4）进行项目管理中的信息处理。

信息处理主要包括信息的收集、加工、传输、存储、检索和输出等工作,其内容见表9.5。

表 9.5　信息处理的工作内容

工　作	内　　容
收集	收集原始资料,资料应全面、及时、准确和可靠
加工	①对所收集的资料进行筛选、校核、分组、排序、汇总、计算平均数等整理工作,建立索引或目录文件。 ②将基础数据综合成决策信息。 ③运用网络计划技术模型、线性规划模型、存储模型等,对数据进行统计、分析和预测
传输	借助纸张、图片、胶片、磁带、软盘、光盘、计算机网络等载体传递信息
存储	将各类信息存储、建立档案,妥善保管,以备查询和使用
检索	建立一套科学、迅速的检索方法,便于查找各类信息
输出	将处理好的信息按各管理层次的不同要求编制并打印成各种报表和文件,或以电子邮件、web网页等形式发布

2. 项目信息管理系统的基本要求

（1）进行项目信息管理体系的设计时,应同时考虑项目组织和项目启动的需要,包括信息的准备、收集、标识、分类、分发、编目、更新、归档和检索等。信息应包括事件发生时的条件,以便使用前核查其有效性和相关性。所有影响项目

执行的协议,包括非正式协议,都应正式形成文件。

（2）项目信息管理系统应目录完整、层次清晰、结构严密、表格可自动生成。

（3）项目信息管理系统应方便项目信息输入、整理与存储,并有利于用户随时提取信息。

（4）项目信息管理系统应能及时调整数据、表格与文档,能灵活补充、修改与删除数据。

（5）项目信息管理系统内的信息种类与数量应能满足项目管理的全部需要。

（6）项目信息管理系统应能使设计信息、施工准备阶段的管理信息、施工过程项目管理各专业的信息、项目结算信息、项目统计信息等有良好的接口。

（7）项目信息管理系统应能连接项目经理部内部各职能部门之间以及项目经理部与各职能部门、作业层、企业各职能部门、企业法定代表人、发包人和分包人、监理机构等,使项目管理层、企业管理层及作业层之间信息收集渠道畅通、信息资源共享。

9.3　施工文件档案资料管理

9.3.1　施工文件档案资料管理的内容

1. 工程施工技术管理资料

工程施工技术管理资料是施工全过程的真实记录,是施工各阶段客观产生的施工技术文件。其主要内容如下。

（1）图纸会审记录。

图纸会审记录是对已正式签署的设计文件进行交底、审查和会审,对提出的问题予以记录的资料。项目经理部收到工程图纸后,应组织有关人员进行审查,将设计疑问及图纸中的问题,按专业整理、汇总后报建设单位,由建设单位提交设计单位,进行图纸会审和设计交底准备。图纸会审由建设单位组织设计、监理、施工各单位负责人及有关人员参加,由建设、设计、监理、施工各单位的项目相关负责人签认并加盖单位公章,形成正式图纸会审记录。设计单位对设计疑问及图纸中的问题进行交底,施工单位负责将设计交底内容按专业汇总、整理,也形成图纸会审记录。

（2）开工报告（开工报审表、开工报告）。

开工报告是建设单位与施工单位共同履行基本建设程序的证明文件，是施工单位、承建单位工程施工工期的证明文件。

（3）技术、安全交底记录。

技术、安全交底记录是施工单位负责人把设计要求的施工措施、安全生产措施贯彻到基层乃至每个员工的一项技术管理方法。交底主要项目为：图纸交底，施工组织设计交底，设计变更和洽商交底，分项工程技术、安全交底。技术、安全交底只有在签字齐全后方可生效，并发至施工班组。

（4）施工组织设计（项目管理规划）。

施工组织设计（项目管理规划）包括承包单位在开工前为工程所做的施工组织、施工工艺、施工计划等方面的设计，用来指导拟建工程各项活动的技术、经济和组织的综合性文件。参与编制的人员应在会签表上签字，交给项目监理签署意见并在会签表上签字，经报审同意后执行并进行下发交底。

（5）施工日志。

施工日志是施工项目经理部的有关人员对项目施工过程中的有关技术管理和质量管理活动以及效果逐日连续完整的记录。

（6）设计变更文件。

设计变更文件是在施工过程中，由于设计图纸本身差错，施工条件变化，建设各方提出合理建议，原材料的规格、品种、质量不符合要求等，须对设计图纸部分内容进行修改而办理的文件。设计变更文件是对施工图的补充和修改的记载，要及时办理，内容要明确具体，必要时附图，不得任意涂改或补办。按签发的日期先后顺序编号，要求责任明确、签章齐全。

（7）工程洽商记录。

工程洽商记录是施工过程中协调业主与施工单位、施工单位与设计单位洽商行为的记录。工程洽商分为技术洽商和经济洽商两种，通常情况下由施工单位提出。在施工过程中，如发现设计图纸存在问题，或施工条件发生变化而不能满足设计要求，或某种材料必须替换时，应向设计单位提出书面工程洽商。

（8）工程测量记录。

工程测量记录是在施工过程中形成的确保建筑工程定位、尺寸、标高、位置和沉降量等满足设计要求和规范规定的资料统称。

（9）施工记录。

施工记录是在施工过程中形成的,确保工程质量和安全的各种检查、记录的统称。主要包括工程定位测量检查记录、预检记录、施工检查记录、冬期混凝土搅拌称量及养护测温记录、交接检查记录、工程竣工测量记录等。

（10）工程质量事故记录。

工程质量事故记录包括工程质量事故报告和工程质量事故处理记录。

（11）工程竣工。

工程竣工包括竣工报告、竣工验收证明书和工程质量保修书。

2. 工程质量控制资料

工程质量控制资料是建筑工程施工全过程全面反映工程质量控制和保证情况的依据性证明资料,应包括原材料、构配件、器具及设备等的质量证明、合格证明,进场材料试验报告,施工试验记录,隐蔽工程检查记录等。

（1）出厂合格证及进场检验报告。

工程项目原材料、构配件、成品、半成品、设备的出厂合格证、进场检（试）验报告合格证、实验报告的整理按工程进度有序进行,品种规格应满足设计要求,否则为合格证、试验报告不全。材料检查报告是为了保证工程质量,对用于工程的材料进行有关指标测试,由试验单位出具的试验证明文件。材料检查报告责任人签章必须齐全,有见证取样试验要求的必须进行见证取样试验。

（2）施工试验记录和见证检测报告。

施工试验记录是根据设计要求和规范规定进行试验,记录原始数据和计算结果,并得出试验结论的资料统称。按照设计要求和规范规定应做施工试验,无专项施工试验表格的,可填写施工试验记录（通用）;采用新技术、新工艺及特殊工艺时,对施工试验方法和试验数据进行记录,应填写施工试验记录（通用）。见证检测报告是指在建设单位或工程监理单位人员的见证下,由施工单位的现场试验人员对工程中涉及结构安全的试块、试件和材料在现场取样,并送至经过省级以上建设行政主管部门对其资质认可和质量技术监督部门对其计量认证的质量检测单位进行检测,由检测单位出具的检测报告。

（3）隐蔽工程验收记录。

隐蔽工程验收记录是指对下道工序所隐蔽的工程项目,关系到结构性能和使用功能的重要部位或项目的检查记录。隐蔽工程验收是保证工程质量与安全的重要过程控制记录,应分专业、分系统（机电工程）、分区段、分部位、分工序、分层进行。隐蔽工程未经检查或验收未通过,不得进行下道工序的施工。隐蔽工程验收记录为通用施工记录,适用于各专业。

(4) 交接检查记录。

不同工程或施工单位之间进行交接时,当前一专业工程施工质量对后续专业工程施工质量产生直接影响时,应进行交接检查,并填写交接检查记录。移交单位、接收单位和见证单位共同对移交工程进行验收,并对质量情况、遗留问题、工序要求、注意事项、成品保护等进行记录。交接检查记录中见证单位的规定:当在总包管理范围内的分包单位之间移交时,见证单位为总包单位;当在总包单位和其他专业分包单位之间移交时,见证单位应为建设(监理)单位。

3. 工程施工质量验收资料

工程施工质量验收资料是建筑工程施工全过程中按照国家现行工程质量检验标准,对施工项目单位工程、分部工程、分项工程及检验批进行划分,再由检验批、分项工程、分部工程、单位工程逐级对工程质量做出综合评定的工程质量验收资料。但是,由于各行业、各部门的专业特点不同,各类工程的检验评定有不同的技术标准,工程施工质量验收资料的建立均应按相关的技术标准办理。具体内容如下。

(1) 施工现场质量管理检查记录。

为做好施工前准备工作,建筑工程应按一个标段或一个单位(子单位)工程检查填报施工现场质量管理记录。专业分包工程应在正式施工前由专业施工单位填报施工现场质量管理检查记录。施工单位项目经理部应建立质量责任制度、现场管理制度及检验制度,健全质量管理体系,配备施工技术标准,审查资质证书、施工图、地质勘察资料和施工技术文件等。按规定,开工前施工单位现场负责人须填写施工现场质量管理检查记录,报项目总监理工程师(或建设单位项目负责人)检查,并做出检查结论。

(2) 单位(子单位)工程质量竣工验收记录。

单位(子单位)工程质量竣工验收记录是指在单位工程完成后,施工单位自行组织人员进行检查验收,质量等级达到合格标准,并经项目监理机构复查认定质量等级合格后,向建设单位提交竣工验收报告及相关资料,由建设单位组织单位工程验收的记录。单位(子单位)工程质量控制资料核查记录、单位(子单位)工程安全和功能建议资料核查及主要功能抽查记录、单位(子单位)工程观感质量检查记录相关内容应齐全并符合相关规范的要求。

（3）分部（子分部）工程质量验收记录。

分部（子分部）工程完成，施工单位自检合格后，应填报分部（子分部）工程质量验收记录表，由总监理工程师（建设单位项目负责人）组织有关设计单位及施工单位项目负责人（项目经理）和技术、质量负责人等到场共同验收并签认。分部工程按部位和专业性质划分。

（4）分项工程质量验收记录。

分项工程完成（即分项工程所包含的检验批均已完工），施工单位自检合格后，应填报分项工程质量验收记录表，由监理工程师（建设单位项目专业技术负责人）组织施工单位项目专业技术负责人进行验收并签认。分项工程按主要工种、材料、施工工艺、设备类别等划分。

（5）检验批质量验收记录。

检验批施工完成，施工单位自检合格后，应由项目专业质量检查员填报检验批质量验收记录表，按照住房和城乡建设部施工质量验收系列标准表格填写。检验批质量验收应由监理工程师（建设单位项目专业技术负责人）组织项目专业质量检查员等进行验收并签认。检验批的划分原则：便于质量控制和验收，划分合理，能取得较完整的技术数据及检查记录，符合统一标准和相关施工质量验收规范的规定。通常可根据施工及质量控制和专业验收的需要，按楼层、施工段、变形缝、系统或设备等进行划分。同时项目应在施工技术资料（施工组织设计、施工方案、方案技术交底）中预先明确各分项工程检验批的划分原则，使检验批质量验收更加合理化、规范化、科学化。

4. 竣工图

竣工图是指工程竣工验收后，真实反映建筑工程项目施工结果的图样。它是真实、准确、完整反映和记录各种地下和地上建筑物、构筑物等详细情况的技术文件，是工程竣工验收、投产或交付使用后进行维修、扩建、改建的依据，是生产（使用）单位必须长期妥善保存并备案的重要工程档案资料。竣工图的编制整理、审核盖章、交接验收按国家对竣工图的要求办理。承包人应根据施工合同约定，提交合格的竣工图。竣工图编制要求如下。

（1）各项新建、扩建、改建、技术改造、技术引进项目，在项目竣工时要编制竣工图。项目竣工图应由施工单位负责编制。如行业主管部门规定设计单位编制或施工单位委托设计单位编制竣工图，应明确规定施工单位和监理单位的审核和签认责任。

（2）竣工图应完整、准确、清晰、规范、修改到位，真实反映项目竣工验收时的实际情况。

（3）如果按施工图施工、没有变动，由竣工图编制单位在施工图上加盖并签署竣工图章。

（4）一般图纸变更及符合杠改或划改要求的变更，可在原图上更改，加盖并签署竣工图章。

（5）涉及结构形式、工艺、平面布置、项目等重大改变及图面变更面积超过35％的，应重新绘制竣工图。重绘图按原图编号，末尾加注"竣"字，或在重绘图图标内注明"竣工阶段"并签署竣工图章。

（6）同一建筑物、构筑物重复的标准图、通用图可不编入竣工图，但应在图纸目录中列出图号，指明该图所在位置并在编制说明中注明。不同建筑物、构筑物应分别编制。

（7）竣工图图幅应按《技术制图　复制图的折叠方法》（GB/T 10609.3—2009）的要求统一折叠。

（8）应编制竣工图总说明及各专业说明，叙述竣工图编制原则、各专业目录及编制情况。

9.3.2　施工文件档案资料管理的立卷

立卷是指按照一定的原则和方法，将有保存价值的文件分门别类整理成案卷，亦称组卷。

1. 立卷的基本原则

施工文件的立卷应遵循工程文件的自然形成规律，保持卷内的工程前期文件、施工技术文件和竣工图之间的有机联系，以便于档案的保管和利用。

（1）一个建设工程由多个单位工程组成时，工程文件按单位工程立卷。

（2）施工文件资料应根据工程资料的分类和专业工程分类编码参考表进行立卷。

（3）卷内资料排列顺序要依据卷内的资料构成而定，一般顺序为封面、目录、文件、备考表、封底。组成的案卷应美观、整齐。

（4）当卷内资料有多种资料时，同类资料按日期顺序排列，不同类资料按资料的编号顺序排列。

2. 立卷的方法

工程文件可按建设程序划分为工程准备阶段文件、监理文件、施工文件、竣工图、竣工验收文件五个部分。

（1）工程准备阶段文件可按建设程序、专业、形成单位等组卷。

（2）监理文件可按单位工程、分部工程、专业、阶段等组卷。

（3）施工文件可按单位工程、分部工程、专业、阶段等组卷。

（4）竣工图可按单位工程、专业等组卷。

（5）竣工验收文件按单位工程、专业等组卷。

3. 立卷的具体要求

（1）案卷不宜过厚，一般不超过 40 mm。

（2）案卷内不应有重复文件，不同载体的文件一般应分别组卷。

（3）文字材料按事项、专业顺序排列。同一事项的请示与批复、同一文件的印本与定稿、主件与附件不能分开，并按批复在前、请示在后，印本在前、定稿在后，主件在前、附件在后的顺序排列。

（4）图纸按专业排列，同专业图纸按图号顺序排列（卷内有图纸目录的，按图纸目录顺序排列）。

（5）既有文字材料又有图纸的案卷，文字材料排前，图纸排后。

（6）同一厂家、同一产品的质量合格证与检测报告应组合在一起，按质量合格证在前、检测报告在后的顺序排列。

4. 案卷的编目

（1）编制卷内文件页号应符合下列规定。

①每卷单独编号，卷内文件从有书写内容的页面开始编号。

②页号编写位置：单页书写的文件，文字在右下角；双面书写的文件，正面文字在右下角，背面文字在左下角。折叠后的图纸，文字一律在右下角。

③成套图纸或自成一卷的文件材料，原目录可代替卷内目录，不必重新编写页码。

④案卷封面、卷内目录、卷内备考表不编写页号。

（2）卷内目录的编制应符合下列规定。

①卷内目录式样宜符合相关要求。

②序号应以一份文件为单位,用阿拉伯数字从"1"开始依次标注。

③进行文件编号时,应填写工程文件原有的文号或图号。

④文件题名应按照文件标题的全称进行填写。

⑤日期填写应以文件形成的日期为准。

⑥页次应填写文件在卷内的起始页号,最后一份文件填写起止页号。

⑦卷内目录排列在卷内文件之前。

(3) 卷内备考表的编制应符合下列规定。

①卷内备考表的式样宜符合《建设工程文件归档规范(2019 年版)》(GB/T 50328—2014)中附录 C 的要求。

②卷内备考表主要标明卷内文件的总页数、各类文件数(照片张数),以及立卷单位对案卷情况的说明。

③卷内备考表排列在卷内文件的尾页之后。

(4) 案卷封面的编制应符合下列规定。

①案卷封面印刷在卷盒、卷夹的正表面,也可采用内封面形式。案卷封面的式样宜符合《建设工程文件归档规范(2019 年版)》(GB/T 50328—2014)中附录 D 的要求。

②案卷封面的内容应包括档号、档案馆代号、案卷题名、编制单位、起止日期、密级、保管期限、共几卷、第几卷。

③案卷题名应包括工程名称、专业名称、卷内文件内容。

④保管期限:永久指工程档案须永久保存;长期指工程档案的保存期等于该工程的使用寿命;短期指工程档案保存 20 年以下。

⑤工程档案原件一般不少于两套,一套由建设单位保管,另一套要移交给当地城建档案管理部门保存。

(5) 卷内目录、卷内备考表、卷内封面应采用 A4 幅面。

9.3.3　施工文件档案资料管理的归档

归档指文件形成单位完成其工作任务,将形成的文件整理立卷后,按规定移交给相关管理机构。

1. 施工文件的归档范围

对与工程建设有关的重要活动、记载工程建设主要过程与现状、具有保存价值的各种载体文件,均应收集齐全,整理立卷后归档。

2. 归档文件的质量要求

（1）归档的文件应为原件。

（2）工程文件的内容及其深度必须符合国家有关工程勘察、设计、施工、监理等方面的技术规范、标准和规程。

（3）工程文件的内容必须真实、准确，与工程实际相符合。

（4）工程文件应采用耐久性强的书写材料书写，如碳素墨水、蓝色或黑色墨水等。

（5）工程文件应字迹清晰、图样清晰、图表整洁、签字盖章手续完备。

（6）工程文件应采用能够长期保存的韧性、耐久性强的纸张，幅面尺寸宜为A4，图纸采用蓝晒图、国家标准图幅，竣工图应是新蓝图。

（7）所有竣工图均应加盖竣工图章。竣工图章尺寸为 50 mm×80 mm，内容包括"竣工图"字样、施工单位、编制人、审核人、技术负责人、编制日期、监理单位、现场监理人员、总监理工程师。

（8）利用施工图改绘的竣工图，必须标明变更修改依据，凡施工图结构、工艺、平面布置等有重大改变或变更部分超过图面1/3的，应当重新绘制竣工图。

3. 施工文件归档的时间和相关要求

（1）根据建设程序和工程特点，归档可以分阶段、分期进行，也可以在单位或分部工程竣工验收合格后进行。

（2）在工程竣工验收前形成的有关工程档案由建设单位归档。

（3）收齐工程文件并整理立卷后，建设单位、监理单位应根据城建档案管理机构的要求对档案文件完整、准确、系统等情况和案卷质量进行审查，审查后向建设单位移交。

（4）工程档案一般不少于两套，一套由建设单位保管，一套（原件）移交给当地城建档案馆（室）。

（5）向建设单位移交档案时，应编制移交清单，双方签字、盖章后方可交接。

第 10 章　建筑工程项目风险管理

10.1　项目风险管理概述

10.1.1　风险的概念和要素

1. 风险的概念

风险源于法文的 risques,17 世纪中叶引入英文 risk。关于风险的定义很多,基本的表述是在给定情况下和特定时间内可能发生的结果之间的差异,差异越大则风险越大。另一个具有代表性的定义为不利事件发生的不确定性,认为风险是不期望发生事件的客观不确定性,具有消极的不良后果,它的发生具有潜在的可能性。对建筑工程项目管理而言,风险是指可能出现的影响项目目标实现的不确定因素。

2. 风险的要素

风险的要素主要包括风险因素、风险事件、损失、损失机会。风险因素、风险事件、损失与风险之间的关系如图 10.1 所示。

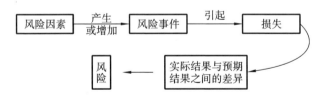

图 10.1　风险因素、风险事件、损失与风险之间的关系

（1）风险因素。

风险因素是指能产生或增加损失概率和损失程度的条件或因素,是风险事件发生的潜在原因,是造成损失的内在或间接原因。通常,风险因素可分为以下三种。

①自然风险因素。该风险因素是指有形的,并能直接导致某种风险的事物。如冰雪路面、汽车发动机性能不良或制动系统故障等。

②道德风险因素。该风险因素是无形的因素,与人的品德修养有关。如人的品质缺陷或欺诈行为。

③心理风险因素。该风险因素也是无形的因素,与人的心理状态有关。例如,投保后疏于对损失的防范,自认为身强力壮而不注意健康。

(2)风险事件。

风险事件是指造成损失的偶发事件,是造成损失的外在原因或直接原因,如失火、雷电、地震、偷盗、抢劫等事件。要注意把风险事件与风险因素区分开,例如,汽车的制动系统失灵导致车祸中人员伤亡,这里制动系统失灵是风险因素,而车祸是风险事件。不过有时两者很难区分。

(3)损失。

损失是指非故意的、非计划的和非预期的经济价值的减少,通常以货币单位来衡量。损失一般可分为直接损失和间接损失两种,也有学者将损失分为直接损失、间接损失和隐蔽损失三种。在对损失后果进行分析时,如何对损失分类并不重要,重要的是找出一切已经发生和可能发生的损失,对间接损失和隐蔽损失进行深入分析。有些损失是长期起作用的,难以在短期内弥补和扭转,即使做不到定量分析,也要进行定性分析,以便对损失后果有比较全面而客观的估计。

(4)损失机会。

损失机会是指损失出现的概率。概率分为客观概率和主观概率两种。

①客观概率是某事件在长时期内发生的频率。客观概率的确定主要有以下3种方法。

a. 演绎法。例如,掷硬币每一面出现的概率均为1/2,掷骰子每一面出现的概率均为1/6。

b. 归纳法。例如,60岁人比70岁人在5年内去世的概率小,木结构房屋比钢筋混凝土结构房屋失火的概率大。

c. 统计法,即根据过去的统计资料的分析结果所得出的概率。根据概率论的要求,采用这种方法时,要有足够多的统计资料。

②主观概率是个人对某事件发生的可能性的估计。主观概率的结果受到很多因素的影响,如个人的受教育程度、专业知识水平、实践经验等,还可能与年龄、性别、性格等有关。因此,如果采用主观概率,应当选择在某一特定方面专业知识水平较高、实践经验较丰富的人来估计。对于工程风险的概率,在统计资料

不够充分的情况下,以专家估计的主观概率代替客观概率是可行的,必要时可综合多个专家估计的主观概率。

10.1.2　建筑工程项目的主要风险

1. 建筑工程风险

对建筑工程风险的认识,要明确两个基本点。

(1)建筑工程风险大。

建筑工程建设周期长,风险因素和风险事件多。对建筑工程的风险因素,通常按风险产生的原因进行分类,即将建筑工程的风险因素分为政治、社会、经济、自然、技术等因素。这些风险因素都会不同程度地作用于建筑工程,产生错综复杂的影响。同时,风险因素会造成许多不同的风险事件。这些风险事件虽然不会都发生,但总会有风险事件发生。总之,建筑工程风险因素和风险事件发生的概率均较大,其中有些风险因素和风险事件的发生概率很大。有些风险因素和风险事件一旦发生,往往会造成比较严重的损失。

明确这一点,有利于确立风险意识,只有从思想上重视建筑工程的风险问题,才有可能对建筑工程风险进行主动的预防和控制。

(2)参与工程建设的各方均有风险,但各方的风险不尽相同。

工程建设各方所遇到的风险事件有较大的差异,即使是同一风险事件,对建筑工程不同参与方的后果有时截然不同。

例如,同样是通货膨胀风险事件,在可调价格合同条件下,对业主来说风险相当大,而对承包商来说风险很小,风险大小主要取决于调价公式是否合理;但是,在固定总价合同条件下,对业主来说没有风险,而对承包商来说风险相当大,风险大小还与承包商在报价中所考虑的风险费或不可预见费的数额或比例有关。

2. 建筑工程项目的主要风险

业主方和其他项目参与方都应建立风险管理体系,明确各层次管理人员的管理责任,以减少项目实施过程中的不确定因素对项目的影响。建筑工程项目风险是影响施工项目目标实现的事先不能确定的内外部干扰因素及其发生的可能性。建筑工程项目一般规模大、工期长、关联单位多、与环境接口复杂,蕴藏着大量的风险,其主要风险见表 10.1。

表 10.1　建筑工程项目的主要风险

分类依据	风险种类	内　容
风险原因	自然风险	（1）自然力的不确定性变化，如地震、洪水、沙尘暴等； （2）未预测到的复杂水文地质条件、不利的现场条件、恶劣的地理环境等，使交通运输受阻，施工无法正常进行，造成人财损失等
	社会风险	社会治安状况、宗教信仰、风俗习惯、人际关系及劳动者素质等形成的障碍或不利条件
	政治风险	政治方面的各种事件，如国际关系变化、政策变化等
	法律风险	（1）法律不健全、有法不依、执法不严，相关法律内容变化； （2）未能正确、全面地理解有关法规，施工中发生触犯法律行为被起诉和处罚
	经济风险	项目所在国或地区的经济领域出现的或潜在的各种因素变化，如经济政策的变化、产业结构的调整、市场供求变化导致汇率风险、金融风险
	管理风险	经营者不能适应客观形势的变化，或主观判断失误，或对已发生的事件处理不当导致财务风险、市场风险、投资风险、生产风险等
	技术风险	（1）科技进步、技术结构及相关因素的变动； （2）项目施工条件复杂； （3）施工中采用新技术、新工艺、新材料、新设备
风险的行为主体	承包商	（1）企业经济实力差，财务状况恶化，处于破产境地，无力采购和支付工资； （2）对项目环境调查、预测不准确，错误理解业主意图和招标文件，投标报价失误； （3）项目合同条款遗漏、表述不清，合同索赔管理工作不力； （4）施工技术、方案不合理，施工工艺落后，施工安全措施不当； （5）工程价款估算错误、结算错误；

续表

分类依据	风险种类	内　　容
风险的 行为主体	承包商	（6）没有合适的项目经理和技术专家，技术、管理能力不足，造成失误，工程中断； （7）项目经理部没有认真履行合同，没有保证进度、质量、安全、成本目标的有效措施； （8）项目经理部初次承担施工技术复杂的项目，缺少经验，控制风险能力差； （9）项目组织结构不合理、不健全，人员素质差，纪律涣散，责任心差； （10）项目经理缺乏权威，指挥不力； （11）没有选择合适的合作伙伴（分包商、供应商），责任不明，产生合同纠纷和索赔
	业主	（1）经济实力不强，抵御施工项目风险能力差； （2）经营状况恶化，支付能力差或撤走资金，改变投资方向或项目目标； （3）缺乏诚信，不履行合同，不及时交付场地、供应材料、支付工程款； （4）管理能力差，不能很好地与项目相关单位协调沟通，影响施工顺利进行； （5）业主违约、苛刻刁难，发出错误指令，干扰正常施工活动
	监理工程师	（1）起草错误的招标文件、合同条件； （2）管理组织能力低，不能正确执行合同，下达错误指令，要求苛刻； （3）缺乏职业道德和公正性
	其他	（1）设计内容不全，有错误、遗漏，不能及时交付图纸造成返工或延误工期； （2）分包商、供应商违约，影响工程进度、质量和成本； （3）中介人的资信、可靠性差，水平低，难以胜任其职，或为谋私利不择手段； （4）主管部门、城市公共部门的不合理干预和个人需求； （5）施工现场周边居民、单位的干预

续表

分类依据	风险种类	内　容
风险对目标的影响	工期风险	局部或整个工程的工期延长,项目不能及时投产
	费用风险	报价风险、财务风险、利润降低、成本超支、投资追加、收入减少等
	质量风险	材料、工艺、工程不能通过验收,试生产不合格,工程质量不合格
	信誉风险	损害企业形象和信誉的事件
	安全风险	造成人身伤亡、工程或设备损坏的事件

10.1.3　项目风险管理的概念和内容

1. 建筑工程项目风险管理的概念

所谓风险管理,就是人们对潜在的意外损失进行风险识别、分析、评价,并根据具体情况采取应对措施、管理方法,对项目风险进行有效的控制,减少意外损失,避免不利后果,保证项目总体目标实现的管理行为。

项目风险管理是指通过风险识别、分析与评价去认识项目的风险,并以此为基础合理地使用各种风险应对措施、管理方法、技术和手段对项目的风险进行有效的控制,妥善处理风险事故所造成的不利结果,以最小的成本保证项目总目标实现的管理工作。

建筑工程项目风险管理是指参与项目建设的主体,包括发包方、承包方和勘察、设计、监理等单位在工程项目的策划、勘察、设计、工程施工以及竣工后投入使用各阶段进行风险识别、分析与评价,以防范项目风险的管理活动。

2. 建筑工程项目风险管理的内容

建筑工程项目风险管理包括以下内容。

(1) 风险识别。

风险识别是风险管理的基础,项目风险管理人员在收集资料和调查研究之后,运用各种方法对潜在的以及存在的各种风险进行系统的归类和识别,其中最重要也是最困难的工作就是了解并寻找项目的风险因素。

(2) 风险评价。

要把握风险,就必须在识别风险因素的基础上进行进一步的分析与评估,即运用概率和数理统计的方法对项目发生概率、项目风险影响范围、项目风险后果的严重程度和项目风险发生时间进行估计和评价。

（3）风险应对。

选择行之有效的策略,并寻求既符合实际又有明显效果的应对风险的具体措施,使风险转化为机会或使风险所造成的负面效应程度降到最低。

（4）风险监视。

随时掌握项目各方面因素可能带来的问题。无论风险有没有被管理者认识到,整个工程及其过程都应置于风险管理者的监测之下。考察各种风险控制行动产生的实际效果,监视残留风险的变化情况,进而考虑是否调整风险管理计划以及是否启动相应的应急措施等。

（5）风险控制。

跟踪已经识别的风险,识别剩余风险和未出现的风险,保证风险应对计划的执行。根据拟订的风险对策,协调、解决和处理风险,把经济损失和影响控制在最小的范围之内。

10.1.4　项目风险管理的目标和过程

1. 建筑工程项目风险管理的目标

建筑工程项目风险管理的目标应该与企业的总目标一致,随着企业的环境和特有属性的发展而不断调整、改变。建筑工程项目风险管理目标见表 10.2。

表 10.2　建筑工程项目风险管理目标

阶　　段	企业环境及目标	项目风险管理目标
初创阶段	（1）规模较小,影响力较小; （2）急需获取项目,以微利维持生存; （3）急需开拓新的(国内其他地区或国际)市场	（1）维持生存、避免经营中断; （2）稳定收入、安定局面; （3）坚持诚信原则
发展阶段	（1）具有一定规模和竞争能力; （2）需要进一步拓宽业务并提升知名度; （3）靠实力和品牌获取项目,利润目标高	（1）降低风险管理成本、提高利润; （2）树立信誉、扩大影响; （3）拓宽业务渠道、增加市场占有率

续表

阶　段	企业环境及目标	项目风险管理目标
垄断阶段	（1）有较高的市场占有率和较高的知名度； （2）与强手对垒较量，有很强的竞争优势； （3）目标是垄断市场，创造更大的经济和社会效益	（1）重点控制和管理纯风险； （2）完善对投机风险的预防和利用措施，敢于冒一定的风险，以获取更大收益

2. 建筑工程项目风险管理的过程

风险管理是为了达到既定目标，而对所承担的各种风险进行管理的系统过程，采取的方法应符合公众利益、人身安全、环境保护以及有关法规的要求。风险管理包括策划、组织、领导、协调和控制等方面的工作。建筑工程项目风险管理在这一点上并无特殊性。风险管理应是一个系统、完整的过程。本书将建筑工程项目风险管理过程划分为五部分，这五部分构成一个系统、完整的过程，也构成一个循环的过程，如图 10.2 所示。

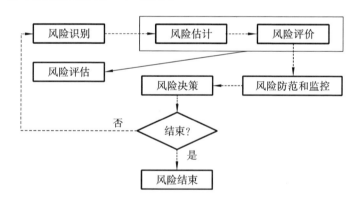

图 10.2　建筑工程项目风险管理过程

从图 10.2 中可以看到风险管理包括风险识别、风险估计、风险评价、风险防范和监控、风险决策五个方面。风险管理过程是一个系统的过程，也是一个动态的管理过程。对项目风险进行管理的前提，是把风险控制在系统之内，在不断变化的过程中进行管理。

建筑工程项目风险管理贯穿工程项目全过程，对于工程项目的承包方，是从准备投标开始直到保修期结束的全过程。在整个过程中,因各阶段存在的风险因素不同,风险产生的原因不同,主要责任者、管理方法也会有所区别,在项目经理承接项目之前,风险管理的责任主要集中于企业管理层,且主要从项目宏观上进行风险管理,而项目一旦交由项目经理负责后,项目风险管理的主要责任就集中于项目经理以及项目经理所组建的项目团队。无论谁是项目风险管理的主要责任者,对于项目整体,都要贯彻全员风险管理意识。

10.2　风　险　识　别

10.2.1　风险识别的特点和原则

1. 风险识别的特点

(1) 个别性。

任何风险都有与其他风险不同之处,没有两个风险是完全一致的。不同类型建筑工程项目的风险不同;同一建筑工程如果建造地点不同,其风险也不同;即使是建造地点确定的建筑工程,如果由不同的承包商承建,其风险也不同。因此,虽然不同建筑工程项目风险有共同之处,但一定存在不同之处,在风险识别时尤其要注意不同之处,突出风险识别的个别性。

(2) 主观性。

风险识别都是由人来完成的,由于不同的人专业知识水平,包括风险管理方面的知识、实践经验等方面的差异,同一风险由不同的人识别的结果会有较大的差异。风险本身是客观存在的,但风险识别是主观行为。在风险识别时,要尽可能减少主观性对风险识别结果的影响。要做到这一点,关键在于提高风险识别的水平。

(3) 复杂性。

建筑工程涉及的风险因素和风险事件均很多,而且关系复杂、相互影响,这给风险识别带来很强的复杂性。因此,建筑工程项目风险识别对风险管理人员要求很高,并且需要准确、详细的依据,尤其是定量的资料和数据。

(4) 不确定性。

不确定性可以说是主观性和复杂性的结果。在实践中,可能因为风险识别的结果与实际不符而造成损失,这往往是风险识别结论错误导致风险对策决策错误而造成的。由风险的定义可知,风险识别本身也是风险,因而避免和减少风险识别的风险也是风险管理的内容。

2. 风险识别的原则

(1)由粗及细,由细及粗。

由粗及细是指对风险因素进行全面分析,并通过多种途径对项目风险进行分解,逐渐细化,以获得对项目风险的广泛认识,从而得到项目初始风险清单。而由细及粗是指从项目初始风险清单的众多风险中,根据同类建筑工程的经验以及对拟建建筑工程具体情况的分析和风险调查,确定对建筑工程目标实现有较大影响的风险作为主要风险,即作为风险评价以及风险对策决策的主要对象。

(2)严格界定风险内涵并考虑风险因素之间的相关性。

要严格界定各种风险的内涵,不要出现重复和交叉现象。另外,还要尽可能考虑各种风险因素之间的相关性,如主次关系、因果关系、互斥关系、正相关关系、负相关关系等。虽然在风险识别阶段考虑风险因素之间的相关性有一定的难度,但至少要做到严格界定风险内涵。

(3)先怀疑,后排除。

对于所遇到的问题,都要考虑其是否存在不确定性,不要轻易否定或排除某些风险,要通过认真的分析进行确认或排除。

(4)排除与确认并重。

对于肯定可以排除和肯定可以确认的风险,应尽早予以排除和确认。对于短时间既不能排除又不能确认的风险再做进一步的分析,予以排除或确认。最后,对于肯定不能排除但又不能肯定予以确认的风险,按确认考虑。

(5)必要时,可做试验论证。

对于某些按常规方式难以判定其是否存在,也难以确定其对建筑工程目标影响程度的风险,尤其是技术方面的风险,必要时可做试验论证,如抗震试验、风洞试验等。做试验论证的结论可靠,但要以付出费用为代价。

10.2.2　风险识别的过程和方法

1. 风险识别的过程

在项目的大量错综复杂的施工活动中,首先要通过风险识别系统地、连续地对项目主要风险事件的存在、发生时间及其后果做出定性估计,并形成项目风险清单,使人们对整个项目的风险有一个准确、完整和系统的认识和把握,并作为风险管理的基础。建筑工程项目风险识别过程如图 10.3 所示。

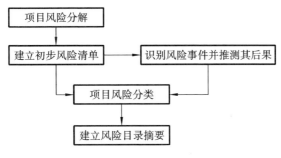

图 10.3　风险识别过程

(1) 项目风险分解。

项目风险分解的作用是确认项目活动中客观存在的各种风险,从总体到细节,由宏观到微观,层层分解,并根据项目风险的相互关系将风险归纳为若干个子系统,使人们能比较容易地识别项目的风险。一般按目标、时间、结构、环境、因素五个维度进行分解。

①目标维,按项目目标进行分解,即考虑影响项目费用、进度、质量和安全目标实现的不同风险。

②时间维,按项目建设阶段分解,即考虑工程项目进展不同阶段(项目计划与设计、采购、施工、试生产及竣工验收、保修期)的不同风险。

③结构维,按项目结构(单位工程、分部工程、分项工程等)进行分解。

④环境维,按项目与其所在环境(自然、社会、政治、经济等)的关系分解。

⑤因素维,按项目风险因素(技术、合同、管理、人员等)的分类进行分解。

(2) 建立初步风险清单。

清单中应明确列出客观存在的和潜在的各种风险,应包括影响生产率、操作、质量和经济效益的各种因素。一般按项目风险的五个维度来建立清单,由粗到细,先怀疑、排除,后确认,尽量做到全面,不要遗漏重要的风险。

(3) 识别风险事件并推测其结果。

根据初步风险清单中开列的各种重要的风险来源,通过收集数据、案例、财务报表分析、专家咨询等方法,推测与其相关联的各种风险结果的可能性,包括盈利或损失、人身伤害、自然灾害、时间和成本、节约或超支等方面,重点是资金的财务结果。

（4）项目风险分类。

通过对风险进行分类，可以加深对风险的认识和理解，辨清风险的性质和某些不同风险事件之间的关联，有助于制定风险管理目标。

建筑工程项目风险分类见表 10.3。

表 10.3　建筑工程项目风险分类

风险目录	典型的风险
不可预见损失	洪水、地震、火灾、狂风、闪电、塌方
有形损失	结构破坏、设备损坏、劳务人员伤亡、材料或设备发生火灾或被盗窃
财务和经济	通货膨胀、能否得到业主资金、汇率浮动、分包商的财务风险
政治和环境	法律法规变化、注册和审批规则、安全规则、没收规则、禁运规则
设计	设计失误、遗漏、错误，图纸不全、交付不及时
与施工有关事件	气候、劳务争端和罢工、劳动生产率、不同现场条件、工作失误、设计变更、设备缺陷

（5）建设风险目录摘要。

风险目录摘要是将项目可能面临的风险汇总并分出轻重缓急的表格。它能使项目全体人员对项目的总体风险有一个全局的印象，每个人不仅能了解自己所面临的风险，还能自觉地意识到项目其他方面的风险，了解项目中各种风险之间的联系和可能发生的连锁反应。风险目录摘要的格式见表 10.4。

表 10.4　风险目录摘要格式

项目名称：

评述：

日期：

负责人：

风险事件	风险事件摘要	风险条件变量

风险目录摘要的内容可供风险管理人员参考。但是,由于人们认知的局限性,风险目录摘要不可能完全准确、全面;而且风险自身的不确定性决定了风险识别过程是动态的连续的过程。最后形成的风险目录摘要应随着施工进展、项目内外部条件的变化,以及风险的演变而不断地更新、增删,直至项目结束。

2. 风险识别的方法

除采用风险管理理论中所提出的风险识别基本方法之外,对建筑工程项目风险的识别,还可以根据项目自身特点,采用不同的方法。

(1) 德尔菲法。

德尔菲法又名专家调查法,采取反馈匿名函询的方式(即专家之间不互相讨论、不发生联系),调查人员对所要预测的问题征询各专家的意见,进行集中整理和归纳,再匿名反馈给各专家,再次征询意见,再集中,再反馈,通过多次反复征询、归纳及修改,得出稳定意见作为预测的结果。这种方法具有广泛的代表性,不仅适用于建筑工程项目风险的识别阶段,也适用于评价和决策过程。

(2) 财务报表分析法。

项目财务报表能全面反映项目的财务状况、现金流量和经营成果,为风险识别提供数据来源。通过收集和整理项目财务报表数据,风险识别人员能了解项目资产的种类,以发现这些资产的风险来源;也能了解项目现有资源,以衡量项目的风险承担能力。因此,只要使用恰当,项目财务报表就能成为风险识别的信息渠道。财务报表分析工作可以揭示项目未来的收益和风险,也可以检查项目预定计划完成情况,考核管理人员的业绩,有利于建立健全合理的管理机制。

财务报表分析的内容主要如下。

①偿债能力:分析项目的权益结构,估量项目对债务资金的利用程度。

②资产的营运能力:分析项目资产的分布和周转情况。

③盈利能力:分析项目的盈利情况以及不同年度项目盈利水平的变化情况。

(3) WBS(work breakdown structure)工作分解法。

WBS 工作分解法将整个建筑工程项目分解为若干子项目,再分解为若干工作和子工作,直至划分到可以密切关注和操作每个任务的程度,使每步工作具有切实的目标,能清晰地反映出目标完成程度。分解得越细,越能有条不紊地工作并统筹安排时间。分解标准是分解后活动结构清晰、集成所有关键因素、包含里程碑和监控点、清楚定义全部活动等。可按产品结构、实施过程、项目所处地域、项目目标、部门、职能等来分解任务。

WBS工作分解法主要有以下三个步骤：

①分解工作任务，将整个项目逐渐细分到合适的程度，以便进行项目计划、执行和控制；

②定义任务依赖关系，任务依赖关系是确定项目关键路径和活动时间的必要条件，取决于工作要求，决定了任务的顺序；

③分配时间和资源。

（4）初始清单法。

如果对每一个建筑工程项目风险的识别都从头做起，至少有以下三方面缺陷：一是耗费时间和精力多，风险识别工作效率低；二是风险识别的主观性可能导致风险识别的随意性，使结果缺乏规范性；三是风险识别成果资料不便于积累，对今后的风险识别工作缺乏指导作用。为了避免以上缺陷，有必要建立初始风险清单。

通过适当地分解风险来识别风险是建立建筑工程项目初始风险清单的有效途径。对于大型、复杂的建筑工程，首先将其按单项工程、单位工程分解，再对各单项工程、单位工程分别从时间维、目标维和因素维进行分解，可以较容易地识别出建筑工程主要的、常见的风险。从初始风险清单的作用来看，因素维仅分解到各种不同的风险因素是不够的，还应进一步分解到风险事件。

初始风险清单只是为了便于人们较全面地认识风险，而不至于遗漏重要的工程风险，但并不是风险识别的最终结论。在初始风险清单建立后，还要结合特定建筑工程项目的具体情况进一步识别风险，从而对初始风险清单做一些必要的补充和修正。为此，要参照同类建筑工程项目风险的经验数据，若无现成的资料，则要多方收集或针对具体建筑工程项目的特点进行风险调查。

（5）经验数据法。

经验数据法也称为统计资料法，即根据已建各类建筑工程项目与风险有关的统计资料来识别拟建建筑工程项目的风险。不同的风险管理主体都应有自己关于建筑工程项目风险的经验数据或统计资料。

在工程建设领域，可能有建筑工程项目风险经验数据或统计资料的风险管理主体包括咨询公司、设计单位、承包商以及长期有建筑工程项目的业主（如房地产开发商）。由于这些风险管理主体的角度、数据或资料来源不同，其各自的初始风险清单一般有差异。但是，建筑工程项目风险本身是客观存在的，有客观的规律性，当经验数据或统计资料足够多时，差异程度就会大大减小。而且，风险识别是对建筑工程项目风险的初步认识，也是一种定性分析。因此，这种基于经验数据或统计资料的初始风险清单可以满足对建筑工程项目风险识别的需要。

例如,根据建筑工程项目的经验数据或统计资料可以得知,减少投资风险的关键在设计阶段,尤其是初步设计前的阶段。因此,方案设计和初步设计阶段的投资风险应当作为重点进行详细的风险分析,设计阶段和施工阶段的质量风险最大,要对这两个阶段的质量风险做进一步的分析,施工阶段存在较大的进度风险,要做重点分析。施工活动是由一个个分部工程、分项工程按一定的逻辑关系组成的,因此,进一步分析各分部工程、分项工程对施工进度或工期的影响,更有利于风险管理人员识别建筑工程项目进度风险。

(6) 风险调查法。

由风险识别的个别性可知,两个不同的建筑工程项目不可能有完全一致的风险。因此,在建筑工程项目风险识别的过程中,花费人力、物力、财力进行风险调查是必不可少的。这既是一项非常重要的工作,也是建筑工程项目风险识别的重要方法。

风险调查应当从分析具体建筑工程项目的特点入手:一方面对通过其他方法已识别出的风险,如初始风险清单列出的风险,进行鉴别和确认;另一方面发现尚未识别出的重要风险。

通常,风险调查可以从组织、技术、环境、经济、合同等方面分析拟建建筑工程项目的特点以及潜在风险。

风险调查并不是一次性的。风险管理是一个系统、完整的循环过程,因而风险调查也应该在建筑工程项目实施全过程中不断地进行,这样才能了解不断变化的条件对项目风险状态的影响。当然,随着项目进展,不确定性因素越来越少,风险调查的内容也应相应减少,风险调查的重点有可能不同。

对于建筑工程项目的风险识别来说,仅仅采用一种风险识别方法是远远不够的,一般应综合采用两种或多种风险识别方法,才能得出较为满意的结果。而且,不论采用哪些风险识别方法组合,都必须包含风险调查法。从某种意义上讲,前五种风险识别方法的主要作用是建立初始风险清单,而风险调查法的作用则是建立最终风险清单。

10.3　风　险　评　价

10.3.1　风险评价的定义、目标及准则

1. 风险评价的定义

建筑工程项目风险评价就是指项目管理人员对可能导致损失的风险因素进行系统分析、权衡,并依据风险对项目管理目标的影响程度,对风险进行分等级排序,综合评价项目风险的整体水平。风险评价是在项目风险识别的基础上,通过建立项目风险的系统评价模型,对项目风险因素进行综合分析,把各风险之间的相互影响、相互作用、项目各阶段的总体风险水平,以及对项目整体目标的影响、项目各主体对风险的承受能力等进行综合的考虑。

2. 风险评价的目标

(1)确定各风险事件的内在联系。

一个风险因素往往会造成表面上看起来不相干的多个风险事件。风险评价就是要从建筑工程项目整体出发,弄清各风险事件之间的因果关系,以准确估计风险损失,并且制定适当的风险应对计划。这样,在以后的风险管理中,只需消除一个风险因素就可避免多个风险事件。

(2)进一步量化已识别风险的发生概率和后果。

降低风险发生概率和后果估计中的不确定性。必要时根据项目形势的变化重新量化风险发生概率及后果。

(3)把握风险间的相互关系。

研究如何化威胁为机会,考虑不同风险因素之间相互转化的条件,同时注意在什么条件下原认为是机会的风险事件会转化为威胁。

3. 风险评价的准则

风险评价要求建立风险评价的准则。

(1)风险回避准则。

风险回避准则是基本的风险评价准则。根据这一准则,人们对风险活动采取禁止或完全不作为的态度。风险回避准则是一种消极的准则,但也是进行风险评价时必须考虑的准则。承包商在投标时,发现利润较小而风险较高时会放弃投标;在选择合同类型时,宁愿选择利润较小但风险较低的固定总价合同;在项目投资决策阶段,谨慎的业主可能为了避免风险而放弃投资机会。这些都是风险回避准则的体现。

(2)风险权衡准则。

风险权衡准则的前提是假设世界上存在着一些可接受的、不可避免的风险。风险权衡准则要确定可接受风险的限度,而这是一项非常困难的工作。不同国家因发展水平不同,建立的风险权衡准则也不同;相同国家在不同时期的风险权衡准则也不同。

(3)风险处理成本最小准则。

风险权衡准则的前提是假设世界上存在一些可接受的、不可避免的风险。这里有两种含义:其一是不对风险做处理即可以接受;其二是付出较小的处理成本可以避免风险。对于第二种,人们当然希望风险处理成本越小越好,并且希望找到风险处理成本的最小值。风险处理成本最小准则即若此风险的处理成本足够小,人们可以接受此风险。

(4)风险处理成本与效益匹配准则。

人们只有在效益大大增加的情况下,才肯花费风险处理成本,认为承担了风险,就应当有更好的效益。这就是风险处理成本与效益匹配准则。

(5)社会费用最小准则。

社会费用最小准则体现了企业对社会应负的责任。社会在承担风险的同时也将获得回报,在考虑风险的社会费用时,应一同考虑风险带来的社会效益。

10.3.2　风险评价的步骤及作用

1. 风险评价的步骤

(1)识别评价对象的风险因素。评价对象的风险因素的识别务必正确,风险因素不能重叠。

(2)建立风险评价指标体系。指标体系根据需要分层建立,并且各主次风险因素之间的隶属关系应准确无误。

(3)确定指标权重。各指标权重大小根据专家的初始赋值,运用层次分析法来计算。

（4）确定指标。指标分为定性和定量两种类别。

（5）构建综合评价模型。根据各风险因素和风险指标体系的构建情况选择灰色层次分析模型评价方法来计算风险大小，达到对建筑工程项目风险进行评价的目的。

2. 风险评价的作用

（1）可以更准确地识别风险。

通过风险评价，能够进一步量化已识别风险的发生概率和后果，可以降低风险发生概率和后果估计中的不确定性。当发现原估计情况和现状存在较大差异，必要时可根据建筑工程项目进展情况，重新估计风险发生概率和后果，进而确定风险对建筑工程项目管理目标的影响程度，决定采取哪种应对及规避措施。

（2）可以合理选择风险应对措施，形成最佳风险应对措施组合。

不同的应对措施有不同的适用对象，一般从代价和效果两个方面考虑。风险应对措施的效果表现在降低风险发生概率和降低损失严重程度。风险应对措施一般都要付出一定的代价，而这些代价一般可以准确地度量。在选择风险应对措施时，应将不同风险应对措施的适用性与不同风险的后果结合起来考虑，对风险选择适宜的风险应对措施，并形成最佳风险应对措施组合。

（3）建筑施工方可以达到顺利施工和盈利的目的。

建筑工程项目在建设过程中，从建筑施工方角度来看，存在着建设周期长、投资额巨大、工序繁多的特点。因此，在施工过程中，建筑施工方未来获取的收益直接受到这些特点的制约。建设周期长，各个阶段的不可预见因素就会增多，项目的按期完成会受到与时间相关的外界因素和内部因素的影响；投资额巨大、工序繁多，一旦施工组织不合理、质量不合格导致返工而发生索赔，就会极大地影响项目进度、成本和质量，使建筑施工方的利益受损。所以，对建筑工程项目施工过程中风险问题的评价与研究，具有重要的现实意义。

10.4 风险应对与监控

10.4.1 风险应对

风险应对就是对识别出的风险，经过估计与评价之后，选择并确定最佳的对策,并进一步落实到具体的计划和措施中。

1. 风险回避

风险回避就是以一定的方式中断风险源,使风险不发生或不再发展,从而避免潜在损失。例如,某建筑工程项目的可行性研究报告表明,虽然从净现值、内部收益率指标来看项目是可行的,但敏感性分析的结论是项目对投资额、产品价格、经营成本均很敏感。这意味着该建筑工程项目的不确定性很大,即风险很大,因而决定不投资建造该建筑工程。

采用风险回避这一对策时,有时要做出一些牺牲,但较之承担风险,这些牺牲比风险真正发生时可能造成的损失要小得多。例如,某投资人选址不慎,决定在河谷建造某工厂,而保险公司不愿为其承担保险责任。当投资人意识到在河谷建厂将不可避免地受到洪水威胁,且又无防范措施时,只好决定放弃计划。虽然他在建厂准备阶段耗费了不少投资,但与其厂房建成后被洪水冲毁,不如及早改弦易辙,另谋理想的厂址。又如,某承包商参与某建筑工程项目的投标,开标后发现自己的报价远远低于其他承包商的报价,经仔细分析发现,自己的报价存在严重的误算和漏算,因而拒绝与业主签订施工合同。虽然将被没收投标保证金或投标保函,但比承包后严重亏损的损失要小得多。

从以上分析可知,在某些情况下,风险回避是最佳对策。在采用风险回避对策时要注意以下问题。

(1)回避一种风险可能产生另一种风险。在建筑工程项目实施过程中,绝对没有风险的情况几乎不存在。就技术风险而言,即使是相当成熟的技术也存在一定的风险。

(2)回避风险的同时也失去了从风险中获益的可能性。由风险的特征可知,风险具有损失和获益的两重性。例如,在涉外工程中,由于缺乏有关外汇市场的知识和信息,为避免承担由此而带来的经济风险,决策者决定选择本国货币作为结算货币,从而失去了从汇率变化中获益的可能性。

(3)回避风险可能不实际或不可能。这一点与建筑工程项目风险的定义或分解有关。建筑工程项目风险定义的范围越广或分解得越粗,回避风险就越不可能。例如,如果将建筑工程项目风险仅分解到风险因素这个层次,那么任何建筑工程项目都必然存在经济风险、自然风险和技术风险,根本无法回避。又如,从承包商的角度,投标总是有风险的,但不会为了回避投标风险而不参加任何建筑工程项目的投标。建筑工程项目的几乎每一个活动都存在大小不一的风险,

过多地回避风险就等于不采取行动,而这可能是最大的风险。由此可知,不可能回避所有的风险。正因为如此,才需要不同的风险对策。

总之,虽然风险回避是一种必要的,有时甚至是最佳的风险对策,但应该承认这是一种消极的风险对策。如果处处回避、事事回避,结果只能是停止发展,直至停止生存。因此,应当勇敢地面对风险,要适当运用风险回避以外的其他风险对策。

2. 损失控制

(1) 损失控制的概念。

损失控制是一种主动、积极的风险对策。损失控制可分为预防损失和减少损失。预防损失措施的主要作用在于降低或消除损失发生的概率,而减少损失措施的作用在于降低损失的严重性或遏制损失的进一步发展,使损失最小化。一般来说,损失控制方案是预防损失措施和减少损失措施的有机结合。

(2) 制定损失控制措施的依据和代价。

制定损失控制措施必须以定量风险评价的结果为依据,才能确保损失控制措施具有针对性,取得预期的控制效果。风险评价时特别要注意间接损失和隐蔽损失。制定损失控制措施还必须考虑付出的代价,包括费用和时间两方面的代价,而时间方面的代价往往还会造成费用方面的代价。损失控制措施的最终确定,需要综合考虑损失控制措施的效果及相应的代价。由此可见,选择损失控制措施时应当进行多方案的技术经济分析和比较。

(3) 损失控制计划系统。

在采用损失控制这一风险对策时,所制定的损失控制措施应当形成一个周密、完整的损失控制计划系统。施工阶段的损失控制计划系统一般由预防计划、灾难计划和应急计划三部分组成。

① 预防计划。

预防计划的目的在于有针对性地预防损失的发生,其主要作用是降低损失发生的概率,在许多情况下也能在一定程度上降低损失的严重性。在损失控制计划系统中,预防计划的内容广泛、具体措施多,包括组织措施、管理措施、合同措施、技术措施。

组织措施的首要任务是明确各部门和人员在损失控制方面的职责分工,使各方人员都能为实施预防计划而有效地配合,还要建立相应的工作制度和会议制度,必要时还应对有关人员(尤其是现场工人)进行安全培训等。

管理措施,既可采取风险分隔措施,将不同的风险单位分隔开,将风险局限在尽可能小的范围内,以避免在某一风险发生时产生连锁反应。如在施工现场将易发生火灾的木工加工场尽可能设在远离现场办公用房的位置。也可采取风险分散措施,通过增加风险单位来减轻总体风险的压力,风险单位共同分摊总体风险。如在涉外工程结算中采用多种货币组合的方式付款,从而分散汇率风险。

合同措施除要保证整个建筑工程项目总体合同结构合理、不同合同之间不矛盾之外,还要注意合同具体条款的严密性,并制定与特定风险相应的规定,如要求承包商加强履约保证和预付款保证等。

技术措施是在建筑工程施工过程中常用的预防损失措施,如地基加固、周围建筑物防护、材料检测等。与其他措施相比,技术措施的显著特征是必须付出费用和时间两方面的代价,应当慎重比较后选择。

②灾难计划。

灾难计划是一组事先编制好且目的明确的工作程序和具体措施,为现场人员提供明确的行动指南,使其在各种严重、恶性的紧急事件发生后,不至于惊慌失措,也无须临时讨论、研究应对措施,可以从容不迫、及时、妥善地处理,从而减少人员伤亡以及财产和经济损失。

灾难计划是针对严重风险事件制定的,其内容应满足以下要求。

a. 安全撤离现场人员。

b. 援救及处理伤亡人员。

c. 控制事故的发展,最大限度地减少对资产和环境的损害。

d. 保证受影响区域的安全,使其尽快恢复正常。

灾难计划在严重风险事件发生或即将发生时付诸实施。

③应急计划。

应急计划是在风险损失基本确定后的处理计划,其宗旨是使因严重风险事件而中断的工程实施过程尽快全面恢复,并减少进一步的损失,使其影响程度降至最低。应急计划不仅要制定所要采取的相应措施,而且要规定不同工作部门的职责。

应急计划应包括的内容:调整整个建筑工程的施工进度计划,并要求各承包商相应调整各自的施工进度计划;调整材料、设备的采购计划,并及时与材料、设备供应商联系;必要时,可以签订补充协议,准备保险索赔依据,确定保险索赔额度,起草保险索赔报告;全面审查可使用的资金情况,必要时调整筹资计划等。

3. 风险自留

风险自留就是将风险留给自己承担,即从企业内部财务的角度应对风险。风险自留与其他风险对策的根本区别在于,它不改变建筑工程项目风险的客观性质,既不改变项目风险的发生概率,也不改变项目风险潜在损失的严重性。

(1)风险自留的类型。

风险自留可分为非计划性风险自留和计划性风险自留两种类型。

①非计划性风险自留。当风险管理人员没有意识到项目风险的存在,或者没有处理项目风险的准备,风险自留就是非计划和被动的。事实上,对于一个大型复杂的工程项目,风险管理人员不可能识别所有项目风险。从这个意义上来说,非计划性风险自留是一种常用的风险处理措施。但风险管理人员应尽量减少风险识别和风险分析过程中的失误,并及时实施决策,而避免被迫承担重大项目风险。

②计划性风险自留是主动的、有意识的、有计划的选择,是风险管理人员在经过正确的风险识别和风险评价后做出的风险对策决策,是整个建筑工程项目风险对策计划的组成部分。也就是说,风险自留绝不可能单独使用,而应与其他风险对策结合使用。在实行风险自留时,应保证重大和较大的建筑工程项目风险已经进行了工程保险或实施了损失控制计划。

计划性风险自留的计划性主要体现在风险自留水平和损失支付方式两方面。所谓风险自留水平,是指选择哪些风险事件作为风险自留的对象。确定风险自留水平可以从风险量数值大小的角度考虑。一般应选择风险量小或较小的风险事件作为风险自留的对象。计划性风险自留还应从费用、期望损失、机会成本、服务质量和税收等方面与工程保险比较后才能得出结论。损失支付方式的含义比较明确,即在风险事件发生后,对所造成的损失通过什么方式或渠道来支付。

(2)风险自留的适用条件。

计划性风险自留至少要符合以下条件之一才应予以考虑。

①别无选择。有些风险既不能回避,又无法预防,且没有转移的可能性,只能自留,这是一种无奈的选择。

②期望损失不严重。风险管理人员对期望损失的估计低于保险公司的估计,而且根据自己多年的经验和有关资料,风险管理人员确信自己的估计正确。

③损失可准确预测。这个条件仅考虑风险的客观性,要求建筑工程有较多

的单项工程和单位工程,满足概率分布的基本条件。

④企业有短期内承受最大潜在损失的能力。由于风险的不确定性,可能在短期内产生最大的潜在损失。这时,即使设立了自我基金或向母公司保险,已有的专项基金仍不足以弥补损失,企业须从现金收入中支付。如果企业没有这种能力,可能因此破产。因此建筑工程的业主要具有短期内筹措大笔资金的能力。

⑤投资机会很好或机会成本很大。如果市场投资前景很好,则保险费的机会成本就显得很大,不如采取风险自留,将保险费作为投资,以取得较多的投资回报。即使今后自留风险事件发生,也足以弥补其造成的损失。

⑥内部服务优良。如果保险公司所能提供的多数服务完全可以由风险管理人员在内部完成,且由于他们直接参与工程的建设和管理活动,从而使服务更方便,质量在某些方面也更高。在这种情况下,风险自留是合理的选择。

（3）风险自留的措施和内容。

风险自留的措施和内容见表 10.5。

表 10.5　风险自留的措施及内容

措　　施	内　　容
风险预防	①增强全体人员的风险意识,进行风险防范措施的培训、教育和考核; ②根据项目特点,对重要的风险因素随时监控,做到及早发现、有效控制; ③制定完善的安全计划,针对性地预防风险,避免损失发生; ④评估及监控有关系统及安全装置,经常检查预防措施的落实情况; ⑤制定灾难计划,为人们提供损失发生时必要的技术组织措施和紧急处理事故程序; ⑥制定应急计划,指导人们在事故发生后以最小的代价使施工活动恢复正常
风险分离	将项目的各风险单位分隔,避免发生连锁反应或互相牵连而使损失扩大,如: ①向不同地区（国家）供应商采购材料、设备,减小价格、汇率浮动带来的风险; ②将材料分隔存放,分离了风险单位,减少了风险源影响的范围和损失
风险分散	通过增加风险单位减轻总体风险的压力,达到共同分担集体风险的目的,如: ①承包商承包若干个工程,避免单一工程项目的过大风险; ②在国际承包工程中,工程付款方式采用多种货币组合,分散国际金融风险

4. 风险转移

风险转移是建筑工程项目风险管理中非常重要而且广泛应用的一项对策，分为非保险转移和保险转移两种形式。

根据风险管理的基本理论，建筑工程项目的风险应由有关各方分担，而风险分担的原则是任何一种风险都应由最适宜承担该风险或最有能力进行损失控制的一方承担。符合这一原则的风险转移是合理的，可以取得双赢或多赢的效果。例如，项目决策风险应由业主承担，设计风险应由设计方承担，而施工技术风险应由承包商承担等。否则，风险转移就可能付出较高的代价。

（1）非保险转移。

非保险转移又称为合同转移，因为这种风险转移一般是通过签订合同的方式将风险转移给非保险人的对方当事人。建筑工程项目风险常见的非保险转移有以下三种情况。

①业主将合同责任和风险转移给对方当事人。在这种情况下，被转移者多数是承包商。例如，在合同条款中规定，业主对场地条件不承担责任。又如，采用固定总价合同将涨价风险转移给承包商。

②承包商进行合同转让或工程分包。承包商中标承接某工程后，可能因资源安排出现困难而将合同转让给其他承包商，以避免由于自己无力按合同规定时间完成工程而违约被罚款，或将该工程中专业技术要求很强而自己缺乏相应技术的工程任务分包给专业分包商，从而更好地保证工程质量。

③第三方担保。合同当事人的一方要求另一方为其履约行为提供第三方担保。担保方所承担的风险仅限于合同责任，即委托方不履行或不适当履行合同以及违约所产生的责任。第三方担保的主要表现是业主要求承包商提供履约保证和预付款保证，在投标阶段还有投标保证。从国际承包市场的发展来看，20世纪末出现了要求业主向承包商提供付款保证的新趋向，但尚未得到广泛应用。我国《建设工程施工合同（示范文本）》（GF—2017—0201），也有发包人和承包人互相提供履约担保的规定。

与其他风险对策相比，非保险转移的优点主要体现：一是可以转移某些不可保的潜在损失，如物价上涨、法规变化、设计变更等引起的投资增加；二是被转移者往往能较好地进行损失控制，如承包商相对于业主能更好地把握施工技术风险，专业分包商相对于总包商能更好地完成专业性强的工程任务。

但是,非保险转移的媒介是合同,这就可能因为双方当事人对合同条款的理解有分歧而导致转移失败。另外,在某些情况下,可能因被转移者无力承担实际发生的重大损失而导致仍然由转移者来承担损失。例如,在采用固定总价合同的条件下,如果承包商报价中的涨价风险费很低,而实际的通货膨胀率很高,从而导致承包商亏损破产,最终只能由业主自己来承担涨价造成的损失。还应指出的是,非保险转移一般都要付出一定的代价,有时转移代价可能超过实际发生的损失,从而对转移者不利。仍以固定总价合同为例,在这种情况下,如果实际涨价所造成的损失小于承包商报价中的涨价风险费,这两者的差额就成为承包商的额外利润,业主则因此遭受损失。

（2）保险转移。

保险转移通常可称为保险。对于建筑工程项目风险来说,则为工程保险。通过购买保险,建筑工程业主或承包商作为投保人将本应由自己承担的工程风险,包括第三方责任转移给保险公司,从而使自己免于风险损失。保险这种风险转移形式之所以能得到越来越广泛的运用,原因在于其符合风险分担的基本原则,即保险人较投保人更适宜承担有关的风险。对于投保人来说,某些风险的不确定性很大,即风险很大。但是对于保险人来说,这种风险的发生则趋近于客观概率,不确定性降低,即风险降低。

在发生重大损失后,可以从保险公司及时得到赔偿,使建筑工程实施能不中断地、稳定地进行,从而保证建筑工程的进度和质量,也不致因损失重大而增加投资。保险还可以使决策者和风险管理人员对建筑工程项目风险的担忧减少,从而可以集中精力研究和处理建筑工程实施中的其他问题,提高目标控制效果。而且,保险公司可向业主和承包商提供较为全面的风险管理服务,从而提高整个建筑工程项目风险管理水平。

保险这一风险对策的缺点首先表现在机会成本增加。其次表现在工程保险合同的内容较为复杂,保险费没有统一固定的费率,要根据特定建筑工程的类型、建设地点的自然条件(包括气候、地质、水文等条件)、保险范围、免赔额的大小等综合考虑,因而保险合同谈判常常耗费较多的时间和精力。在进行工程保险后,投保人可能产生麻痹心理而疏于损失控制计划,以致增加实际损失和未投保损失。

在做出进行工程保险这一决策之后,还要考虑与保险有关的几个具体问题:一是保险的安排方式,即究竟由承包商安排保险计划还是由业主安排保险计划;二是选择保险类别和保险人,一般通过多家比选后确定,也可委托保险经纪人或

保险咨询公司选择;三是可能要进行保险合同谈判,这项工作最好委托保险经纪人或保险咨询公司完成。但免赔额的数额或比例要由投保人自己确定。

要说明的是,工程保险并不能转移建筑工程项目的所有风险。一方面是因为存在不可保风险;另一方面则是因为有些风险不宜保险。因此,对于建筑工程项目风险转移,应将工程保险与风险回避、损失控制和风险自留结合起来。对于不可保风险,必须采取损失控制措施。对于可保风险,也应当采取一定的损失控制措施,这有利于改变风险性质,达到降低风险量的目的,从而改善工程保险条件,节省保险费。

转移风险的措施及内容见表10.6。

表 10.6 转移风险的措施及内容

措　　施	内　　容
合同转移	通过与业主、分包商、材料设备供应商、设计方等非保险方签订合同(承包、分包、租赁合同)或协商等方式,明确规定双方工作范围和责任,以及工程技术要求,从而将风险转移给对方: ①将有风险因素的活动、行为本身转移给对方,或由双方合理分担风险; ②减少承包商对对方损失的责任; ③减少承包商对第三方损失的责任; ④通过工程担保将债权人违约风险损失转移给担保人
保险转移	承包商通过购买保险,将项目的可保风险转移给保险公司承担,使自己免受损失,工程承包领域的主要险别: ①建筑工程一切险(包括建筑工程第三者责任险,也称民事责任险); ②安装工程一切险(包括安装工程第三者责任险); ③社会保险(包括人身意外伤害险); ④机动车辆险; ⑤十年责任险(房屋建筑的主体工程)和两年责任险(细小工程)

5. 常见的项目风险及其防范策略和措施

常见的项目风险及其防范策略和措施见表10.7。

表 10.7　常见的项目风险及其防范策略和措施

风 险 目 录		风险防范策略	风险防范措施
政治风险	政策法规的不利变化	自留风险	索赔
	没收	自留风险	援引不可抗力条款进行索赔
	禁运	损失控制	降低损失
	污染及安全规则约束	自留风险	采取环保措施,制定安全计划
	权力部门腐败	自留风险	适应环境,利用风险
自然风险	对永久结构的损坏	转移风险	保险
		风险控制	预防措施
	对材料设备的损坏	转移风险	保险
	造成人员伤亡	转移风险	保险
	火灾、供水、地震	转移风险	保险
	塌方	风险控制	预防措施
经济风险	商业周期	利用风险	扩张时抓住机遇,紧缩时争取生存
	通货膨胀、通货紧缩	自留风险	合同中列入价格调整条款
	汇率浮动	自留风险	合同中列入汇率保值条款
		转移风险	投保汇率险、套汇交易
		利用风险	市场调汇
	分包商或供应商违约	转移风险	履约保函
		回避风险	对分包商或供应商进行资格预审
	业主违约	自留风险	索赔
		转移风险	严格合同条款
	项目资金无保证	回避风险	放弃承包
	标价过低	转移风险	分包
		自留风险	加强管理控制成本,做好索赔工作
设计施工风险	设计错误、内容不全、图纸不及时交付	自留风险	索赔
	工程项目水文地质条件复杂	转移风险	合同中分清责任

续表

风险目录		风险防范策略	风险防范措施
设计施工风险	恶劣的自然条件	自留风险	索赔、预防措施
	劳务争端、内部罢工	自留风险、损失控制	预防措施
	施工现场条件差	自留风险	加强现场管理,改善现场条件
		转移风险	保险
	工作失误、设备损毁、工伤事故	转移风险	保险
社会风险	节假日影响施工	自留风险	合理安排进度,留出损失费
	相关部门工作效率低	自留风险	留出损失费
	社会风气腐败	自留风险	留出损失费
	现场周边单位或居民干扰	自留风险	遵纪守法,沟通交流,搞好关系

10.4.2 风险监控

1. 风险监控的定义

风险监控就是对建筑工程项目风险的监视和控制。

（1）风险监视。

在实施风险应对计划的过程中,人们对风险的响应行动必然会对风险和风险因素的发展产生相应的影响。风险监视的目的在于通过观察风险的发展变化,评估响应措施的实施效果和偏差,改善和细化应对计划,获得反馈信息,为风险控制提供依据。风险的监控过程是一个不断认识项目风险的特征及不断修订风险管理计划和行为的过程,是一个实时、连续的过程。

（2）风险控制。

风险控制是指根据风险监视过程中反馈的信息,在风险事件发生时实施预定的风险应对计划处理措施;当项目情况发生变化时,重新对风险进行分析,并制订更有效的新的响应措施。

2. 风险监控的步骤

（1）建立项目风险监控体系。

建立项目风险监控体系是指在项目建设前,在风险识别、评估和应对计划的基础上,制订整个项目的风险监控方针、程序、目标和管理体系。

（2）确定要监控的具体项目风险。

按照识别和分析出的具体风险事件,根据风险后果的严重程度和风险发生概率的大小,以及风险监控资源情况,确定对哪些风险进行监控。

（3）分配项目风险监控责任。

将风险监控责任分配并落实到具体的人员。

（4）确定风险监控计划和方案。

制订相应的风险监控计划和安排,避免错过风险监控的时机。再根据风险监控的计划和安排,制订各个具体项目风险的控制方案。

（5）实施并跟踪具体项目风险监控。

在实施项目风险监控活动时,要不断收集监控工作信息并给出反馈,确认监控工作是否有效,项目风险是否有变化。不断地提供反馈信息,不断地修订项目风险监控计划与方案。

（6）判断项目风险是否已经消除。

判断某个项目风险是否已经解除,如已解除,则该项目风险的监控完成;反之,则要重新识别并开始新一轮的风险监控。

（7）评价风险监控效果。

评价风险监控效果是指对风险监控技术适用性及其收益情况进行分析、检查、修正和评估,看风险管理是否以最小的成本取得了最大的安全保障。

3．风险监控的措施

（1）权变措施。

权变措施即未事先计划或考虑到的应对风险的措施。工程项目属于开放性系统,环境较为复杂,有许多风险因素在风险计划时考虑不到或者未充分认识到。因此,应对风险的措施可能会考虑不足,而在进行风险监控时才发现某些风险的严重性甚至发现一些新的风险。若在风险监控中面对这种情况,要能随机应变,及时提出应对措施,并对这些措施做记录,纳入项目和风险应对计划之中。

（2）纠正措施。

纠正措施就是使项目未来预计绩效与原定计划一致所做的变更措施。借助风险监视的方法,发现被监视项目风险的变化或是否出现了新的风险。若监视结果显示项目风险的变化在按预期发展,风险应对计划也在正常执行,这表明风险计划和应对措施均在有效地发挥作用。若一旦发现列入控制的风险在进一步发展或出现了新的风险,则应对项目风险做深入分析与评估,并在找出引发风险事件影响因素的基础上,及时采取纠正措施(包括实施应急计划和附加应急计划)。

(3)项目变更申请。

项目变更申请包括提出改变项目范围、改变工程设计、改变实施方案、改变项目环境、改变项目费用和改变进度安排等申请。一般而言,如果频繁执行应急计划或权变措施,则要对项目计划进行变更,以应对项目风险。

在项目施工阶段,在合同的环境下,对于项目变更(也称工程变更),无论是业主、监理单位、设计单位,还是承包商,认为原设计图纸、技术规范、施工条件、施工方案等不利于项目目标的实现,或可能会出现风险,均可向监理工程师提出变更申请或建议,但该申请或建议一般应是书面形式的。项目变更申请书或建议书包括以下主要内容:

①变更的原因及依据;

②变更的内容及范围;

③变更引起的合同价的增加或减少;

④变更引起的合同期的提前或延长;

⑤必须提交的附图及其计算资料等。

项目变更申请一般由监理工程师组织审查。监理工程师对项目变更申请书或建议书进行审查时,应与业主、设计单位、承包商充分协商,对变更的单价和总价进行估算,分析变更引起的费用增加或减少的数额,并分析项目变更实施对项目纯风险产生的效果。项目变更一般应遵循的原则如下:

①项目变更的必要性与合理性;

②变更后不降低项目质量标准,不影响项目完工后的运行与管理;

③项目变更在技术上必须可行、可靠;

④项目变更后的费用及工期是经济、合理的;

⑤项目变更尽可能不在工期和施工条件上对后续项目产生不良影响。

第 11 章　建筑工程项目收尾管理

11.1　项目竣工验收

11.1.1　项目竣工验收的定义及依据

1. 项目竣工验收的定义

建筑工程项目竣工是指建筑工程项目从施工准备到全部施工活动，施工单位已完成建筑工程项目设计文件和合同约定的全部内容，并达到建设单位的使用要求，它标志建筑工程项目施工任务已全部完成。

建筑工程项目竣工验收是指建筑工程依照国家有关法律、法规及工程建设规范、标准的规定完成项目设计文件要求和合同约定的各项内容，建设单位已取得政府有关主管部门（或其委托机构）出具的工程施工质量、消防、规划、环保、城建等验收文件或准许使用文件后，组织竣工验收并编制完成竣工验收报告等一系列审查验收工作的总称。建筑工程项目达到验收标准，经验收合格后，就可以解除合同双方各自承担的义务以及经济和法律责任（除保修期内的保修义务之外）。

竣工验收是发包人和承包人的交易行为。竣工验收的主体有交工主体和验收主体两部分：交工主体是承包人，验收主体是发包人。两者都是竣工验收的实施者，是相互依存的。

建筑工程项目竣工验收是施工全过程的最后一道程序，也是建筑工程项目管理的最后一项工作。它是建设投资成果转入生产或使用的标志，也是全面考核投资效益、检验设计和施工质量的重要环节。

2. 项目竣工验收的依据

（1）上级主管部门有关竣工验收的文件和规定。

（2）国家和有关部门颁发的施工规范、质量标准、验收规范。

（3）批准的设计文件、施工图纸及说明书。

（4）双方签订的施工合同。

（5）设备技术说明书。

（6）设计变更通知书。

（7）有关的协作配合协议书。

（8）其他。

11.1.2　项目竣工验收的要求及条件

1. 项目竣工验收的要求

（1）建筑工程施工质量应符合《建筑工程施工质量验收统一标准》（GB 50300—2013)和相关专业验收规范的规定。

（2）建筑工程施工应符合工程勘察、设计文件的要求。

（3）参加建筑工程施工质量验收的各方人员应具备规定的资格。

（4）验收均应在施工单位自行检查评定的基础上进行。

（5）隐蔽工程在隐蔽前应由施工单位通知有关单位进行验收，并形成验收文件。

（6）涉及结构安全的试块、试件以及有关材料，应按规定进行见证取样检测。

（7）检验批的质量应按主控项目和一般项目验收。

（8）对涉及结构安全和使用功能的重要分部工程，应抽样检测。

（9）承担见证取样检测及有关结构安全检测工作的单位应具有相应资质。

（10）观感质量应由验收人员现场检查，并共同确认。

2. 项目竣工验收的条件

（1）完成建筑工程设计和合同约定的各项内容。

（2）有完整的技术档案和施工管理资料。

（3）有主要建筑材料、构配件和设备合格证及必要的进场试验报告。

（4）有施工单位签署的工程质量保修书。

（5）有勘察、设计、施工、监理等单位签署的质量合格文件，具体要求如下。

①勘察、设计单位对勘察、设计文件及施工过程中由设计单位签署的设计变

更通知书进行检查,并编制质量检查报告,质量检查报告应经该项目勘察、设计负责人和勘察、设计单位有关负责人审核签字。

②施工单位在工程完工后对工程质量进行检查,确认工程质量符合有关法律、法规和工程建设强制性标准,符合设计文件及合同要求,并编制工程竣工报告,工程竣工报告应经项目经理和施工单位有关负责人审核签字。

③对于委托监理的工程,监理单位对工程进行质量评估,具有完整的监理资料,并编制工程质量评估报告,工程质量评估报告应经总监理工程师和监理单位有关负责人审核签字。

（6）城乡规划行政主管部门对工程是否符合规划设计要求进行检查,并出具认可文件。

（7）有公安消防、环保等部门出具的认可文件或准许使用文件。

（8）建筑工程项目行政主管部门及其委托的工程质量监督机构等有关部门责令整改的问题已全部整改完毕。

11.1.3　项目竣工验收的程序及各阶段主要工作

1. 建筑工程项目竣工验收的程序

建筑工程项目竣工验收的一般程序如图 11.1 所示。

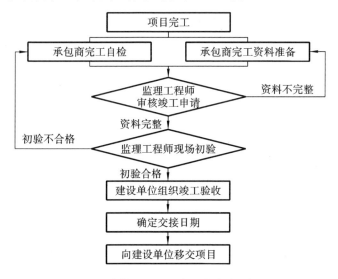

图 11.1　建筑工程项目竣工验收的一般程序

2．建筑工程项目竣工验收各阶段主要工作

1）建筑工程项目的收尾工作

（1）对已完成的成品进行封闭和保护。

（2）有计划地拆除施工现场的各种临时设施和暂设工程，拆除各种临时管线，清扫施工现场，组织清运垃圾和杂物。

（3）组织材料、机具、物资的回收、退库，以及向其他施工现场转移和处理等工作。

（4）做好电气线路和各种管线的交工前检查，进行电气工程的全负荷试验。

（5）对于生产项目，要进行设备的单体试车、无负荷联动试车和有负荷联动试车。

2）施工方各项竣工验收准备工作

（1）组织完成竣工图，编制工程档案资料移交清单。

项目竣工图的绘制主要有以下四种情况。

①未发生设计变更，按图施工的，可在原施工图样（必须是新图）上注明"竣工图"标志。

②一般的设计变更，但没有较大变化的，可以在原施工图样上修改或补充。

③建筑工程的结构形式、标高、施工工艺、平面布置等有重大变更的，应重新绘制新图样，注明"竣工图"标志。

④改建或扩建的工程，涉及原有建筑工程且某些部分发生工程变更的，应把与原工程有关的竣工图资料加以整理，并在原工程档案的竣工图上填写变更情况和必要的说明。

除上述四种情况之外，竣工图必须做到以下三点。

①竣工图必须与竣工工程的实际情况完全符合。

②必须保证竣工图绘制质量，做到规格统一、字迹清晰，符合技术档案要求。

③竣工图必须经过项目主要负责人审核、签认。

（2）组织项目财务人员编制竣工结算表。

（3）准备工程竣工通知书、工程竣工报告、工程竣工验收证明书、工程保修证书等必需文件。

（4）准备工程质量评定所需的各项资料。对工程的地基基础、结构、装修以及水、暖、电、卫、设备安装等各个施工阶段所有质量检查验收资料，进行系统的整理。

3）验收初验

监理工程师在审查验收申请报告后,若认为可以进行竣工验收,则应由监理单位负责组织验收组,对竣工项目进行初步验收。对于在初步验收中发现的质量问题,应及时书面通知或以备忘录的形式通知施工单位,并责令其在一定期限内完成整改工作,甚至返工。

4）正式验收

（1）建设、勘察、设计、施工、监理单位分别汇报工程合同履行情况,以及在工程建设各个环节执行法律、法规和工程建设强制性标准的情况。

（2）审阅建设、勘察、设计、施工、监理单位的工程档案资料。

（3）实地查验工程质量。

（4）对工程勘察、设计、施工、设备安装质量和各管理环节等方面做出全面评价,形成经验收组人员签署的工程竣工验收意见。

11.1.4　竣工资料管理及竣工验收组织

1. 竣工资料管理

（1）竣工资料的收集。

竣工验收必须有完整的技术与施工管理资料。竣工资料由以下几部分构成。

①工程管理资料。

工程管理资料由三部分组成,分别为工程概况表、工程质量事故调查记录与工程质量事故报告书。

②施工管理资料。

施工管理资料由施工现场质量管理检查记录与施工日志组成。

③施工技术资料。

施工技术资料由施工组织设计资料、技术交底记录、图纸会审记录、设计变更通知单及工程洽商记录组成。

④施工测量记录。

施工测量记录由工程定位测量记录、基槽验线记录、楼层平面放线记录、楼层标高抄测记录、建筑物垂直度标高记录组成。

⑤施工物质资料。

施工物质资料包括材料构配件进场检验记录、材料试验报告、半成品出厂合

格证、原材料试验报告等。

⑥施工记录。

施工记录包括隐蔽工程检验记录、施工检查记录、地基验槽记录、混凝土浇灌申请书、混凝土搅拌测温记录、混凝土养护测温记录、混凝土拆模申请单等。

⑦施工试验资料。

施工试验资料主要包括土工试验报告,回填土试验报告,砂浆配合比申请单、通知书,砂浆抗压强度试验报告,砂浆试块强度统计、评定记录,混凝土配合比申请单、通知书,混凝土抗压强度试验报告,混凝土试块强度统计、评定记录。

⑧结构实体检验记录。

结构实体检验记录主要包括结构实体混凝土强度验收记录、结构实体钢筋保护层厚度验收记录及钢筋保护层厚度试验记录。

⑨见证管理资料。

见证管理资料主要包括见证取样和送检见证人备案书、见证记录、见证试验汇总表。

⑩施工质量验收记录。

施工质量验收记录主要包括单位工程质量竣工验收记录、单位工程质量控制资料核查记录、地基与基础分部工程质量验收记录、主体结构分部工程质量验收记录、屋面分部工程质量验收记录、混凝土结构分部工程质量验收记录、砌体结构分部工程质量验收记录、钢筋分项工程分项质量验收记录、模板分项工程分项质量验收记录、混凝土分项工程分项质量验收记录、土方开挖工程检验批质量验收记录、回填土检验批质量验收记录、砖砌体工程检验批质量验收记录、钢筋加工检验批质量验收记录、钢筋安装工程检验批质量验收记录、模板安装工程检验批质量验收记录、混凝土施工工程检验批质量验收记录、模板拆除工程检验批质量验收记录、混凝土原材料及配合比设计检验批质量验收记录、屋面找平层工程检验批质量验收记录、屋面保温层工程检验批质量验收记录、卷材防水层工程检验批质量验收记录。

（2）竣工资料的整理与移交。

将以上资料整理汇总、装订成册,并进行移交。移交的工程文件档案主要包括工程资料封面、工程资料卷内目录、分项目录、混凝土与砂浆强度报告目录、钢筋连接（原材）试验报告目录、工程资料移交书、工程资料移交目录。

2. 竣工验收组织

（1）单位(子单位)工程按照设计文件、合同约定完工后,施工单位自行进行施工质量检查并整理工程施工技术管理资料,送质监机构抽查。

（2）施工单位在收到质监机构抽查意见书面通知后,对符合质量验收条件的工程,填写工程质量验收申请表,经工程监理单位审核后,向建设单位申请办理工程验收手续。

（3）监理单位在工程质量验收前,整理完整的质量监理资料,并对所监理工程的质量进行评估,编写工程质量评估报告并提交给建设单位。

（4）勘察、设计单位对勘察、设计文件及施工过程中由设计单位签署的设计变更通知书进行检查,并向建设单位提交质量检查报告。

（5）建设单位在收到上述各有关单位的资料和报告后,对符合工程质量验收要求的工程,组织勘察、设计、施工、监理等单位和其他有关方面的专家组成质量验收组,制定验收方案,并将包含验收组成员名单、验收方案等内容的工程质量验收计划书送交质监机构。

（6）验收组听取建设、勘察、设计、施工和监理等单位关于工程合同履行情况以及工程建设各个环节执行法律、法规和工程建设强制性标准情况的汇报。

（7）验收组审阅建设、勘察、设计、施工、监理单位的工程档案资料。

（8）验收组实地查验工程质量。

（9）验收组对工程勘察、设计、施工质量和各管理环节等方面做出全面评价,形成由验收组人员签署的工程质量验收意见,并向负责该工程质量监督的质监机构提交单位(子单位)工程质量验收记录。

11.1.5 项目竣工结算

项目竣工验收后,施工单位应在约定的期限内向建设单位递交项目竣工结算报告及完整的结算资料,经双方确认并按规定进行竣工结算。竣工结算是施工单位将所承包的工程按照合同规定全部完工并交付之后,向建设单位进行的最终工程价款结算。竣工结算由施工单位的预算部门负责编制,建设单位审查,双方最终确定。

1. 竣工结算的依据

（1）国家有关法律、法规、规章制度和相关的司法解释。

（2）《建设工程工程量清单计价规范》（GB 50500—2013）。

（3）施工承发包合同、专业分包合同及补充合同、有关材料及设备采购合同。

（4）招标投标文件，包括招标答疑文件、投标承诺书、中标报价书及其组成内容。

（5）工程竣工图或施工图、施工图会审记录、经批准的施工组织设计，以及设计变更、工程洽商和相关会议纪要。

（6）经批准的开、竣工报告或停、复工报告。

（7）双方确认的工程量。

（8）双方确认追加（减）的工程价款。

（9）双方确认的索赔、现场签证事项及价款。

（10）其他依据。

2. 竣工结算的原则

（1）以单位工程或合同约定的专业项目为基础，对工程量清单报价的主要内容进行认真的检查和核对。根据中标价订立合同的，应对原报价单的主要内容进行检查和核对。

（2）在检查和核对中，若发现不符合有关规定的内容，应填写单位工程结算书与单项工程综合结算书。有漏算、多算和错算等情况时，均应及时进行调整。

（3）多个单位工程构成的项目，应将各单位工程竣工结算书汇总，编制成单项工程竣工综合结算书。

（4）多个单项工程构成的项目，应将各单项工程综合结算书汇总，编制成建设项目总结算书，并撰写编制说明。

（5）工程竣工结算后，承包人应将工程竣工结算报告及完整的结算资料纳入工程竣工资料，并及时归档保存。

3. 竣工结算的程序

（1）工程竣工验收报告经发包人认可后 28 天内，承包人向发包人递交竣工结算报告及完整的结算资料，双方按照协议书约定进行工程竣工结算。

（2）发包人收到承包人递交的竣工结算报告及结算资料后 28 天内进行核实，给予确认或提出修改意见。承包人收到竣工价款后 14 天内将竣工工程交付发包人。

（3）如发包人收到竣工结算报告及结算资料后 28 天内无正当理由不支付工程竣工结算价款，从第 29 天起按承包人同期向银行贷款利率支付拖欠竣工结算价款的利息，并承担违约责任。

（4）如发包人收到竣工结算报告及结算资料后 28 天内不支付结算价款，承包人可以催告发包人支付。如发包人在收到竣工结算报告及结算资料后 56 天内仍不支付，承包人可以向发包人协议将该工程折价转让，也可以向人民法院申请将该工程依法拍卖，并优先受偿。

（5）工程竣工验收报告经发包人认可后 28 天内，承包人未向发包人递交竣工结算报告及完整的结算资料，造成工程竣工结算不能正常进行或工程竣工结算价款不能及时支付，发包人要求交付工程时，承包人应当交付；发包人不要求交付工程时，承包人承担保管责任。

（6）发承包双方对工程竣工结算价款发生争议时，可以和解或者要求有关主管部门调解。如不愿和解、调解或者和解、调解不成，双方可以选择以下方式解决争议：

①如双方达成仲裁协议，向约定的仲裁委员会申请仲裁；

②向有管辖权的人民法院起诉。

作为承包人的建筑施工企业，在申请仲裁或起诉阶段，有责任保护好已完工程。

11.2　项目回访及保修

建筑工程产品不同于一般商品，其竣工验收后仍可能存在质量缺陷和隐患，这些质量问题会在工程产品的使用过程中逐步暴露出来，如屋面漏水、墙体渗水、建筑物基础超过规定的不均匀沉降、采暖系统供热不佳、设备及安装工程达不到国家或行业现行技术标准等。所以，在建筑工程产品的使用过程中，要对其进行检查、观测和维修。施工单位应在工程结束后，对所建工程进行定期回访，找出质量问题的原因，总结经验。在质量缺陷责任期内对工程进行保修，以保证工程质量。

11.2.1 项目回访及保修概述

1. 建筑工程项目回访及保修的定义

项目回访和保修指承包人在项目竣工验收后对工程使用状况和质量问题向用户访问了解，并按照有关规定及工程质量保修书的约定，在保修期内对发生的质量问题进行修理并承担相应经济责任的过程。

2. 回访和保修的意义

（1）有利于提高项目人员的质量管理意识，增强其责任心，保证工程质量，不留质量隐患，树立向用户提供优良工程的工作作风。

（2）有利于及时发现项目的各种问题。找出项目质量管理工作的薄弱环节，不断改进施工工艺、总结经验，提高管理水平。

（3）有利于提高企业的信誉。回访可增加企业与建设单位的联系与沟通，增强建设单位对项目管理者的信任感，提高企业的信誉。

11.2.2 项目回访

1. 项目回访的定义

回访是建筑施工企业在项目投入使用后的一定期限内，对项目建设单位或用户进行访问，以了解项目使用情况、施工质量及设施设备运行状态和用户对维修的要求。回访应纳入承包人工作计划、服务控制程序和质量管理体系文件。

2. 项目回访的内容与方式

针对不同工程项目的特点，回访的方式与内容也不同。常采用的方式有以下三种。

（1）针对不同季节出现的问题进行季节性回访，例如雨期回访屋面与墙面的漏水与渗水情况，发现问题时采取措施进行预防与解决。

（2）针对项目中使用的新技术、新工艺、新设备等的性能与效果进行回访，发现问题时采取措施进行预防与解决；同时积累数据、总结经验，获得科学依据，为进一步完善与推广使用新技术、新工艺、新设备等创造条件。

（3）在保修期满时进行回访，可以解决问题，取回质量保证金；同时提醒建设单位保修期已满，要注意工程的使用与保养。

3. 项目回访的形式

回访的形式多种多样。有的采用比较现代的通信方法，如电子邮件、电话等；有的采用比较传统的方法，如现场查询法、开座谈会等。回访时，回访人员态度必须诚恳、认真，这样才能真正地了解出现的问题并且及时给出满意的答复。

11.2.3　项目保修

建筑工程的施工合同内容包括对工程质量保修范围和质量保证期的要求。

保修就是指施工单位按照国家或行业规定的有关技术标准、设计文件以及合同中对质量的要求，对已竣工验收的建筑工程在规定的保修期限内，进行维修、返工等工作。

施工单位应在竣工验收之前，与建设单位签订质量保证书作为合同附件。质量保证书的主要内容包括工程质量保修范围和内容、质量保修期、质量保修责任、质量保修费用和其他约定五部分。

1. 保修范围和内容

施工单位与建设单位按照工程的性质和特点，具体约定保修的相关内容。建筑工程的保修范围包括地基基础工程、主体结构工程、屋面防水工程、有防水要求的卫生间和外墙面的防渗漏、供热与供冷系统、电气管线、给水排水管道、设备和装修工程，以及双方约定的其他项目。

2. 质量保修期

质量保修期从竣工验收合格日起计算。当事人双方应针对不同的工程部位，在保书中约定具体的保修年限。当事人协商约定的保修期限，不得低于相关法规的规定。国务院发布的《建设工程质量管理条例》明确规定，在正常使用条件下的最低保修期限如下。

（1）基础设施工程、房屋建筑的地基基础工程和主体结构工程，为设计文件规定的该工程的合理使用年限。

（2）屋面防水工程、有防水要求的卫生间、房间和外墙面的防渗漏，为 5 年。

（3）供热与供冷系统，为 2 个采暖期、供冷期。

（4）电气管线、给水排水管道、设备安装和装修工程，为 2 年。

3．质量保修责任

（1）属于保修范围、内容的项目，施工单位应在接到建设单位的保修通知起 7 天内派人保修。如施工单位不在约定期限内派人保修，建设单位可以委托其他人修理。

（2）发生紧急抢修事故时，施工单位接到通知后应立即到达事故现场抢修。

（3）涉及结构安全的质量问题，应当按照《房屋建筑工程质量保修办法》的规定，立即向当地建设行政主管部门报告，并采取相应的安全措施。由原设计单位或具有相应资质等级的设计单位提出保修方案，由施工单位实施保修。

（4）质量保修完成后，由建设单位组织验收。

4．质量保修费用

保修费用是指建筑工程在保修期限和保修范围内发生的维修、返工等各项费用支出。

建筑工程情况复杂，出现的质量缺陷和隐患等问题往往是多方面原因造成的。因此，在保修费用的处理方面，应分清造成问题的原因及具体修理内容，按照国家有关规定和合同要求，与有关单位共同商定处理办法。

（1）勘察、设计原因造成的保修费用的处理。勘察、设计方面的原因造成质量缺陷，由勘察、设计单位负责并承担经济责任，由施工单位负责维修或处理。勘察、设计人应继续完成勘察、设计工作，减收或免收勘察、设计费用并赔偿损失。

（2）施工原因造成的保修费用的处理。施工单位未按国家有关规范、标准和设计要求施工造成质量缺陷，由施工单位承担经济责任，并负责维修或处理。

（3）设备、材料、构配件不合格造成的保修费用的处理。设备、材料、构配件不合格造成质量缺陷，属于施工单位采购的或经施工单位验收同意的，由施工单位承担经济责任；属于建设单位采购的，由建设单位承担经济责任。

（4）用户使用原因造成的保修费用的处理。用户使用不当造成的质量缺陷，由用户自行负责。

（5）不可抗力原因造成的保修费用。因地震、洪水、台风等不可抗力造成的质量问题，施工单位和设计单位都不承担经济责任，由建设单位负责处理。

11.3　项目后评价

建筑工程项目后评价是项目竣工投产、运营一段时间后,再对项目的立项决策、设计、施工、竣工投产、运营等进行系统评价的技术活动,是固定资产管理的一项重要内容,也是固定资产投资管理的最后一个环节。通过建筑工程项目后评价,可以达到肯定成绩、总结经验、研究问题、吸取教训、提出建议、改进工作、不断提高项目决策水平和投资效果的目的。

项目完成并移交(或转让)以后,应该及时进行项目考核评价。项目主体(法人或项目公司)应根据项目范围管理和组织实施方式的不同,分别采取不同的项目考核评价办法。尤其应该注意考核评价层面和思维方式,站在项目投资人的角度综合考虑项目的社会、经济及企业效益,把项目投资人、项目实施人、项目融资人的角色结合起来,客观全面地进行项目考核评价。

11.3.1　项目后评价概述

1. 项目后评价的目的

项目考核评价工作是项目管理活动中很重要的一个环节,它是对项目管理行为、项目管理效果、项目管理目标实现程度的检验和评定,是公平、公正地反映项目管理水平的基础。通过项目考核评价工作,项目管理人员能够正确地认识自己的工作水平和业绩,能够总结经验、找出差距、吸取教训,从而提高项目管理水平。

2. 项目后评价的任务

根据项目后评价所要回答的问题以及项目自身的特点,项目后评价主要的研究任务如下:

①评价项目目标的实现程度;

②评价项目的决策过程,主要评价决策所依据的资料和决策程序的规范性;

③评价项目具体实施过程;

④分析项目成功或失败的原因;

⑤评价项目的效益;

⑥分析项目的影响和可持续发展情况；

⑦综合评价项目的成功度。

3. 项目后评价的原则

（1）现实性。

项目后评价是对项目投产后一段时间所发生的情况的总结评价,它分析研究的是项目的实际情况,所依据的数据是现实发生的真实数据或根据实际情况重新预测的数据,总结的是现实存在的经验教训,提出的是实际可行的对策措施。项目后评价的现实性决定了其评价结论的客观性与可靠性。而项目前评价分析研究的是对项目的预测情况,所采用的数据都是预测数据。

（2）独立性。

项目后评价必须保证公正性和独立性,这是一条重要的原则。公正性保证后评价及评价者的信誉,避免其在发现问题、分析原因和做结论时避重就轻,受项目利益的束缚和局限,做出不客观的评价。独立性保证项目后评价的合法性,项目后评价应从项目投资者、受援者、项目业主之外的第三者的角度出发,独立地进行,特别是要避免项目决策者和管理者自己评价自己的情况发生。公正性和独立性应贯穿项目后评价的全过程,即从项目的选定、计划的编制、任务的委托、评价者的组成,到评价和报告过程。

（3）可信性。

项目后评价的可信性取决于评价者的独立性和经验,也取决于资料的可靠性和评价方法的实用性。可信性应同时反映项目的成功经验和失败教训,这就要求评价者具有广泛的阅历和丰富的经验。同时,项目后评价包括"参与"原则,要求项目执行者和管理者参与项目后评价,以利于收集资料和查明情况。为增强评价者的责任感和可信度,评价报告要注明评论者的名称或姓名,说明所采用资料的来源或出处,还应说明评价所采用的方法。评价报告的分析和结论应有充分可靠的依据。

（4）全面性。

项目后评价的内容具有全面性,即不仅要分析项目的投资过程,还要分析其生产经营过程;不仅要分析项目的投资经济效益,还要分析其社会效益、环境效益等;另外,还要分析项目经营管理水平以及项目发展的后劲和潜力。

（5）透明性。

透明性是项目后评价的另一项重要原则。从可信性来看,后评价的透明度越大越好,因为后评价往往需要引起公众的关注,对投资决策活动及其效益和效果实施更有效的社会监督。从后评价成果的扩散和反馈的效果来看,成果及其扩散的透明度也越大越好,使更多的人借鉴过去的经验教训。

(6) 反馈性。

项目后评价的目的在于对现有管理水平进行评价,为以后的宏观决策、微观决策提供依据和借鉴。因此,项目后评价的主要特点是具有反馈性。项目后评价的结果要反馈到决策部门,作为新项目的立项和评价基础,以及调整工程规划和政策的依据。因此,项目后评价结论的扩散以及反馈机制、手段和方法是项目后评价成败的关键之一。国外一些国家建立了项目管理信息系统,通过项目周期各个阶段的信息交流和反馈,系统地为项目后评价提供资料并向决策机构提供项目后评价反馈信息。

4. 项目后评价的作用

建筑工程项目后评价可以达到肯定成绩、总结经验、研究问题、吸取教训、提出建议、改进工作、不断提高项目决策水平和投资效果的目的。建筑工程项目后评价的作用体现在以下几个方面。

(1) 有利于提高项目决策水平。

项目成功与否主要取决于立项决策是否正确。在我国的建筑工程项目中,大部分项目的立项决策是正确的,但也不乏立项决策明显失误的项目。例如,有的工厂在建设时,不认真进行市场预测,建设规模过大,建成投产后,原料靠国外,产品成本高,产品销路不畅,工厂长期亏损,甚至被迫停产或部分停产。项目后评价将教训提供给项目决策者,对于控制和调整同类项目具有重要作用。

(2) 有利于提高设计、施工水平。

通过项目后评价,设计单位和施工承包人可以总结项目设计、施工过程中的经验、教训,从而不断提高设计、施工水平。

(3) 有利于提高生产能力和经济效益。

项目投产后,经济效益好坏、何时达到生产能力(或产生效益)等问题,是项目后评价十分关心的问题。如果有的项目到了达产期不能达产,或虽已达产但效益很差,项目后评价时就要认真分析原因,提出措施,促使其尽快达产,努力提高经济效益,使建成后的项目充分发挥作用。

(4) 有利于提高引进技术和装备的成功率。

通过项目后评价,可以总结引进技术和装备过程中成功的经验和失误的教

训,提高引进技术和装备的成功率。

(5) 有利于控制工程造价。

大中型建筑工程项目的投资额,少则几亿元,多则十几亿元、几十亿元,甚至几百亿元,稍加控制造价就可能节约一笔可观的投资。目前,项目前期决策阶段的咨询评估,建设过程中的招标投标、投资包干等,都是有效控制工程造价的方法。通过项目后评价,总结相关经验教训,对控制工程造价有积极的作用。

11.3.2 项目后评价的内容

建筑工程项目后评价分为建筑工程项目过程后评价、效益后评价和影响后评价。

1. 建筑工程项目过程后评价

对建筑工程项目的立项决策、设计、施工、竣工投产、运营等进行系统分析,找出项目后评价与原预期效益之间的差异及其产生的原因,使后评价结论有理有据,同时针对问题提出解决办法。

2. 建筑工程项目效益后评价

通过比较项目竣工投产后所产生的实际经济效益与可行性研究时所预测的经济效益,可对项目进行评价。

对生产性建设项目,要运用投产运营后的实际资料,计算财务内部收益率、财务净现值、财务净现值率、投资利润率、投资利税率、贷款偿还期、国民经济内部收益率、经济净现值、经济净现值率等一系列后评价指标,然后将其与可行性研究阶段所预测的相应指标进行对比,从经济上分析项目投产运营后是否达到了预期效果。没有达到预期效果的,应分析原因、采取措施,以提高经济效益。

3. 建筑工程项目影响后评价

通过项目竣工投产后对社会、经济、政治、技术和环境等方面所产生的影响,可评价项目决策的正确性。如果项目建成后达到了预期效果,对国民经济发展、产业结构调整、生产力布局、人民生活水平提高、环境保护等方面都带来有益的影响,说明项目决策是正确的;如果背离了既定的目标,就应具体分析、找出原因、引以为戒。

(1) 项目环境影响后评价。

在项目影响后评价中,环境影响后评价是应特别关注的环节,是指对照建筑工程项目前评估时被批准的环境影响报告书,重新审查建筑工程项目环境影响的实际结果。实施环境影响评价的依据是国家环保法律法规的规定、国家和地方环境质量标准、污染物排放标准以及相关部门的环保规定。在审核已实施的环境评价报告和评价环境影响的同时,要对未来进行预测。有可能发生突发性事故的项目,要对其进行环境影响风险分析。

如果建筑工程项目生产或使用对人类和生态有极大危害的剧毒品,或建筑工程项目位于环境高度敏感的地区,或建筑工程项目已发生严重的污染事件,还要编制一份单独的建筑工程项目环境影响评价报告。环境影响后评价一般包括五部分内容:项目污染控制、区域环境质量、自然资源利用、区域生态平衡和环境管理能力。

（2）项目社会影响后评价。

社会影响后评价的主要内容是评价项目对当地经济和社会发展以及技术进步的影响,一般包含六个方面:对当地就业的影响、对当地收入分配的影响、对居民生活条件和生活质量的影响、受益者范围及其反映、各方面参与情况、地区的发展。社会影响后评价的方法是定性和定量相结合,以定性为主,在评价诸要素的基础上进行综合评价。

11.3.3　项目后评价的基本方法

建筑工程项目后评价的基本方法有对比分析法、因素分析法、逻辑框架法和成功度评价法等。

1. 对比分析法

对比分析法是项目后评价的基本方法,包括前后对比法与有无对比法。对比分析法是项目后评价的常用方法。建筑工程项目后评价更常用有无对比法。

（1）前后对比法。

项目后评价的前后对比法是指将项目前期的可行性研究和预测结论与项目的实际运行情况进行比较,发现变化并分析原因,揭示项目计划、决策和实施存在的问题。采用前后对比法,要注意前后数据的可比性。

（2）有无对比法。

将项目的建设及投产后的实际效果和影响,与没有这个项目可能发生的情况进行对比分析,以度量项目的真实效益、影响和作用。该方法通过将项目实施所付出的资源代价与项目实施后产生的效果进行对比,来评价项目好坏。采用

有无对比法时,要注意两个重点:一是要分清项目的作用和影响,以及项目以外的其他因素的作用和影响;二是要注意参照对比。

2. 因素分析法

项目效果的各指标,往往都是由多种因素决定的,只有把综合指标分解成因素,才能确定指标完成情况好坏的具体原因和症结所在。这种把综合指标分解成各个因素的方法,称为因素分析法。

因素分析法的一般步骤:首先,确定某项指标是由哪些因素组成的;其次,确定各个因素与指标的关系;最后,确定各个因素所占份额。如建设成本超支,就要核算工程量超出预计工程量而造成的超支占多少份额,结算价格上升造成的超支占多少份额等。项目后评价人员应将各因素加以分析,寻找出主要因素,并具体分析各因素对主要技术经济指标的影响程度。

3. 逻辑框架法

逻辑框架法(logical framework approach,LFA)是美国国际开发署(United States Agency of International Development,USAID)在 1970 年开发并使用的一种设计、计划和评价工具,目前已有 2/3 的国际组织把 LFA 作为援助项目的计划管理和后评价的主要方法。

LFA 是一种概念化论述项目的方法,它将一个复杂项目的多个具有因果关系的动态因素组合起来,用一张简单的框图分析各因素的内涵和关系,以确定项目范围和任务,分清项目目标和达到目标所需手段的逻辑关系,以评价项目活动及其成果。在项目后评价中,应用逻辑框架法分析项目预期目标、各种目标层次、目标实现程度和项目成败原因,可以评价项目的效果、作用和影响。

LFA 的模式是一个 4×4 的矩阵,横行代表项目目标层次(垂直逻辑),竖行代表如何验证这些目标是否达到(水平逻辑)。垂直逻辑用于分析项目计划做什么,弄清项目手段与结果之间的关系,确定项目本身和项目所在地的社会、物质、政治环境中的不确定因素。水平逻辑的目的是衡量项目的资源和结果,确立客观的验证指标及指标验证方法,再进行分析。水平逻辑要对垂直逻辑 4 个层次上的结果做出详细说明。

4. 成功度评价法

成功度评价法以用逻辑框架法分析的项目目标实现程度和经济效益评价结

论为基础,以项目的目标和效益为核心进行全面系统的评价。它依靠评价专家或专家组的经验,综合项目后评价指标的评价结果,对项目的成功程度做出定性的结论,也就是通常所说的"打分"。

项目成功度评价法一般把项目成功度分为以下 5 个等级。

(1) 非常成功。

项目的各项目标都已全面实现或超过;相对于成本而言,项目取得了巨大的效益和影响。

(2) 成功。

项目的大部分目标已经实现;相对于成本而言,项目取得了预期的效益和影响。

(3) 部分成功。

项目实现了原定的部分目标;相对于成本而言,项目只取得了一定的效益和影响。

(4) 大部分不成功。

项目实现的目标非常有限;相对于成本而言,项目几乎没有取得什么正面效益和影响。

(5) 不成功。

未实现目标;相对于成本而言,没有取得任何重大效益,项目不得不终止。

项目成功度评价表(见表 11.1)设置了评价项目的主要指标,在评价具体项目的成功度时,不一定要使用所有的指标。

表 11.1　成功度评价表

指　　　标	相关重要性	成　功　度
项目适应性		
管理水平		
组织持续性		
人力资源培养		
预算成本控制		
成本、效果分析		
质量控制		
现场文明施工		
安全度		
技术创新度		

续表

指　标	相关重要性	成　功　度
进度控制		
合同管理		
总成功度		

进行项目综合评价时,评价人员首先要根据具体项目的类型和特点,确定综合评价指标及其与项目相关的程度,把指标分为重要、次重要和不重要三类。不测定不重要的指标,只测定重要和次重要的指标,一般的项目实际需测定的指标在 10 项左右。

在测定各项指标时,采用权重制和打分制相结合的方法,先确定每项指标的权重,再根据实际执行情况逐项打分,按评定标准的第 2～5 四个级别分别用 A、B、C、D 表示或打出具体分数,综合考虑指标权重分析和单项成功度结论,可得到整个项目的成功度指标,用 A、B、C、D 表示,填在成功度评价表的总成功度栏内。

在具体操作时,项目评价组成员每人填好一张表后,再对各项指标的取舍和等级进行内部讨论,或经必要的数据处理,形成评价组的成功度表,最后把结论写入评价报告。

11.3.4　项目后评价的工作程序

各个项目的工程额、建设内容、建设规模等不同,其后评价的程序也有所差异,但大致都要经过以下几个步骤。

1. 确定后评价计划

制定必要的计划是项目后评价的首要工作。项目后评价的提出单位可以是国家有关部门、银行,也可以是工程项目者。项目后评价机构应当根据项目的具体特点,确定项目后评价的具体对象、范围、目标,并据此制定必要的后评价计划。项目后评价计划的主要内容包括组织后评价小组、配备有关人员、安排时间和进度、确定后评价的内容与范围、选择后评价所采用的方法等。

2. 收集与整理有关资料

根据制定的计划,后评价人员应制定详细的调查提纲,确定调查的对象与调查所用的方法,收集有关资料。这一阶段要收集的资料主要如下。

(1)项目建设的有关资料。

这方面的资料主要包括项目建议书、可行性研究报告、项目评价报告、工程概算(预算)和决算报告、项目竣工验收报告和有关合同文件等。

(2)项目运行的有关资料。

这方面的资料主要包括项目投产后的销售收入状况、生产(或经营)成本状况、利润状况、缴纳税金状况和工程贷款本息偿还状况等。这类资料可从资产负债表、损益表等有关会计报表中反映。

(3)国家有关经济政策与规定等资料。

这方面的资料主要包括与项目有关的国家宏观经济政策、产业政策、金融政策、工程政策、税收政策、环境保护政策、社会责任,以及其他有关政策与规定等。

(4)项目所在行业的有关资料。

这方面的资料主要包括国内外同行业项目的劳动生产率水平、技术水平、经济规模、经营状况等。

(5)有关部门制定的后评价的方法。

各部门规定的项目后评价方法包括的内容略有差异,项目后评价人员应当根据委托方的意见,选择合适的后评价方法。

(6)其他有关资料。

根据项目的具体特点与后评价的要求,还要收集其他有关的资料,如项目技术资料、设备运行资料等。在收集资料的基础上,项目后评价人员应当对有关资料进行整理、归纳,如存在异议或发现资料不足,可做进一步的调查研究。

3. 应用评价方法分析论证

在资料充分的基础上,项目后评价人员应根据国家有关部门制定的后评价方法,对项目建设与生产过程进行全面的定量与定性分析论证。

4. 编制项目后评价报告

项目后评价报告是项目后评价的最终成果,是反馈经验教训的重要文件。项目后评价报告的编制必须坚持客观、公正和科学的原则,反映真实情况。报告的文字要准确、简练,尽可能不用过于晦涩的专业词汇。报告内容的结论、建议要与问题分析相对应,并把评价结果与未来规划和政策的制订、修改联系起来。

第 12 章 工程管理信息化

12.1 工程管理信息化概述

12.1.1 工程管理信息化的含义

1. 信息化的含义

信息化指的是信息资源的开发和利用,以及信息技术的开发和应用。党的十七大报告首次提出了信息化与工业化融合发展的崭新命题,对信息化重视程度不断提升,对今后我国信息化推进和通信业发展产生了重大而深远的影响。党的十八大以来,以习近平同志为核心的党中央牢牢把握信息革命的"时"与"势",高度重视互联网,积极发展互联网,有效治理互联网,成立中央网络安全和信息化领导小组(后改为中央网络安全和信息化委员会),明确提出努力把我国建设成为网络强国的战略目标。习近平总书记站在信息时代发展大势和国内国际发展大局的高度,深刻分析新一轮信息革命带来的机遇和挑战,系统阐明了一系列方向性、全局性、根本性、战略性问题,对我国信息化发展做出全面部署。可见,信息化是继人类社会农业革命、城镇化和工业化的又一个新的发展时期的重要标志。

我国实施国家信息化的总体思路:以信息技术应用为导向;以信息资源开发和利用为中心;以制度创新和技术创新为动力;信息化与工业化融合发展,以信息化带动工业化;加快经济结构的战略性调整;全面推动领域信息化、区域信息化、企业信息化和社会信息化进程。

2. 工程管理信息化的含义

工程管理信息化指的是工程管理信息资源的开发和利用,以及信息技术在工程管理中的开发和应用。工程管理信息化属于领域信息化的范畴,与企业信息化也有联系。

我国建筑业和基本建设领域对信息技术的应用与发达国家相比,尚存在较大的差距,反映在信息技术应用于工程管理的观念上,也反映在有关的知识管理上,还反映在有关技术的应用方面。

信息技术在工程管理中的开发和应用,包括项目决策阶段的开发管理、实施阶段的项目管理和使用阶段的设施管理。

12.1.2　工程管理信息化的发展及工程管理的信息资源

1. 工程管理信息化的发展

自 20 世纪 70 年代开始,信息技术经历了一个迅速发展的过程,信息技术在建筑工程项目管理中的应用也有一个相应的发展过程。

(1) 20 世纪 70 年代,单项程序的应用。如工程网络计划时间参数的计算程序、施工图预算程序等。

(2) 20 世纪 80 年代,程序系统的应用。如项目管理信息系统、设施管理信息系统等。

(3) 20 世纪 90 年代,程序系统的集成。它是随着工程管理的集成而发展的。

(4) 20 世纪 90 年代末期至今,基于网络平台的工程管理。

目前,计算机在建筑工程项目信息管理中起着越来越重要的作用。计算机具有储存量大、检索方便、计算能力强、网络通信便捷等优点,可以帮助人们管理项目,即通过项目管理软件辅助人们管理项目,形成建筑工程项目管理信息系统,从而使建筑工程项目的信息管理更加富有成效。

2. 工程管理的信息资源

工程管理的信息资源如下。

(1) 组织类工程信息。如建筑业的组织信息、项目参与方的组织信息、与建筑业有关的组织信息和专家信息等。

(2) 管理类工程信息。如与投资控制、进度控制、质量控制、合同管理和信息管理有关的信息等。

(3) 经济类工程信息。如物资的市场信息、项目融资信息等。

(4) 技术类工程信息。如与设计、施工和物资有关的技术信息等。

（5）法规类信息等。

在建设一个新的工程项目时，应重视开发和充分利用国内和国外同类或类似工程项目的有关信息资源。

12.1.3　工程管理信息化的必要性及可行性

1. 工程管理信息化的必要性

建筑施工的目的是形成具有一定功能的建筑产品。建筑产品的位置固定、形式多样、结构复杂和体积庞大等基本特征，决定了建筑工程施工具有生产周期长、资源品种多且用量大、空间流动性高等特点。对施工过程本身以及施工过程中涉及的人力、物力和财力进行有效的计划、组织和控制，是建筑工程项目管理的主要内容。建筑工程项目管理主要有以下特点。

（1）涉及面广。

建筑工程项目管理是一个多部门、多专业的综合全面的管理。它不仅包括施工过程中的生产管理，还涉及技术、质量、材料、计划、安全和合同等方面的管理。

（2）工作量大。

一个建筑产品的形成，消耗的物资种类繁多，涉及大量的施工活动。对所有施工环节及使用的资源都要做到管理工作深入到位，因此建筑工程项目管理工作复杂且繁重。

（3）制约性强。

项目管理工作必须符合建筑工程项目从准备到竣工验收循序渐进的规律。因此，建筑工程项目管理不仅要符合有关规范的要求，还要做到彼此协作、安排有序。

（4）信息流量大。

信息与物质、能源一样，是构成社会经济发展的重要资源。任何一项管理活动，都离不开信息处理工作。建筑工程项目各方面的管理活动并不孤立，它们之间存在相互依赖、相互制约的关系，各管理活动之间必然需要信息的交流与传递。而且建筑工程项目管理工作的复杂与繁重程度，直接导致项目管理中信息流动存在复杂和频繁等特点。

在传统的建筑工程项目管理模式中，各种信息的存储主要基于表格或单据等纸面形式。信息的加工和整理，完全由大量的手动计算来完成；信息的交流，绝大部分通过人与人之间的手动传递甚至口头传递;信息的检索,则完全依赖于对文档资料的翻阅和查看。信息从产生、整理、加工、传递到检索和利用,都以一种较为缓慢的速度运行,这容易影响信息作用的及时发挥,进而造成项目管理工作中的失误。随着现代建筑工程项目规模的不断扩大,施工技术的难度与质量的要求不断提高,各部门和单位交互的信息量不断扩大,信息的交流与传递变得越来越频繁,建筑工程项目管理的复杂程度和难度越来越突出。由此可见,传统的项目管理模式在速度、可靠性以及经济可行性等方面已明显地限制了建筑施工企业在市场经济激烈竞争环境中的生存和可持续发展。

近年来,一些实力雄厚的建筑施工企业率先应用先进的计算机技术来辅助人进行某些项目管理工作。例如,专业预算员使用概预算软件编制施工概预算,生产计划员使用网络计划软件安排施工进度,技术资料员使用 Auto CAD 软件绘制竣工图纸等,通过使用这些软件,建筑工程项目管理工作的质量和效率有了显著改善和提高,这说明在建筑工程项目管理中应用信息技术的必要性和可行性。

应该看到,工程管理信息化,不仅意味着在建筑工程项目内部的管理过程中使用计算机,还具有更广泛、更深刻的内涵。首先,它基于信息技术提供的可能性,对管理过程中需要处理的所有信息高效采集、加工、传递和实时共享,减少部门之间处理信息的重复工作,共享的信息为管理服务并为项目决策提供可靠的依据;其次,它使监督检查等控制及信息反馈变得更为及时有效,使以生产计划和物资计划为典型代表的计划工作能够依据已有工程的计划经验而变得更为先进合理,使施工活动以及项目管理活动流程的组织更加科学,并正确引导项目管理活动的开展,以提高建筑工程项目管理的自动化水平。

2. 工程管理信息化的可行性

信息技术主要指计算机技术、通信技术以及二者结合形成的网络技术。信息技术的飞速发展从经济、技术和工程应用三个方面保证了工程管理信息化的可行性。

(1)经济。

信息设备性能价格比的大幅度提高,使其在建筑工程项目管理中的普及成为可能。以目前的市场价格,为一个项目组配置 10 台性能较好的计算机并组成局域网,花费不到 20 万元的投资就可以办到;而信息技术的推广、信息资源的综合利用为一个稍微大一点的项目从投资及管理成本中节省下来的开支,远远超过 20 万元。而且,这种一次性的投资,能给施工单位带来多年的信息资源,并使其节省数百个项目的成本。

（2）技术。

信息技术的利用使建筑工程项目信息能够基于电子介质进行海量存储、高效加工和高速传输,使各项目参与人能够通过网络方便地共享信息、协同工作,从而更有效地综合利用信息资源,促进工程技术水平和管理水平的提高,可以从根本上改变建筑工程领域高新技术含量不高的局面。

（3）工程应用。

首先是以计算机集成制造系统（computer integrated manufacturing system）为代表的信息技术等现代高新技术在制造行业的综合应用,为全国二十多个省市、十几个行业的二百多家企业带来了明显的经济效益和社会效益；其次,在建筑工程领域,以一些技术力量雄厚的大型企业为代表,计算机辅助施工和信息技术综合利用已有了长足进步。例如,在上海金茂大厦的施工中,利用计算机监测混凝土温度并监控大体积基础混凝土施工,避免出现超规范的温度裂缝；利用计算机多点监测标高引导钢模板体系的提升,尽可能避免出现模板的垂直偏差。这些信息技术在工程中成功应用的实例证明,工程管理信息化具有广阔的发展前景。

12.1.4 工程管理信息化的意义

（1）工程管理信息资源的开发和信息资源的充分利用,可吸取类似项目的正反两方面的经验和教训,许多有价值的组织信息、管理信息、经济信息、技术信息和法规信息有助于项目决策期对多种可能方案的选择,有利于项目实施期的项目目标控制,也有利于项目建成后的运行。

（2）通过信息技术在建筑工程项目管理中的开发和应用,能实现信息存储数字化和存储相对集中化、信息处理和变换的程序化、信息传输的数字化和电子化、信息获取便捷化、信息透明度提高、信息流扁平化。信息交流传统方式与现代 PIP 方式比较见图 12.1。

信息存储数字化和存储相对集中化有利于项目信息的检索和查询,有利于数据和文件版本的统一,有利于项目文档管理；信息处理和变换的程序化有利于提高数据处理的准确性,并可提高数据处理效率；信息传输的数字化和电子化有利于提高数据传输抗干扰能力,使数据传输不受距离限制,并可提高数据传输的保真度和保密性；信息获取便捷化、信息透明度提高以及信息流扁平化有利于项

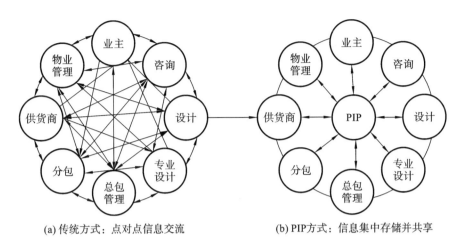

(a) 传统方式：点对点信息交流　　　(b) PIP 方式：信息集中存储并共享

图 12.1　信息交流传统方式与现代 PIP 方式比较

目参与方之间的信息交流和协同工作。

（3）工程管理信息化有利于提高建筑工程项目的经济效益和社会效益,达到使项目建设增值的目的。

（4）信息技术提供的便利,可以减轻项目参与人日常管理工作的负担。例如,信息技术为各项目参与人提供完整、准确的历史信息,并支持这些信息在计算机上的粘贴和拷贝,使部位不同而内容基本一致的项目管理工作的效率得到了极大提高,减少了传统管理模式下大量的重复抄录工作。

（5）可以提供一个机制,使各项目参与人很好地协同工作。例如,信息技术在信息共享的环境下,通过自动完成某些常规的信息通知,减少了项目参与人之间人为信息交流的次数,并使信息的传递变得快捷、及时和通畅。

（6）信息技术适应建筑工程项目管理对信息量急剧增长的需要,允许将每天的项目管理活动信息数据进行实时采集,并通过对各管理环节进行及时、便利的督促与检查,实行规范化管理,从而促进项目管理工作质量的提高。

（7）建筑工程项目的全部信息以系统化结构的方式存储起来,便于施工后的分析和数据复用。因此,对建筑工程项目实行信息化管理,可以有效地利用有限的资源,用尽可能少的费用、尽可能快的速度来保证优良的工程质量,获取最大的社会、经济效益。

（8）对建筑工程项目实行信息化管理,通过实行信息的共享和互访,为项目参与人提供一个良好的协同工作环境,减少信息传递障碍造成的管理失误和决策失误,提高项目的整体经济效益和工作效率。

12.2 工程项目管理信息系统

12.2.1 工程项目管理信息系统的定义、特点及功能

1. 工程项目管理信息系统的定义

工程项目管理信息系统(project management information system,PMIS)是一个全面使用现代计算机技术,网络通信技术,数据库技术,MIS 技术,GPS、GIS、RS(即 3S)技术以及土木工程技术,管理科学,运筹学,统计学,模型论和各种最优化技术,为工程承包企业经营管理和决策服务,为工程项目管理服务的人机系统;是一个由人、计算机、网络等组成的,能进行管理信息收集、传递、储存、加工、维护和使用的系统。

2. 工程项目管理信息系统的特点

(1)面向决策管理、职能管理、业务(项目)管理。

(2)人机网络协同系统。在管理信息系统开发过程中,要根据这一特点,正确界定人和计算机在系统中的地位和作用,充分发挥人和计算机各自的长处,使系统整体性能达到最优。

(3)管理是核心,信息系统是工具。如果只是简单地采用计算机技术来提高处理速度,而不采用先进的管理方法,那么管理信息系统的应用仅仅是用计算机系统模仿原手动管理系统,充其量只是减轻了管理人员的劳动。管理信息系统要发挥其在管理中的作用,就必须与先进的管理手段和方法结合,在开发管理信息系统时,融入现代化的管理思想和方法。

3. 工程项目管理信息系统的功能

项目信息系统功能尽可能包含项目管理的全部工作内容,为项目管理相关人员提供各种信息,并通过协同工作,实现对项目的动态管理、过程控制。项目信息系统应至少包括信息处理功能、业务处理功能、数据集成功能、辅助决策功能及项目文件与档案管理功能。

(1)信息处理工程:对项目各个阶段所产生的电子、数目等各种形式的信息、数据等,都应进行收集、传送、加工、反馈、分发、查询等处理。

(2)业务处理功能:对项目的进度管理、成本管理、质量管理、安全管理、技术管理等都能协同处理。

(3)数据集成功能:应与进度计划、预算软件等工具,以及人力资源、财务系统、办公系统等管理系统有数据交换接口,以实现数据共享和交换的功能,进而实现数据集成,消除信息孤岛。

(4)辅助决策功能:要具备数据分析预测功能,利用已有数据和预先设定的数据,为决策提供依据。

(5)项目文件与档案管理功能:要具备对项目各个阶段所产生的项目文件按规定的分类方式进行收集、存储和查询的功能,同时具备向档案管理系统推送文件的功能,以及在档案管理系统内对项目文件进行整理、归档、立卷、档案维护、检索的功能。

12.2.2　工程项目管理信息系统的结构

工程项目管理信息系统的结构,从系统模块、管理层次、组织层次、网络技术的角度,存在各种结构划分方式,这也是工程项目管理信息系统作为综合解决方案,须满足各方硬性需求的体现。从多角度划分系统结构,有利于系统设计的全面性。

1. 基本结构

工程项目管理信息系统的首端是数据的输入,由信息处理器完成数据处理,系统用户利用信息进行管理行为决策,对各种智能模块进行控制。基本结构如图 12.2 所示。

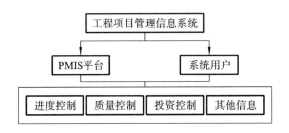

图 12.2　工程项目管理信息系统基本结构图

2. 层次结构

通常,管理系统都遵照组织结构的管理层级和职能划分进行权限分级,管理层级越多,信息在传递过程中产生的遗漏越多、失真越突出,自上而下的信息流动也存在困难,因此在纵向,按照信息的处理范围和对决策的影响程度,将工程项目管理信息系统分为日常工程资料、项目过程控制、战略决策三个层次,并随着管理层级的提升,信息更加精简,形成金字塔式层次结构,如图 12.3 所示。

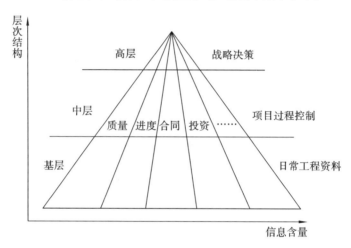

图 12.3　工程项目管理信息系统层次结构

（1）日常工程资料:主要搜集并处理与工程项目有关的数据、信息、报表等。

（2）项目过程控制:主要协助中层管理者确定短期项目目标和活动计划,根据工程实际进度调整投资、工期等,以及定期对工程活动进行总结汇报。其主要信息来源是施工现场,可以反映当前进度的活动情况。

（3）战略决策:高层管理者要根据外部环境信息和宏观经济环境,确定企业的长期投资战略,战略制定者要利用多种类和多渠道的下层次信息的处理结果进行决策。

从信息处理层次上看,越靠近“金字塔”的顶端,信息处理的分机构化程度越高,信息量越小,信息用来满足企业高层决策者的需求;而在“金字塔”中部和底部,信息的量级越来越大,信息处理的结构化程度也越来越强,这些信息用于满足企业中层及基层管理人员的需求。在“金字塔”不同层次之间存在着信息的交流。同时,上层信息指导和控制底层信息的处理过程。

3．功能结构

从项目的角度看，建设、监理、EPC 单位的整体目标是实现经济效益最大化，因此在工程项目管理信息系统中存在唯一的根本目标，且该目标兼具多重功能。各种功能之间的信息不断流动，构成一个有机整体并形成一个功能结构。如图 12.4 所示，每一列代表一种管理职能，每一行代表一个管理层次，交叉点代表每一功能子系统。

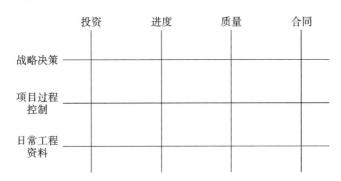

图 12.4　工程项目管理信息系统功能结构

（1）投资控制子系统。

功能包括分配、分析建设投资，编制项目概算和预算，对比分析实际投资与概算、预算、合同价，对比分析项目结算与预算、合同价，提供多层面的项目投资报表。

（2）进度控制子系统。

功能包括控制进度网络计划及关键路径，编制多阶网络计划，统计分析工程实体进度，动态比较实际进度与计划进度，预测工程进度变化趋势，定期调整计划进度，查询工程进度数据，提供多层面的工程进度报表。

（3）质量控制子系统。

功能包括制定工程项目的质量目标及标准，验收并统计分析分项工程、分部工程和单位工程，验收工程材料，鉴定工程设计质量，处理安全事故，提供多种工程质量报表。

（4）合同管理子系统。

功能包括提供和选择标准合同文本、合同文件、合同资料管理，跟踪合同执行情况，管理合同处理过程，进行合同的外汇折算，查询经济法规库，提供合同管理报表。

4. 网络结构

在纵向和横向上把不同的管理业务按职能结合起来,做到收集信息集中统一,程序模块共享,各子系统紧密连接,由此形成一个一体化的系统,即工程项目管理信息系统网络结构。该结构分为用户层、功能层、数据层和物理层,如图12.5所示。

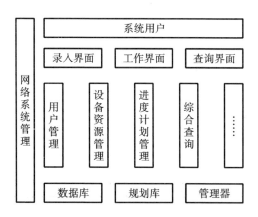

图 12.5　工程项目管理信息系统网络结构

用户层是面向用户的操作系统,是工程管理信息的最终表达和应用的前提。

功能层是工程信息系统功能的集合,每一项功能对应单一的用户需求,一个工程信息管理子系统的基本功能是有限的,但它们的排列组合是无限的,构成了工程项目管理信息系统的复杂业务模型。

数据层是工程信息的数据模型,是该信息系统的核心。

物理层是工程信息在传递过程中的网络与通信硬件系统,是信息资源交换流动的基础。

12.2.3　工程项目管理信息系统设计

工程项目管理信息系统设计是系统策划后的另一项重要工作,系统策划着重考虑系统"做什么",明确系统的功能,得出系统的逻辑模型;而系统设计着重考虑系统"怎么做",实现系统策划的各种功能,确定系统的物理模型。工程项目管理信息系统设计的主要内容包括系统架构设计、系统平台设计、子系统(模块)分解、模块化设计、交互界面设计、程序代码设计、网络拓扑设计、信息流程设计等。

系统设计的主要目的是给下阶段的开发、测试、运行等活动制定蓝图,在技术应用和实施方式中寻找平衡,合理利用各种资源,做出工程项目管理信息系统的详细设计方案。

1. 系统设计目标

系统设计是根据新系统的逻辑功能要求,结合实际条件和开发环境,进行各环节的详细设计去解释系统如何运行的命题,即在逻辑模型的基础上进行系统设计,得出系统物理模型。

由此可见,定制化的系统设计需求使得开发小组要满足各方的设计目标,突出工程项目的管理特征,在设计上应满足如下性质。

(1)可靠性:工程项目信息在建设期具有的连续性和同步性,要求系统具有极好的可靠性,在硬件选择和架构设计上应重点考虑。

(2)开放性:有别于一般企业的管理信息系统,工程项目分布广泛,要求系统的网络环境在保障可靠性的基础上,也要具备很好的开放性。云服务器及云计算架构是当前较好的选择。

(3)可扩展性:组织的调整不可避免会带来工程项目管理信息系统的相应调整,在设计阶段应充分考虑组织的发展,使系统具有良好的可扩展性,满足组织一段时期内的发展需求。

系统设计目标应满足系统开发的任务目标,即系统总的功能,在设计阶段要将系统总的功能合理分解成若干基本的、具体的任务,结合其在系统中的作用,选择合适的技术手段予以实现。

2. 模块化设计应用

模块化设计是对系统总体设计任务的分解,以系统结构模块为单元,主要将系统划分为若干有机联系的模块,并确定各模块之间的信息传递和调用的关系。

模块化设计具有高内聚、低耦合的特点,即模块内部的联系要密切,模块之间的联系要具体,是系统结构设计中判断模块相对独立性能的标准。模块内联系和模块间联系可以理解为完成功能目标的两个方面,模块内联系多,模块间联系就少,反之亦然,这与系统的可维护性息息相关,在系统设计中要以结构设计模块的性能为设计单元去思考,充分考虑各模块之间的关系,以实现系统的功能。

（1）模块和模块化。

模块是可组合、替换和分解的组成系统的基本单位，系统中的功能均可以分解至模块层面，模块应具备以下三个要点。

①信息的输入输出功能：从模块调用者处获得输入信息，经处理后传递给用户。

②信息处理功能：模块基于设定的信息处理程序处理信息，完成信息输入到输出的过程。

③模块程序：可以理解为模块的系统程序数据，供模块实现功能时使用。

信息的输入输出和处理功能是模块的外部特征，模块程序是模块的内部特征。在模块化设计前期应重点思考模块外部特征对于系统应用的支持，内部特征则主要基于信息技术来实现。

模块化是将一个管理信息系统设计为若干模块的方式，这些模块的组合即可实现系统功能。其基本思路是将系统设计为功能单一、相对独立的模块组成的结构，从而简化系统开发工作。模块化也是抗风险的一种有效手段，可以避免因开发失策造成整体系统失误；还可以提高系统运行的可靠性，在模块结构图中，模块间的逻辑关系和调用关系明确，每一个模块可以单独被开发者开发，模块化非常有助于大型系统的开发。

（2）模块间的耦合。

模块之间的联系方式、传递效果和信息量是影响模块之间耦合程度的主要因素，模块之间的耦合可分为以下六种类型。

①非直接耦合：两个模块之间没有直接关系，它们之间的联系完全依靠主模块的交互来实现，称为非直接耦合。非直接耦合的模块的独立性最强。

②数据耦合：一个模块可采取简单的命名参数来调用另一个模块的数据，实现输入和输出，称为数据耦合。

③控制耦合：一个模块通过传递指令明确地控制另一个模块执行操作，称为控制耦合。在实际的应用中，控制耦合关系通常是一对多的情况。

④内部耦合：两个模块的代码或汇编语言存在重叠或共用情况，称为内部耦合。

⑤外部耦合：一组模块都访问同一个外部信息输入端，这组模块之间的关系称为外部耦合。

⑥公共耦合：一组模块都访问同一个公共数据资源，这组模块之间的关系称为公共耦合。

（3）模块的内聚。

模块的内聚反映模块之间各要素联系的紧密程度,联系紧密程度越高,则模块的内聚度越高,判断方法是检验模块通过自身运行实现多少功能,即可实现任务的数量。模块内聚程度越高,表面系统主控模块的可调用程度和控制功能越好,加强模块的内聚程度是设计阶段要深入挖掘的课题。模块内聚可分为以下六种类型。

①功能内聚:一个模块中的各要素的组合目标是为实现某一个具体的功能而设立的,互为充分必要条件,称为功能内聚模块。

②顺序内聚:一个模块的输出为另一个模块的输入,存在明显的前后端串行的关系,模块无法独立实现功能,称为顺序内聚。

③通信内聚:一个模块内各功能都调用同一组输入数据并输出相同类型的数据,称为通信内聚。非常典型是综合处理几个维度的信息并输出一个报表或报告的模块,通信内聚是管理信息系统信息流的核心路径。

④时间内聚:模块功能在同一时间段或时间点执行,称为时间内聚。

⑤逻辑内聚:一个模块整合若干功能,在信息输入时由设定的逻辑条件判定调用哪种功能实现输出,称为逻辑内聚。

⑥偶然内聚:一个模块整合的若干功能无明显管理逻辑,通常为了调用的便利性放在一起,即使有联系也是很小的信息量联系,称为偶然内聚。

在工程管理层面,视角应重点放在高内聚的模块创建上,模块内的具体功能可交给程序开发者进行开发,基于耦合和内聚的特征判定模块类型,在系统模块结构图上进行信息流的推演并修正,以满足系统的层次结构。

3. 信息输入及输出设计

信息的输入/输出(I/O)是指管理信息系统与用户的界面交互,在管理信息系统的设计中经常被忽视,但信息系统作为一个管理工具,界面的友善程度至关重要,比如早期的智能手机,安卓系统交互界面的友善程度远低于苹果系统。深入研究界面友善的感性认知背后的客观属性,不难发现,一个好的输入/输出设计可以给用户带来良好的使用体验,可以给系统的管理者提供简洁明了的管理和控制信息,重要的是可以使系统更易于被用户接受,这对于管理信息系统而言是非常重要的。开发小组应从输入设计、输出设计、界面设计三方面,着重注意以下原则。

（1）输入设计原则:在满足系统信息需求的前提下尽可能减少用户输入的

273

数据量,并简化输入过程;对输入数据的检测点应放在数据提交之前,避免错误数据被带入系统程序。

(2)输出设计原则:输出与输入相对应,也是系统运行结果的直观体现,系统用户是输出信息的主要使用者,因此设计输出的内容时应首先考虑用户在信息使用方面的需求,其中包括信息使用者、使用目的、信息维度、输出周期、表现形式、备份形式等,体现在输出设计方面表现在输出醒目度、信息精确度、信息格式等。输出设计原则包含满足用户对于信息服务全面、技术准确的要求,要便于查阅和直观理解,在考虑系统发展冗余的基础上,充分利用系统输出设备特性。

(3)界面设计原则:交互界面是人机系统交互的重要途径,在硬件平台确定的基础上,要围绕用户操作方便来设计,常见的界面有菜单式、按钮式、填表式、选择式等,在实际中通常使用几种类型的组合,把握简洁明了、高效使用的原则,将系统的功能直观反映至用户侧。

4. 系统设计报告

系统设计报告是系统设计阶段的最后一项工作,是设计阶段成功的体现,也是指导下阶段系统开发和实施的重要指导文件。

系统设计报告的内容包括以下几个方面。

(1)系统目标及技术参数:说明项目背景、系统目标、技术参数要求、计算机软硬件配置等。

(2)系统功能结构:用系统拓扑图说明总体的软硬件结合形式,用模块结构图标明模块层次结构,并说明主要模块的功能和交互关系。

(3)输入输出及交互界面设计:说明输入数据方式、类型和检验方式,输出表现形式,界面设计图等。

(4)数据库设计:说明数据库设计的目标、功能要求、网络安全要求、备份要求、运行环境、逻辑及物理设计方案。

(5)实施方案及说明:说明系统实施的里程碑计划和预算。

系统设计报告完成后,应经开发者召开审核会议后,交由管理者进行审批,经过批准后成为系统开发阶段的指导文件,并作为外包开发招标的技术协议蓝本,被信息技术承包商遴选。

12.2.4 工程项目管理信息系统先进策略分析

信息技术的发展日新月异,在互联网技术和信息系统策略飞速发展的当下,开发者应用前瞻性的眼光去看待信息技术革新和管理模式进步,避免在技术上和概念上炒冷饭,系统上线即落伍,造成资源浪费。

不论是新的信息技术还是管理模式,都服务于工程项目管理信息系统的目标,在系统预研阶段予以考察,在系统策划阶段予以考虑,以 OA 系统为集成平台,融合销售管理系统、客户服务管理系统、人力资源管理系统、产品追溯系统等18 个子系统,但由于系统服务器架设于企业内部,除少数对外服务平台外,绝大部分子系统与外部的数据交互须采用 VPN 模拟内网才可以实现,并且对网络环境要求苛刻,稳定性差,系统的开放性不足。

而工程项目具有项目分布广、参与方多、信息密度大、动态响应快的特点,如借鉴传统的内部机房架设服务器、web 端交互的方式,无法实现系统的设定目标,这就要求开发者必须采取先进策略,为系统目标的实现提供技术依托和设计思路。

1) 大数据及云计算

(1) 大数据基本概念。

大数据是指无法在可承受的时间范围内用常规软件工具进行捕捉、管理和处理的数据集合。大数据具有 4V 特点:velocity(高速)、volume(大量)、variety(多样)、value(价值)。

数据的爆发式增长带来新的课题,包括如何存储如今互联网时代产生的海量数据,如何有效地分析并利用这些数据。而工程项目全生命周期过程必然会高速生成大量多样的高价值的数据,完全符合大数据的概念,这也是如今互联网技术发展的核心方向。

大数据中的数据分为三种类型:结构化数据、非结构化数据、半结构化数据,具体如下。

①结构化数据:有固定格式、长度和含义的数据。例如表格就是结构化数据,天气数据、工程量数据、项目容量等都是结构化数据。

②非结构化数据:无固定格式、长度的数据。例如备注信息、语音图片、视频都是非结构化数据。

③半结构化数据:XML 或者 HTML 格式的数据。对于这类数据,通常在其积累至一定数量级后,通过使用检索引擎寻找共性特征或逻辑特征,可对信息进行指向性预测。

在大数据的理论中,数据是海量和杂乱的,经过梳理和清洗,才能够称为信息。信息包含很多规律,要从信息中将规律总结出来,称为"知识"。将知识应用

于实践,并获得成功,称为"智慧"。所以大数据的应用可分为数据、信息、知识、智慧四个步骤,即将数据升华为智慧的过程。

在工程项目管理中,如何收集建设期的海量数据,通过系统的方法进行处理,从中总结规律并应用于实践中,是一项复杂的工作。这些海量数据包括设计数据、设备数据、进度数据、质量数据、安全数据、售后数据、造价数据、采购数据、物流数据、公共关系数据等。

(2)云计算基本概念。

云计算基本与大数据一起出现,因为两者之间密不可分,云计算本质上是解决大数据场景下管理信息资源的一种方法,也是现行互联网技术的主流。

云计算最初的目标是管理计算资源、网络资源、存储资源,在面对大数据的4V特点时,传统的集中配置网络硬件和接口的方式不能平衡经济性和实用性,云计算模式则利用时间和空间的灵活性来解决此问题,借助高速的互联网环境,通过虚拟化技术将服务器和数据管理中心分散化、碎片化,信息可随时上传和下载,不受网络环境和协议的限制,即"没有机房但各地都有机房"。空间和时间的灵活性即云计算的"弹性"概念。互联网技术经历了长期的发展,实现了计算、网络、存储的虚拟化,大幅降低了系统开发成本,是现行互联网行业高速发展的技术基础。

以服务器为例,一个中型数据中心的建造成本在百万人民币级别,而采用公有云架构,同样的配置年租赁费用仅几万元人民币,可节省硬件维护、升级费用,并可以自由地更改配置以满足系统的需求。

(3)大数据及云计算在系统中的应用。

工程项目具有分布广泛和网络环境存在差异的特点,且全生命周期中会高速产生大量多样的高价值数据,非常契合大数据及云计算的属性,应用前景广阔,大数据及云计算在系统中的应用主要如下。

①基于高网络质量的数据中心的需求,采用边界网关协议(border gateway protocol,BGP)网络,利用BGP冗余备份、消除环路的特点,保障不同地域和不同网络环境下用户的系统应用体验。

②基于系统搭载和运行对网络弹性资源的大规模需求,使用腾讯公有云VPC(专用网络)搭载黑石物理服务器(cloud physical machine,CPM)专区方案,在公有云VPC中部署MQTT、AppServer等前端入口,将数据库设置于黑石物理服务器中,保证前端的数据接入质量,同时保证对数据的高度控制。

③系统应用腾讯大数据处理套件(Tencent big data suite,TBDS),为系统快

速增加的数据提供稳定和高质量的处理能力,并能够支持数据工程师更加便捷和高效地组建数据流水线。

④系统的所有硬件均搭载在云端,数据加密存储于云服务器,双机备份,定期发回本地存档,实现资产类硬件零投入,系统的硬件架构如图 12.6 所示。

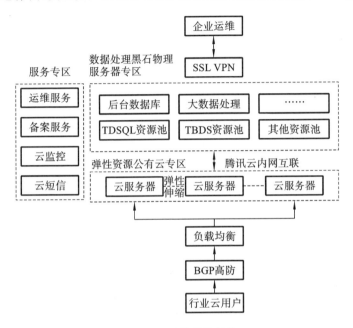

图 12.6　系统硬件架构

2)多平台信息共享

管理信息系统与用户进行信息交互,必须借助网络终端进行,从信息技术发展至今,计算机作为网络终端,应用已十分广泛,大量组织的生产经营和行政管理依靠个人计算机(personal computer,PC),为管理信息系统的发展提供了良好的基础,PC端的优点是兼容性强、输入输出功能强大,但存在联网需外部资源、移动特性不足等缺点。

如今,智能移动终端在全球已经普及,其中应用最广泛的是智能手机,谷歌(Google)于 2017 年底发布的消费者网络行为报告数据显示,移动设备成为亚洲消费者的主要应用平台,亚洲已经成为全球移动应用领先者,中国大陆地区的智能手机比例达 74%,且智能手机使用率高于 PC 使用率,移动互联正成为全球互联网应用新趋势。

(1)移动交互平台。

越来越多的工商企业组织利用智能移动终端进行产品推广、客户服务、账单

支付、信息联络等行为，PC 的优势在逐步弱化，在此趋势下，互联网界主流应用开发者纷纷采用多平台信息共享策略，PC、智能手机、智能平板、智能电视多平台合一，账户通用、信息共享、资源互联，方便用户根据使用场景和习惯选择需要的平台进行信息交互。

工程项目管理信息系统在预研阶段，即可确立开发智能手机端与 PC 端双平台的策略，利用智能移动终端的高用户黏性和极强的碎片化时间占有性，完成工程项目管理原始信息收集和动态 KPI 显示及预警功能，以解决工程项目不稳定的办公条件和信息管理需求的矛盾。而传统的 PC 端作为管理端，供平台管理员们进行用户及项目信息维护、信息查询、表单导出等活动，满足职能层和组织高层对于信息的需求。

（2）共享信息数据库。

多平台化的信息存储和处理任务，在云平台化的系统架构中，交由分布式数据库（titan distribute SQL, TDSQL）来完成。TDSQL 是腾讯云数据库团队维护的金融级分布式架构和 My SQL/Maria DB 内核分支，腾讯 90% 的金融、计费、交易类业务核心系统承载在 TDSQL 中。TDSQL 目前已应用于众多政府部门、银行、保险业、制造业、物流业、电商等用户的核心系统中。TDSQL 可以分配关系型数据库实例、分布式数据库实例、分析型数据库实例，同时具备强同步复制、线程池、热点更新、内核优化等功能，能够为用户提供事前、事中、事后的全维度安全方案，获得了多项国际和国家认证。

工程项目管理信息系统可采用 TDSQL，配合大数据处理套件和决策库，形成"双端一库"结构模式。

3）预警及决策支持

工程项目管理信息系统随着管理层级的提升，信息会更加精简，以服务组织的各级管理者，从工程项目管理的角度来说，信息精简化的主要作用有两个：一是通过预置计划控制点、资源量、费用等警戒线，执行中的项目一旦存在问题，系统可以自动给予提示以达到预警作用；二是系统对非量化或模糊数据进行识别、判定性质和模型求解，对比知识库进行分析鉴定，在方法库中识别模型求解所需算法并进行模型求解，对所得结果进行分析评价，最后通过语言系统对结果进行解释，输出具有实际含义、用户可以理解的形式。完成这样的过程的系统被称为决策支持系统（decisionmaking support system, DSS）。

在工程项目管理信息系统的设计中，预警是信息系统运行的最主要方式，其主要来源于对结构化数据的处理。DSS 结合预警结果来处理非定量的半结构化和非结构化数据。

(1)预警响应。

工程项目管理信息系统的预警响应要结合组织的管理结构,围绕组织的经营目标进行设计。工程项目管理信息系统设置进度控制点预警、预期工程量预警、产值完成率预警、物资库存量预警、项目预算预警、安全质量预警六个预警模块,可帮助管理者使项目风险可控,具体如下。

①进度控制点预警:将项目网络计划的关键路径节点及其他直接影响组织目标达成的关键节点,设定为项目的进度控制点,系统从管理员端设立项目进度控制点目标,项目部用户端按需录入完成情况,系统基于时间节点对比,并实时按照预警级别提醒,计算进度控制点完成率、准点率,统计逾期控制点分布,为后期计划变更和资源投入提供决策依据。

②预期工程量预警:将项目网络计划中工程量范畴的节点分解为时间节点,对单个项目各分解标段按合理策略分解为预期工程量曲线,对每日工程量报表的工程量完成情况进行对比,得出预期工程量曲线,展示滞后项预警,促使项目部找清方向,进行资源再分配及纠偏。

③产值完成率预警:管理者应调整预期工程量曲线和产值完成计划,使两者互为佐证关系,因项目各标段产值权重的差异,可能会出现满足预期工程量曲线,但不满足产值完成率的情况,对产值完成率进行预警对完成组织的产值目标具有很实际的意义和作用。

④物资库存量预警:物资计划应匹配预期工程量曲线,满足形象进度计划,并统筹预设各类物资的生产周期和物流周期,结合余量和施工效率实时预警。

⑤项目预算预警:企业的预算以项目(部门)为基本单元,制定单元预算,将预算期内的实时占比值和提报计划值与单元预算对比,两个百分比预警参数有助于项目(部门)掌握预算计划和对执行情况予以把控,确保预算可控。

⑥安全质量预警:除了对安全质量目标的管理外,目前项目安全质量管理最直观的就是对不符合项的管理,系统通过建立安全质量内部督查、项目自查、外部检查三个台账,通过系统对安全质量不符合项的按期完成情况进行跟进,核算各类台账的安全完成率,显示未关闭项列表置顶预警,对不符合项进行类别划分和对应类别原因类型划分,通过分析安全质量数据库寻找组织的安全质量薄弱环节,优化组织管理。

(2)决策支持系统。

决策支持系统分为群决策支持系统(group decision support system,

GDSS)、分布式决策支持系统(distributed decision support system,DDSS)、智能决策支持系统(intelligent decision making support system,IDSS)以及理念更超前的智能-交互-集成化决策支持系统(intelligent,interactive,integrated DSS,3IDSS)。就现阶段的信息技术发展而言,较为契合大数据和云计算的是智能决策支持系统(IDSS),也是决策支持系统的现行高级系统。

智能决策支持系统是决策支持系统(DSS)与人工智能(artificial intelligence,AI)相结合的产物,其设计思路着重研究把 AI 的知识推理技术和DSS 的基本功能模块有机地结合起来。决策支持系统引入人工智能技术主要有两个原因:第一是人工智能因可以处理定性的、近似的或不精确的知识而被引入DSS 中;第二是 DSS 的共同特征是交互性强,这就要求其使用更方便,在宽容度和推理上更为透明。决策支持系统结构见图 12.7。

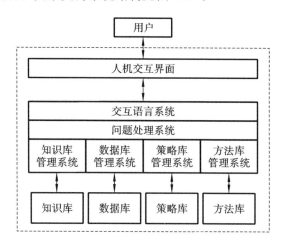

图 12.7　决策支持系统结构

如现在医疗行业逐步发展的"云诊断",系统通过电子化体检数据和病历,结合医疗知识库、诊疗方法库,只需少量的人工干预,系统即可自动出具高质量的诊断报告,并给出诊疗建议。IDSS 在逻辑性和对应性较强的行业有较好的发展前景,建筑工程行业正符合这两个特征。

4)整合电子商务

电子商务是组织使用电子工具和信息技术从事商务活动的统称,21 世纪是电子商务蓬勃发展的时代,各行业对电子商务均有不同程度的涉猎。国家发展和改革委员会、国务院信息化工作办公室于 2007 年发布了《电子商务发展"十一五"规划》,指明"十一五"时期是我国发展电子商务的战略机遇期,抓住机遇,加快发展电子商务,是贯彻落实科学发展观、以信息化带动工业化、以工业化促进信息化、走新型工业化道路的客观要求和必然选择。国家信息化发展战略确立了电子商务的战略地位,《关于加快电子商务发展的若干意见》明确了发展方向和重点,《中华人民共和国电子签名法》为电子商务发展提供了法律保障。各地区、各部门相继制定配套措施,加大对电子商务发展的扶持力度。全社会电子商务应用意识不断增强,形成了良好的社会氛围。国内的腾讯和阿里的大数据和云计算技术是我国少数处于世界领先地位的应用型互联网技术,在此环境下,建筑工程企业在行政事务和项目管理中对电子商务均有极其广泛的应用。

组织电子商务模式的上限,取决于组织信息化战略和管理信息系统成熟度,工程项目管理信息系统对电子商务的支持可以强化工程管理信息化对业务的支持力度,有助于系统运行效果的全面提升。

建筑工程项目企业因其管理模式和业务特点,对电子商务的应用有着不同的操作方式,在工程管理方面,电子商务可应用于采购招标、项目投标、事务性行政发文、内部培训、工程档案管理。

(1) 采购招标。

为确保工程项目物资采购和劳务采购的效率和透明度,快速响应招标任务,建立工程采购招标平台,对供应商服务能力分若干维度评价后分档,按照项目招标分解,平台向对应供应商推送标书,在限定时间内通过统一格式上传报价信息,在指定时间远程开标议标,形成中标决议后,通过合作类型调用信息数据库的合同模板,审批后快速形成电子版合同,双方履行合同签订程序。与传统方式相比,优化了采购流程,以平台为信息交互中心减少了信息的低价值传递,并最大限度保障了招标的公平性和合同的严谨,与传统纸质模式及会议模式对比,可节约 80% 以上的时间成本,应用效果显著。

(2) 项目投标。

与经营管理部的企业定额数据库、商务部的标书模块化信息库、人力资源部的人力资源数据库联动,建立项目投标辅助系统。在获取业主标书后,集合各专业,按照系统可读取的信息格式分解导入后,依据工程量清单系统集合企业定额数据库,快速形成报价书。依托投标文件目录集合标书模块化信息库,快速形成商务投标书和项目建设方案。依据业主对项目人员资质要求,集合人力资源数据库,快速形成商务标及技术标的项目人员清单。后续审核、修订、整合为统一的投标文件。该系统可最大限度调用各部门的子系统数据库,形成有效投标文件,其效率在密集投标时期优势尤为突出,较以往传统方式,节约 50% 以上的人力资源以及 80% 以上的响应时间。

（3）事务性行政发文。

工程项目部成立发文、任命发文、事务性来往函件有着极高的格式统一度和相似程度，为保证对外事务性行政发文的严谨性，整合 OA 管理系统设立事务性行文智能平台，可提升审批效率和响应速度。

（4）内部培训。

建筑工程项目管理组织要重视对员工的素养及业务培训工作，而工程项目人员长期在驻外项目部工作，非常难以集中培训，因此可结合云技术建立阳光 E 起学远程培训平台，平行建立 web 端和智能手机端，架构采用"双端一库"模式，以视频公开课方式建立与员工的学习互动和经验分享，在线测验、提问、答疑，为打造学习型组织提供有力的支持。

（5）工程档案管理。

为方便保存和查阅工程合同、手续文件、项目管理档案、项目竣工档案、竣工图纸等工程资料，建立电子档案管理系统，各职能部门、项目部将业务过程中产生的档案转化为电子档案，按项目类别上传存档，利用数据库技术对海量工程档案进行有机管理。

电子商务重在解决单一、独立的业务问题，可以是组成管理信息系统的一个子系统、子模块，是集合企业原有信息子系统的一种工具，对帮助管理信息系统提升全面应用性和可拓展性有着积极作用。

12.3　常用的工程项目管理软件及其使用步骤

12.3.1　常用的工程项目管理软件

随着微型计算机的出现和计算机运算速度的提高，20 世纪 80 年代后，项目管理技术也呈现出繁荣发展的趋势，涌现出大量的项目管理软件。目前，网络版项目管理软件已经成为主流。

1. 国外常用的工程项目管理软件

（1）Microsoft Project。

Microsoft Project 软件是微软公司的产品，目前，其已经占据了通用项目管理软件包市场的大量份额。Microsoft Project 是一个功能强大而灵活的项目管理工具,用户可以用它来管理各种简单或复杂的项目,能够安排和跟踪所有任务,从而更好地控制工作进度,团队成员可以在组织内就某一个项目进行方便的通信和协作。其具有项目管理所需的各种功能,包括项目计划,资源定义和分配,实时的项目跟踪,多种直观易懂的报表及图形,用 web 页面方式发布项目信息,通过 Excel、Access 或各种 ODBC 兼容数据库存取项目文件等。

（2）Primavera Project Planner(P3)。

Primavera Project Panner（简称 P3）系列工程项目管理软件是美国 Primavera 公司的产品,用于工程计划进度、资源、成本控制,是国际上流行的高档项目管理软件,已成为项目管理的行业标准。P3 适用于任何工程项目,能有效地控制大型复杂项目,并可以同时管理多个工程。P3 提供各种资源平衡技术,可以模拟实际资源消耗、延时曲线;支持各个部门之间通过局域网或互联网进行信息交换。

（3）Primavera Project Planner for Enterprise/Construction(P3E/C)。

美国 Primavera 公司研发的 Primavera Project Planner for Enterprise/Construction 软件,简称 P3E/C,是 P3 的更新换代产品。就项目管理而言,P3 与 P3E/C 没有重大区别,主要区别在于 IT 技术。P3E/C 采用最新的 IT 技术,在大型关系数据库 Oracle 和 MSSQL Server 上构架企业级的、包含现代项目管理知识体系的、具有高度灵活性和开放性的、以"计划—协同—跟踪—控制—积累"为主线的企业级工程项目管理软件。P3E/C 支持多用户在同一时间内集中存取所有项目的信息,提供集成的解决方案,包括基于 web、基于 C/S 结构等不同的组件,以满足不同角色的项目管理人员的使用要求。P3E/C 使得承包商进度的集成简单化,增强了协同工作水平（通过沟通协作平台）,并且既支持管理单一项目,也支持管理复杂的大型项目（包含多个中小项目）。

（4）Primavera P6。

Primavera P6 软件（简称 P6）是美国 Primavera 公司研发的项目管理软件 Primavera 6.0(2007 年 7 月 1 日全球正式发布)的缩写,是 P3E/C 的升级版本,目前最新版本为 V6.1 版。P6 充分融合了现代项目管理知识体系,以"计划—跟踪—控制—积累"为主线,是企业项目化管理或项目群管理的首选。

2. 国内常用的工程项目管理软件

（1）易建工程项目管理软件。

易建工程项目管理软件是一个适用于建设领域的综合型工程项目管理软

件。该软件不仅可以供建设单位以及施工企业使用,而且可以扩展成为协同作业平台,融合设计单位、监理单位、设备供应商等产业链中不同企业的业务协同流程,构筑坚实的企业信息化工作平台。

(2)梦龙 Link Project 项目管理软件。

梦龙 Link Project 项目管理软件基于项目管理知识体系(project management body of knowkdge,PMBOK)构建,整合了进度控制、费用分析、合同管理、项目文档等主要项目管理内容。各个管理模块通过统一的应用服务实现工作分发、进度汇报和数据共享,帮助管理者对项目进行实时控制、进度预测和风险分析,为项目决策提供科学依据。其主要适用于业主项目管理、工程总承包项目管理、企业内部项目管理、项目施工单位项目管理。

(3)广联达建筑施工项目管理系统。

广联达建筑施工项目管理系统是以施工技术为先导,以进度计划为龙头,以WBS 为载体,以成本管理为核心的综合性、平台化的施工项目管理信息系统,它采用人机结合的 PDCA 闭环控制等思路,动态监控项目成本的运转,以达到控制项目成本的目的。

(4)中国建筑科学研究院 PKPM。

PKPM 按照项目管理的主要内容,真正实现了四控制(进度、质量、安全、成本控制),三管理(合同、现场、信息管理),一提供(为组织协调提供数据依据)的项目管理目标。软件提供了多种自动生成施工工序的方法:利用施工工艺模板库的工艺过程自动套取工程预算定额及资源库;读取工程概预算数据,自动生成带有工程量和资源分配的施工工序;可在工作信息表和单、双代号图中录入施工工序相关信息和逻辑关系,自动生成各种复杂网络模型。

(5)新中大工程项目管理软件 Project Management Software。

Project Management Software,简称 Psoft,是杭州新中大科技股份有限公司针对现代项目管理模式,吸取当前国际最先进的项目管理思想,国际咨询工程师联合会条款等,设计系统模块和流程,并结合中国企业的管理思想基础,研究开发的一体化大型管理软件。Psoft 所体现的设计思想内涵是"现代工程,互动管理"。Psoft 主要功能模块为项目管理、物资管理、协同办公管理、人力资源管理、客户关系管理、经理查询以及财务管理七大部分。

12.3.2 使用工程项目管理软件的基本步骤

（1）输入工程项目的相关信息。

通常包括项目的名称、开始日期（有时需输入项目的必须完成日期）、排定计划的时间单位（小时、天、周、月）、项目采用的工作日历等相关内容。

（2）输入工作的基本信息和工作之间的逻辑关系。

工作的基本信息包括工作名称、工作代码、工作持续时间、工作时间限制、工作特性等。工作之间的逻辑关系既可以通过数据表进行输入；也可以借助于鼠标的拖放来指定，这种方式输入直观、方便、不易出错，应作为逻辑关系的主要输入方式。如果要利用项目管理软件对资源进行管理，还要建立资源库，并输入完成工作所需的资源信息。如果还要利用项目管理软件进行成本控制，则要在资源库中输入资源费率，并输入确定好的工作固定成本。

（3）优化计划。

在执行过程中，还要解决计划是否能满足项目管理的要求、是否可行、能否进一步优化等问题。利用项目管理软件提供的有关图表以及排序、筛选、统计等功能，项目计划人员可查看自己需要的有关信息，如果发现与自己的期望不一致，例如工期过长、成本超出预算、资源使用超出供应、资源使用不均衡等，就可以对初步工作计划进行必要的调整，使其满足要求。将调整后的计划付诸实施，并作为与实际发生情况对比的比较基准计划。

（4）项目计划的实施与公布。

通过不同的表现形式将制定好的计划予以公布并执行，并确保项目所有的参加人员都能及时获得所需信息。

（5）项目的管理和跟踪。

计划实施后，应定期对计划执行情况进行检查，收集实际的进度及成本数据，并输入项目管理软件中，利用项目管理软件对计划进行更新。更新后通过检查项目的进度能否满足工期要求、预期成本是否在预算范围内、是否因部分工作的推迟或提前开始（或完成）而导致资源过度分配（指资源的使用超出资源的供应）来发现潜在的问题，及时调整项目计划，以保证项目预期目标的实现。项目计划调整后，应及时通过书面形式或电子形式通知有关人员，使调整后的计划能够得到贯彻和落实，起到指导施工的作用。项目计划的跟踪、更新、调整和实施是一个不断进行的动态过程，直至项目结束。

12.3.3　BIM

BIM 是一种数据化工具，被国际工程界公认为建筑业生产力革命性技术。BIM 技术已成为继 CAD 之后行业内的又一个重要的信息化应用技术。国家正大力推行 BIM 技术。我国的工程建设行业，原来设计、施工、运营是脱节的，现在 BIM 贯穿在项目生命周期，无论是设计单位的建筑、结构、机电全方位设计，还是施工单位的项目管理，供应商提供设备，以及最后的运营，BIM 都能发挥重要作用。

1. 建筑信息模型的概念

BIM 是建筑信息模型（building information modeling）的简称，是指基于先进三维数字设计解决方案构建的可视化的数字建筑模型，可以使整个工程项目在设计、施工和使用等各阶段都能够有效节省能源、节约成本、降低污染和提高效率。也就是说，BIM 利用数字建模软件，把真实的建筑信息参数化、数字化以后，形成一个模型，并以此为平台，使设计师、工程师、施工单位和物业管理方，都可以在整个建筑工程项目的全生命周期进行信息的共享和改进。信息不仅有三维几何形状信息，还有大量的非几何形状信息，如建筑构件的材料、质量、价格和进度等。

2. BIM 的特点

（1）可视化。

可视化即"所见即所得"的形式，BIM 将以往的线条式构件以三维的立体实物图形形式展示在用户面前。在 BIM 中，由于整个过程都是可视化的，所以可视化的结果不仅可以用于效果图的展示及报表的生成，更重要的是，项目设计、建造、运营过程中的沟通、讨论、决策都在可视化的状态下进行。

（2）一体化。

使用 BIM 技术，可进行从设计到施工再到运营，贯穿工程项目全生命周期的一体化管理。BIM 的技术核心是一个由计算机三维模型形成的数据库，数据库不仅包含建筑的设计信息，而且可以容纳从设计到建成使用，甚至到使用周期终结的全过程信息。

（3）参数化。

参数化建模指的是通过参数而不是数字建立和分析模型，简单地改变模型中的参数值就能建立和分析新的模型。BIM 中的图元以构件的形式出现,这些构件之间的不同,是通过参数的调整反映出来的,参数保存了图元作为数字化建筑构件的所有信息。

（4）模拟性。

BIM 不仅可以模拟设计出的建筑物模型,而且可以模拟不能够在真实世界中进行操作的事物。在设计阶段,BIM 可以从设计上对节能、日照、热传导等进行模拟试验。在招投标和施工阶段,BIM 可以针对施工组织设计进行 4D 模拟（3D 模型加项目的时间维度）指导实际施工;同时,BIM 还可以进行 5D 模拟（3D 模型＋1D 进度＋1D 造价）,来实现进度控制和对成本造价的实时监控。在运营阶段,BIM 还可以模拟逃生、消防等日常紧急情况的处理方式。

（5）协调性。

在设计阶段,BIM 的协调作用除了能解决各专业间的碰撞问题,还可以解决电梯井布置与其他设计布置及净空要求的协调,防火分区与其他设计布置的协调,地下排水布置与其他设计布置的协调等。在施工阶段,施工人员可以通过 BIM 的协调性清楚了解本专业的施工重点以及相关专业的施工注意事项。

（6）优化性。

BIM 模型承载的大量信息有利于建筑工程项目的设计、施工、运营的整体优化,并且能够提高优化的效率和效果。例如,利用 BIM 对项目方案进行优化,可以把项目设计和投资回报分析结合起来,可以实时计算出设计变化对投资回报的影响,有利于业主对设计方案的选择;利用 BIM 对裙楼、幕墙、屋顶等特殊项目的设计及施工方案进行优化,可以显著改进工期并节省造价。

（7）可出图性。

BIM 通过对建筑物进行可视化展示、协调、模拟、优化以后,方案图、初步设计图、施工图为同一个核心模型,通过图层管理和显示管理使一个模型对应多套图纸,整合的图纸发布器可一步完成出图、打图工作。

（8）信息完备性。

信息完备性体现在 BIM 技术可对工程对象进行 3D 几何信息和拓扑关系的描述以及完整工程信息的描述。

3. BIM 在项目管理信息化中的作用

以 BIM 应用为载体的项目管理信息化,可以使整个工程项目在设计、施工和运营维护等阶段都能有效地制订资源计划、控制资金风险、节省能源、节约成

本、降低污染及提高效率,见表12.1。

表 12.1　BIM 在工程项目各阶段的应用

工作阶段	具体应用点	操 作 方 法	具体应用效果
设计管理	建立3D模型	建立 3D 模型,把大量的设计相关信息(如构件尺寸、材料、配筋信息等)录入信息模型中	取代了传统的平面图或效果图,形象地表现设计成果,让业主全方位了解设计方案,业主及监理方可随时统计实体工作量,方便前期的造价控制、质量跟踪与控制
		设计人员通过模型实现向施工方的可视化设计交底	能够使施工方清楚了解设计意图和设计中的每一个细节
投标策划管理	发现图纸设计问题	建立三维模型,立体直观感受每一构件的空间位置,并分析构件与构件之间在空间上是否存在错误或冲突。发现图纸未标注点、矛盾点后指导设计修改	发现图纸未标注点、矛盾点或者设计不规范的点
	模拟施工方案	根据针对项目提出的不同施工方案建立相应动画,或建立集成多方案的交互平台	利用 BIM 模型制作的施工方案动画,制作快速、成本低、真实感强,各种方案对比更明显,更容易展示技术实力
	资源优化与资金计划	通过进度计划与模型的关联,以及造价数据与进度的关联,可以实现不同维度(空间、时间、流水段)的造价管理与分析,将三维模型和进度计划相结合,模拟出每个施工进度计划任务所需的资金和资源,形成进度计划对应的资金和资源曲线	利用 BIM,可以方便、快捷地模拟施工进度、优化资源、预计产值和编制资金计划,便于更加合理地安排进度

288

续表

工作阶段	具体应用点	操 作 方 法	具体应用效果
投标策划管理	投标策划（工程量精算、报价策略）	根据工程量清单计算规则,利用三维模型提取工程量,运用计价软件制作投标报价书,结合工程实际情况及人工、材料、机械市场价格,寻求最佳报价方案	提供最优投标方案的建议,发现业主提供招标清单量或图纸存在的错误和问题;采取针对性的报价策略,提升利润空间
施工管理	建立4D施工信息模型	把大量的工程相关信息（如构件和设备的技术参数、供方信息、状态信息）录入信息模型中,将 3D 模型与施工进度链接,并与施工资源和场地布置信息集成,建立 4D 施工信息模型	4D 施工信息模型建立可视化模拟基础;在运营过程中可以随时更新模型,通过快速准确地筛选调阅这些信息,为项目的后期运营带来便利
	碰撞检查	把建立好的各个 BIM 模型在碰撞检测软件中检查软硬碰撞,并出具碰撞报告	能够彻底消除硬碰撞、软碰撞,优化工程设计,避免在建筑施工阶段可能发生的损失和返工;能够优化净空,优化管线排布方案
	构件工厂化生产	基于 BIM 设计模型对构件进行分解,对其赋二维码,在工厂加工好后运到现场进行组装	精准度高,失误率低
	钢结构预拼装	BIM 技术可以把须现场安装的钢结构进行精确测量后在计算机中建立与实际情况相符的模型,实现虚拟预拼装,改变工厂预拼装→拆开→现场拼装的传统施工方法	为技术方案论证提供全新的技术依据,减少方案变更

续表

工作阶段	具体应用点	操 作 方 法	具体应用效果
施工管理	虚拟施工	通过 BIM 软件,在计算机上模拟建造过程,包括施工现场布置、施工工艺、施工流程等,形象地反映工程实体的情况	能够在实际建造之前对工程项目的功能及可建造性等潜在问题进行预测,包括施工方法试验、施工过程模拟及施工方案优化等,利用 BIM 模型的虚拟性与可视化,提前反映施工难点,避免返工
	工程量统计	基于模型分析各项工作工程量,结合工作面和资源供应情况,可精确地组织施工资源,进行实体的修建	实现真正的定额领料及合理安排运输
	进度款管理	根据 3D 模型,分楼层、区域、构件类型、时间节点等进行"框图出价"	能够快速、准确地进行月度产值审核,实现过程"三算"对比,对进度款的拨付做到游刃有余,工程造价管理人员可及时、准确地筛选和调用工程基础数据
	材料管理	利用 BIM 模型的 4D 关联数据库,快速、准确获得工程基础实物量	按节点要求提供材料计划量,避免材料浪费,节约费用
	可视化技术交底	通过模型进行技术交底	直观地让接受技术交底的人员了解自身任务及技术要求
	BIM 模型维护与更新	根据变更单、签证单、工程联系单、技术核定单等相关资料派驻人员进驻现场,配合 BIM 模型维护、更新工作	为项目各管理条线提供最及时、准确的工程数据

续表

工作阶段	具体应用点	操 作 方 法	具体应用效果
竣工验收管理	工程文档管理	通过手动操作将文档(勘察报告、设计图纸、设计变更、会议记录、施工声像及照片、签证和技术核定单、设备相关信息、各种施工记录、其他建筑技术和造价相关信息等)与BIM模型中相应部位进行链接	对文档进行快速搜索、查阅、定位,充分提高数据检索的直观性,提高工程相关资料的利用率
	BIM模型的提交	汇总工程资料,制定最终的全专业BIM模型,包括工程结算电子数据、工程电子资料、指标统计分析资料,保存在服务器中,并刻录成光盘备份	可以快速、准确地对工程资料进行定位。大量的数据留存于服务器,经过相应处理,形成企业的数据库,日积月累,为企业的进一步发展提供强大的数据支持
运维管理	动画渲染和漫游	在现有BIM模型的基础上,建立项目完成后的动画	让业主在进行销售或宣传展示建筑的时候,给人以真实感和直接的视觉冲击
全生命周期管理	网络协同工作	项目各参与方共享信息,基于网络实现文档、图片和视频的提交、审核、审批及利用	建设过程中,无论是施工方、监理方,还是非工程行业出身的业主,都可以对工程项目的各种问题和情况了如指掌
	项目基础数据全工程服务	依据变更单、技术核定单、工程联系单、签证单等工程相关资料,实时维护、更新BIM数据,并将数据及时上传至BIM云数据中心的服务器中,管理人员即可通过BIM浏览器随时看到最新的数据	客户可以得到从图纸到BIM数据的实时服务,利用BIM数据的实时性、便利性,实现数据自助服务

4. BIM 应用软件

BIM 应用涉及不同的专业、进度、使用方,故一个项目的全生命周期只应用一个软件是很难做到的,需要多个软件协同。BIM 应用软件主要有 BIM 基础软件、BIM 工具软件、BIM 平台软件。

(1) BIM 基础软件。

BIM 基础软件是指可被多个 BIM 应用软件使用的软件,主要用于项目建模,是 BIM 应用的基础。目前,常用的软件有美国欧特克(Autodesk)的 Revit、匈牙利图软(Graphisoft)的 ArchiCAD 等。

(2) BIM 工具软件。

BIM 工具软件是指利用 BIM 基础软件提供的 BIM 信息数据,开展各种工作的 BIM 应用软件。例如,它可以利用由 BIM 基础软件建立的建筑模型做进一步的专业配合,如节能分析、造价分析,甚至施工进度控制。目前,常用的软件有美国欧特克(Autodesk)的 Ecotect,国内的广联达、鲁班、斯维尔、鸿业等。

(3) BIM 平台软件。

BIM 平台软件是指能对各类 BIM 基础软件及 BIM 工具软件产生的 BIM 数据进行有效的管理,以支持项目全寿命周期 BIM 数据的共享与应用的 BIM 应用软件。目前,常用的软件有美国欧特克(Autodesk)的 BIM360 系列。

参 考 文 献

[1] 敖敏兰.作业成本法在 A 企业工程项目成本核算中的应用研究[D].南昌：南昌大学,2020.

[2] 陈芳.建筑工程项目风险评价研究[D].青岛：山东科技大学,2009.

[3] 程诺.基于 PDCA 的工程项目质量管理体系研究[D].石家庄：河北地质大学,2021.

[4] 郭鹏.A 市某住宅施工项目进度计划与控制[D].沈阳：东北大学,2013.

[5] 郝永池.建筑工程项目管理[M].北京：人民邮电出版社,2016.

[6] 何极.YL 建筑工程项目成本管理改进研究[D].大连：大连理工大学,2021.

[7] 何永恒.施工项目质量控制及应用研究[D].西安：西安建筑科技大学,2012.

[8] 贺文轩.TH 工程项目成本分析与控制研究[D].长沙：长沙理工大学,2021.

[9] 李晓林.建设工程项目成本预测与控制相关探讨[J].管理观察,2010(2)：269-270.

[10] 林立.建筑工程项目管理[M].北京：中国建材工业出版社,2009.

[11] 刘健,王锋.工程项目建设的成本预测与控制探析[J].才智,2011(35)：14.

[12] 刘晓丽,谷莹莹.建筑工程项目管理[M].2 版.北京：北京理工大学出版社,2018.

[13] 刘雪飞.建筑工程成本管理问题的研究[D].长春：吉林大学,2015.

[14] 刘亚军.建筑施工企业项目质量控制研究[D].天津：天津大学,2011.

[15] 马建梅.建筑工程施工项目管理信息系统[D].武汉：武汉理工大学,2003.

[16] 马利景.建筑工程绿色施工管理[J].电子乐园,2019(8)：82.

[17] 孟德亮.JH 公司 C 工程项目施工成本控制研究[D].青岛：青岛大学,2021.

[18] 庞业涛,何培斌.建筑工程项目管理[M].2版.北京:北京理工大学出版社,2018.

[19] 齐晓超.建筑工程项目风险评价与控制[J].商品与质量·建筑与发展,2010(10):91-92.

[20] 任杰.X建筑施工项目进度管理研究[D].济南:山东大学,2021.

[21] 阮咏薇.建筑行业HT公司DY工程项目成本管理研究[D].成都:电子科技大学,2022.

[22] 施炯.我国建设工程项目管理的发展历程和趋势探析[J].建筑经济,2009(5):27-30.

[23] 宋颖.Z工程公司X高层建筑项目进度管理研究[D].北京:中国地质大学(北京),2019.

[24] 王君英.施工合同全过程管理研究[D].石家庄:石家庄铁道大学,2018.

[25] 王凯.建设单位对施工合同的全过程管理研究[D].西安:长安大学,2013.

[26] 吴美琼,徐林.建筑工程项目管理[M].北京:中国水利水电出版社,2015.

[27] 徐东业.建筑工程项目风险管理的研究[D].阜新:辽宁工程技术大学,2006.

[28] 徐耀.标准化绿色施工管理体系研究[D].镇江:江苏大学,2019.

[29] 姚亚锋,张蓓.建筑工程项目管理[M].北京:北京理工大学出版社,2020.

[30] 尹妙."PMO信息云"工程管理信息系统的设计和应用研究[D].合肥:安徽建筑大学,2018.

[31] 尹素花.建筑工程项目管理[M].北京:北京理工大学出版社,2017.

[32] 张超.GF施工项目成本分析及控制研究[D].长沙:长沙理工大学,2014.

[33] 张迪,金明祥.建筑工程项目管理[M].重庆:重庆大学出版社,2014.

[34] 张高峰.S社区建设项目进度计划与控制研究[D].青岛:青岛科技大学,2020.

[35] 钟汉华,赵建东,林张纪.建筑工程项目管理[M].2版.北京:中国水利水电出版社,2014.

[36] 周同.J建筑公司Y项目施工成本控制研究[D].天津:河北工业大学,2020.

后　记

　　近年来,在社会经济的助力下,我国的建筑行业处于快速发展之中,2022年国家《"十四五"建筑业发展规划》明确提出,建筑业应从追求高速增长转向追求高质量发展,从"量"的扩张转向"质"的提升,走出一条内涵集约式发展新路。"十四五"时期发展目标是对标2035年远景目标,初步形成建筑业高质量发展体系框架,建筑市场运行机制更加完善,营商环境和产业结构不断优化,建筑市场秩序明显改善,工程质量安全保障体系基本健全,建筑工业化、数字化、智能化水平大幅提升,建造方式绿色转型成效显著,加速建筑业由大向强转变,为形成强大国内市场、构建新发展格局提供有力支撑。目前我国建筑领域的发展势头正盛,但要注意的是,在大规模开展基础建设的同时,必须做好建筑工程项目管理工作。

　　建筑工程项目管理对建筑工程项目企业的生存与发展起着越来越重要的作用,项目部作为建筑工程项目企业的派出机构,是建筑工程项目企业的分公司,是建筑工程项目企业的缩影,代表着建筑工程项目企业的形象,体现着建筑工程项目企业的实力。因此建筑工程项目管理的有效运作是建筑工程项目企业的生命。

　　对建筑工程项目管理的研究,可以促使建筑企业建立健全管理体系,更好地预防安全事故的发生,降低生产成本,提升建筑工程质量,增加收益。随着建筑行业的不断变化,项目管理也在不断地深入发展。政府"互联网＋"等概念的推行,新机械、新技术的广泛应用,以及新通信技术等,都为建筑工程项目管理提供了更多的新思路和可能性。

　　因此,必须对建筑工程项目管理模式进行改进甚至革新,做到项目管理信息化、制度化、专业化,尽可能在确保工程质量不受到影响的情况下降低工程成本,要确保建筑工程项目管理模式能够与社会经济共同进步与发展,只有这样,建筑行业才能更好地适应当下社会以及人民日益增加的需求。